海上石油作业
安全技能和知识

海油安监办中油分部大港监督处
天津市陆海培训学校有限公司　编

石油工业出版社

内容提要

本书着重突出了中国石油滩海及内陆水域石油天然气开采活动特点和作业区域特殊性，详细阐述了海洋石油开采安全知识、海上求生、海上平台消防、救生艇筏操纵、海上急救和乘坐直升机安全与应急等六个方面内容，具有较强的针对性和实用性。

本书为海洋石油出海作业人员了解海洋石油发展史、熟悉作业过程中的风险辨识、掌握相关救逃生知识和遇险后的应急处置等提供了可资借鉴的参考资料，也可作为出海及内陆水域作业人员安全救生的培训教材。

图书在版编目（CIP）数据

海上石油作业安全技能和知识 / 海油安监办中油分部大港监督处，天津市陆海培训学校有限公司编. -- 北京：石油工业出版社，2025.4. -- ISBN 978-7-5183-7283-6

Ⅰ．TE58

中国国家版本馆 CIP 数据核字第 2025ZS1714 号

出版发行：石油工业出版社
　　　　　（北京安定门外安华里 2 区 1 号　100011）
　　　　　网　　址：www.petropub.com
　　　　　编辑部：（010）64523553　　图书营销中心：（010）64523633
经　　销：全国新华书店
印　　刷：北京中石油彩色印刷有限责任公司

2025 年 4 月第 1 版　2025 年 4 月第 1 次印刷
787×1092 毫米　开本：1/16　印张：16
字数：330 千字

定价：60.00 元
（如出现印装质量问题，我社图书营销中心负责调换）
版权所有，翻印必究

《海上石油作业安全技能和知识》

编委会

主　　任：邱少林
副 主 任：王希友　王小军　吴俊峰　魏士鹏　孙德坤
　　　　　李剑刚
委　　员：王建兵　杨学刚　王　驰　杜昌同　吕　忠
　　　　　周宝山　于树波　于　博　刘稳舟

编写组

主　　编：王建兵　金路明
副 主 编：杨学刚　王　驰　于　博　李新福　刘　洁
编写人员：罗宇鹏　金鹤立　宋志伟　王高杰　王云鹏
　　　　　赵　伟　刘稳舟　李　鳌　李　罡　朱建洲
　　　　　张　鑫　胡　倩　胡利静　李佳欣

前 言

中国石油天然气集团有限公司认真贯彻落实习近平总书记关于安全生产的重要论述和能源保供的重大嘱托，在国家能源战略的正确指引下，渤海湾滩海油气勘探开发获得了快速发展。随着海上油气生产规模和从业人员数量逐年增长，固有风险和增量风险也相互叠加，因此加强对各海洋石油企业依法经营和员工合规上岗管理就显得尤为重要。依据《海洋石油安全管理细则》（国家安全生产监督管理总局令2009年第25号）等相关规定，出海人员必须接受"海上石油作业安全救生"的专门培训，取得培训合格证书后，方可从事出海作业。其主要目的是提高海洋石油作业人员的安全意识和突发事件下的应急救生能力，使其能够运用各种安全救生知识和安全技能，把险情或事故危害降到最低程度，进而有效保护作业人员生命和设施安全。

本书是在海油安监办中油分部编写的教材基础上进行修订的，编写过程中着重突出了中国石油滩海及内陆水域石油天然气开采活动特点和作业区域特殊性，详细阐述了海洋石油开采安全知识、海上求生、海上平台消防、救生艇筏操纵、海上急救和乘坐直升机安全与应急等六个方面内容，具有较强的针对性和实用性。

海洋石油开采安全知识部分主要介绍了海洋石油工业发展历程及现状、海上石油作业人员安全培训要求、各海区特点与气象特征、滩海石油各生产设施的主要风险与管控措施、滩海陆岸油气开发特点、海洋石油安全监管机构发展历程，以及中国石油海洋石油安全管理模式等内容。海上求生部分介绍了海上石油作业人员在各种紧急情况下如何应急和求生，确保各类应急处置的有效实施，保证人员生命安全的相关内容。海上平台消防部分详细介绍了海上石油设施火灾特点与如何进行火灾扑救、火场逃生等内容。救生艇筏操纵部分针对救生艇筏的释放与回收、操纵，详细阐述了如何通过救生艇筏实现人员安全撤离等内容。海上急救部分介绍了海上作业人员紧急情况下的自救和互救措施。乘坐直升机安全与应急部分详细介绍了乘坐直升机安全须知，直升机遇险落水后人员如何逃生等内容。本书为海洋石油出海作业人员了解海洋石油发展史、熟悉作业过程中的风险辨识、掌握相关救逃生知识和遇险后的应急处置等提供了可借鉴的参考资料，也可作为出海及内陆水域作业人员安全救生的培训教材。

为照顾现场使用习惯，本书部分地方采用了非法定计量单位，请读者阅读时注意。

在本书的编写过程中，得到了中国石油渤海钻探工程有限公司、中国石油天然气股份有限公司辽河油田分公司、中国石油天然气股份有限公司大港油田分公司、中国石油天然气股份有限公司冀东油田分公司相关人员的大力支持，在此一并表示感谢！尽管编者做了细致的努力，但由于水平有限，错误之处在所难免，恳请读者批评指正。

2024 年 12 月

目 录

第一章 海洋石油开采安全知识 ………………………………………………… 1
  第一节 海洋石油工业的发展历程 …………………………………………… 1
  第二节 中国石油海洋石油事业发展概况 …………………………………… 3
  第三节 海上石油作业人员安全培训要求 …………………………………… 7
  第四节 各海区特点与气象特征 ……………………………………………… 13
  第五节 滩海石油生产作业主要风险与管控措施 …………………………… 19
  第六节 滩海人工岛及滩海陆岸油气开发主要风险与管控措施 …………… 26
  第七节 滩海陆岸油气开发特点 ……………………………………………… 29
  第八节 海洋石油安全监管机构发展历程 …………………………………… 33
  第九节 中国石油海洋石油安全管理模式 …………………………………… 40

第二章 海上求生 ……………………………………………………………… 42
  第一节 海上求生概述 ………………………………………………………… 42
  第二节 救生设备 ……………………………………………………………… 52
  第三节 人工岛应急与求生概述 ……………………………………………… 68
  第四节 应急部署和演习 ……………………………………………………… 71
  第五节 弃平台（船舶）时的行动 …………………………………………… 82
  第六节 应急通信设备和救生信号 …………………………………………… 91
  第七节 海上危险及防护措施 ………………………………………………… 96
  第八节 荒岛生活及待救行动 ………………………………………………… 101
  第九节 接受救援 ……………………………………………………………… 104
  思考题 …………………………………………………………………………… 108

第三章 海上平台消防 ………………………………………………………… 109
  第一节 消防基本知识 ………………………………………………………… 109
  第二节 火灾分类及灭火方法 ………………………………………………… 115

第三节　防火防爆 …………………………………………………… 117
　　第四节　消防设备 …………………………………………………… 122
　　第五节　海上石油设施火灾扑救 …………………………………… 137
　　第六节　火场逃生 …………………………………………………… 146
　　思考题 ………………………………………………………………… 149

第四章　救生艇筏操纵 …………………………………………………… 150
　　第一节　海上平台救生艇的配备 …………………………………… 150
　　第二节　救生艇的分类、结构与性能 ……………………………… 151
　　第三节　封闭式救生艇的操作方法 ………………………………… 162
　　第四节　救生筏 ……………………………………………………… 170
　　第五节　救助艇 ……………………………………………………… 179
　　第六节　应急处理 …………………………………………………… 182
　　思考题 ………………………………………………………………… 185

第五章　海上急救 ………………………………………………………… 186
　　第一节　概述 ………………………………………………………… 186
　　第二节　海上常用急救技术 ………………………………………… 189
　　第三节　海上典型伤害的急救措施 ………………………………… 210
　　思考题 ………………………………………………………………… 226

第六章　乘坐直升机安全与应急 ………………………………………… 227
　　第一节　概述 ………………………………………………………… 227
　　第二节　乘坐直升机安全知识 ……………………………………… 231
　　第三节　直升机应急处理 …………………………………………… 235
　　思考题 ………………………………………………………………… 237

附录　急救箱与常用急救药品 …………………………………………… 239

参考文献 …………………………………………………………………… 245

第一章　海洋石油开采安全知识

第一节　海洋石油工业的发展历程

新中国的海洋石油事业发端于南海，早在1957年，在海军和渔民的协助下，有关部门即开始在海南岛南面的莺歌海岸外组织作业，石油工作者潜水调查了莺歌海海滨村浅海油气田，取得了储油岩样和气样。

1959年，我国第一支海上地震队在青岛组建，开始在渤海进行地震和重力、电磁测量。1960年我国用驳船安装冲击钻，在海南莺歌海盐场水道口浅海钻了两口井，井深26m，首次获得重质原油150kg。1964年，在浮筒沉垫式简易平台上安装陆用钻机，在莺歌海岸边水深15m处钻了三口井，井深388m，获原油10kg。虽然是微小的发现，党和国家却非常重视，当时中南局第一书记和广东省省长都亲自到现场视察和祝贺。

1966年，我国在渤海建成第一座钢质导管架桩基平台，并于1967年6月成功地钻探了第一口具有工业油流的海上油井，井深2441m，试油结果为日产原油35.2t、天然气1941m^3，这标志着中国海洋石油进入了工业发展的新阶段，国务院为此还发来了贺电。

1971年，我国在渤海发现海四油田，先后建立了两座平台，年高峰产油量8.69×10^4t，累积采油60.3×10^4t，这是我国第一个海上油田。

1957年至1979年是我国早期海上石油勘探开发阶段，在这22年中，共钻井127口，发现含油构造14个，获石油储量1.3×10^8t，建成原油年产能力17×10^4t，共累积采油96×10^4t。

改革开放后，根据国务院确定的开发海洋石油采取对外合作与自营相结合的"两条腿走路"的方针，1979—1980年，石油工业部采用双边谈判方式，与外国公司签订南海、黄海的南部地球物理勘探协议和渤海、北部湾石油勘探开发合同。先后与13个国家的48家石油公司签订了8个地球物理勘探协议，从此全面铺开了我国海洋石油的勘探工作，世界先进技术的引入大大加快了海上的找油速度。1980年发现了一大批有利的局部构造：珠江口盆地169个，莺—琼盆地47个，南黄海盆地74个。接着在渤海发现BZ28-1油田、BZ34-2油田，在北部湾发现W10-3油田，在琼东南发现崖城13-1大气田。1984—1988年在珠江口陆续发现了惠州21-1油田、流花11-1大油田、惠州26-1油田、西江30-2油田，在渤海又发现锦州20-2凝析气田、绥中36-1大油田等。

1982年1月30日，国务院发布了《中华人民共和国对外合作开采海洋石油资源条例》，1982年2月15日，中国海洋石油总公司（以下简称"中海油"）成立，负责对外合作业务，享有合作海区内进行勘探、开发、生产和销售的专营权。

1987年，我国第一个对外合作油田——渤海埕北油田建成投产，年产原油 $40×10^4$ t，这个油田共有 8 座平台，其中最大的是 24 腿的导管架储油平台，甲板负荷达 13000t，能够经受 1.7m 厚冰的挤压。紧接着南海东部、南海西部的合作油田很快相继建成投产。

1979 年至 1999 年是我国海洋石油对外合作高速高效发展的阶段，这 20 年与前 20 年相比，石油地质储量提高 16 倍，原油年产能力提高 100 倍。

2010 年，国内海上油气年产量首次达到 $5000×10^4$ t 油当量，在我国海域成功建成了一个"海上大庆油田"，这标志着我国建成了完整的海洋石油工业体系，也标志着海洋已经成为我国最现实、最可靠的能源接替区之一。同时，我国海洋石油工业的技术水平、装备水平、作业能力和管理能力逐步达到亚洲同行前列。

1982 年以来，我国海洋石油开发取得了快速发展，在渤海湾，先后发现了锦州凝析油气田、绥中油田、秦皇岛油田、渤西油田群、埕北油田、渤南油田群、渤中油田，以及滩海海域的月东油田、南堡油田、埕海油田和赵东油田等；在东海海域，发现了春晓油气田和平湖油气田等；在南海近海海域，发现了涠洲油田、东方气田、崖城气田、文昌油田群、惠州油田、番禺油田群、流花油田，以及陆丰油田和西江油田等，但更为广阔的南海深水海域仍尚待开发。2015 年，我国海洋石油油气总产量已经超过了 $6000×10^4$ t 油气当量。

根据第三次石油资源评价结果（2008 年公布），我国海洋石油资源量为 $246×10^8$ t，占全国石油资源总量的 23%；海洋天然气资源量为 $16×10^{12}$ m³，占全国天然气资源总量的 30%。而油气资源拥有"第二个波斯湾"之称的中国南海，属于世界四大海洋油气聚集中心之一，仍处于勘探的早中期阶段，资源基础雄厚，是未来我国海洋石油增储上产的重点区域。

我国的海洋油气工程装备始于 20 世纪 70 年代，1972 年，由渤海石油公司设计建造了我国第一座坐底式"海五"平台，工作水深为 14～16m。同年，由 708 所为中海油设计、大连造船厂建造了我国第一座自升式钻井平台"渤海一号"。

1974 年，由 708 所设计、沪东造船厂建造地质矿产部的"勘探一号"双体浮式钻井船。

1984 年，708 所为地质矿产部研究设计、由上海造船厂建造了我国第一座半潜式钻井平台"勘探三号"。

1988 年，708 所为胜利油田研究设计、由中华造船厂与烟台船厂联合建造了"胜利三号"坐底式钻井平台。

2008 年 4 月 28 日开工建造的海洋石油 981 深水半潜式钻井平台（简称"海洋石油 981"），是中国首座自主设计、建造的第六代深水半潜式钻井平台，为中海油深海油气开发"五型六船"之一，是根据中海油的需求和设计理念，由中国船舶工业集团公司第 708 研究所设计、上海外高桥造船有限公司承建的，耗资 60 亿元，中海油拥有自主知识产权，由中海油服租赁并运营管理。该平台采用美国F&G公司ExD系统平台设计，在此基础上优化及增强了动态定位能力及锚泊定位，是在考虑到南海恶劣的海况条件下设计的，整合了全球一流的设计理念、一流的技术和装备，所以它还有着"高精尖"内涵。除了通过紧急关断阀、遥控声呐、水下机器人等常规方式关断井口，该平台还增添了智能关断方式，即在传感器感知到全面失电、失压等紧急情况下，自动关断井口以防井喷。设计能力可抵御两百年一遇的超强台风，首次采用最先进的本质安全型水下防喷器系统，具有自航能力，还有世界一流的动力定位系统。

2012年5月9日，"海洋石油981"在南海海域正式开钻，这是我国石油公司首次独立进行深水油气的勘探，标志着中国海洋石油工业的深水战略迈出了实质性的步伐。海洋石油981深水半潜式钻井平台长114m，宽89m，面积比一个标准足球场还要大，平台正中是五至六层楼高的井架。该平台自重30670t，承重量12.5×10^4t，可起降西科斯基S-92直升机。作为一架兼具勘探、钻井、完井和修井等作业功能的钻井平台，"海洋石油981"代表了海洋石油钻井平台的一流水平。其最大作业水深3000m，最大钻井深度可达10000m。"海洋石油981"拥有多项自主创新设计，平台稳性和强度按照南海恶劣海况设计，能抵御南海两百年一遇的波浪载荷；选用大功率推进器及DP3动力定位系统，在1500m水深内可使用锚泊定位，甲板最大可变载荷达9000t。该平台可在中国南海、东南亚、西非等深水海域作业，设计使用寿命30年。

第二节　中国石油海洋石油事业发展概况

近年来，中国石油天然气集团有限公司（以下简称"中国石油"）分别在辽河、大港、冀东的滩海、浅海区域建设了海上生产平台、滩海陆岸、人工岛、陆岸终端等多类海洋石油生产设施，并根据生产需要由中国石油海洋工程有限公司组织建造了多座移动式钻井平台和试采平台等海洋石油作业设施，物探、钻井、录井、测井、井下作业、海油工程等海洋石油工程技术服务队伍规模不断壮大，中国石油海洋石油勘探开发取得了长足发展。

一、辽河油田滩海勘探开发

辽河油田海上勘探开发始于1989年，油气生产区位于辽东湾北部，西起葫芦岛，东至鲅鱼圈连线以北，海图水深5m内的滩海地区。矿权面积3475km^2，其中陆滩范围701km^2，海滩及潮间带1736km^2，极浅海1038km^2，有效勘探面积2141km^2。

目前，辽河区域海上油气生产（企业）单位主要有辽河油田金海采油厂和天时集团能源有限公司，其中金海采油厂是辽河油田唯一从事海洋石油开发的生产单位，现有葵东1平台和海南24平台等两座固定平台为海上油气生产设施。天时集团能源有限公司是中国石油在辽河区域从事海洋石油开采的对外合作企业，负责海南—月东区块勘探开发，现有月东A岛、月东B岛、月东C岛、月东D岛等四座人工岛及其海底管线，A1和A2等两座固定平台和月东联合站等1座陆岸终端，以及4条输油气管道等海上油气生产设施。

二、大港油田滩海勘探开发

大港油田滩海位于渤海湾西部，北起涧河，南至泗女寺河，海岸线南北长146km，东西宽15~35km，海水最深为5m。滩海石油矿藏总面积为2758km^2。从北到南分别为新港油田、滨海油田、埕海油田，目前埕海油田是唯一投入开发的海上油田。

大港海域内主要油气生产单位有赵东采油管理区和采油四厂（滩海开发公司），赵东采油管理区现有ODA、OPA、ODB、OPB、PT3、CP2、PT1、CP3等八座固定平台，采油四厂（滩海开发公司）现有埕海1号、埕海3-1号、埕海3-2号、埕海3-3号等四座固定平台；埕海1-1岛、埕海2-1岛、埕海2-2岛等三座滩海陆岸和埕海联合站等一座陆岸终端，以及五条输油气管道等海上油气生产设施。

三、冀东油田滩海勘探开发

冀东油田滩海位于渤海湾北中部沿海浅水区，生产区域东西52km、南北17km，水深0~10m，探明含油面积92.8 km^2，采出程度12.4%。

冀东油田海上已建成南堡1-1滩海陆岸一座，南堡1-2、南堡1-3、南堡4-1和南堡4-2人工岛四座，南堡联合站陆岸终端一座，以及南堡1-3、南堡1-29号固定平台两座，输油气管线道六条等海上油气生产设施。在南堡1-2人工岛上建设的南堡1号储气库是国内首座海上储气库，南堡1-3人工岛是国内最大的海上气举采油生产设施。

四、海洋石油企业基本情况

近年来，中国石油矿权范围内的海洋石油企业不断壮大，在作业过程中依法经营、履职尽责、落实企业主体责任已形成共识。截至目前，中油分部辖区内监管的海洋石油企业和涉海石油单位约54家，主要包括以下公司。

（一）油气田生产企业

1.中国石油天然气股份有限公司辽河油田分公司

中国石油天然气股份有限公司辽河油田分公司（以下简称"辽河油田公司"）是中国石油的地区分公司，总部位于辽宁省盘锦市。油田前身为大庆673厂，1970年3月组建辽河石油勘探指挥部（同年9月更名为三二二油田），1973年6月改称辽河石油勘探局；经过1999年分开分立、2008年重组整合，目前形成油气主营业务突出，储气库业务、工程技术、工程建设、燃气利用、多元经济协调发展的格局。其主要涉海作业单位有金海采油厂、工程技术分公司、工程建设有限公司等单位。

2. 中国石油天然气股份有限公司大港油田分公司

中国石油天然气股份有限公司大港油田分公司（以下简称"大港油田公司"）是中国石油所属的以油气勘探开发、新能源开发利用和储气库建设运营为主营业务的地区分公司，勘探开发建设始于1964年1月，是继大庆油田、胜利油田之后新中国自主开发建设的第三个油田。建设之初包括大港、华北、渤海、冀东四部分。1976—1988年，华北、渤海、冀东从大港油田相继分立；1999—2000年，大港油田公司、大港油田集团公司、大港石化公司重组分立；2008年重组整合后形成新的中国石油大港油田公司。公司业务主要涉及油气勘探开发、新能源开发利用、储气库及管道运营、井下作业、物资供销、生产电力等。现有机关部门十个、直属单位五个、所属单位31个，共有员工1.87万人。其主要涉海作业单位有第四采油厂、赵东采油管理区、井下作业公司等单位。

3. 中国石油天然气股份有限公司冀东油田分公司

中国石油天然气股份有限公司冀东油田分公司（以下简称"冀东油田公司"）是中国石油天然气股份有限公司所属地区分公司，坐落于素有中国近代工业摇篮、凤凰涅槃之称的河北省唐山市，业务覆盖唐山、秦皇岛、陕西榆林、内蒙古鄂尔多斯、山东德州等四省五市，投入开发高尚堡、柳赞、老爷庙、唐海、南堡、蛤坨六个油田，主营业务包括石油、天然气、地热的勘探、开发、生产、销售、科研，以及油田工程技术、机械制造、电力通信、油田化学、海上应急救援等业务。其主要涉海单位有南堡油田作业区、油气集输公司、井下作业公司、储气库项目部等单位。

4. 天时集团能源有限公司

天时集团能源有限公司成立于2003年1月15日，最初在香港注册成立。2004年，天时集团能源有限公司与中国石油天然气集团公司签订了渤海湾海南-月东石油开发合同，并获得了国家商务部的正式批准。同年8月，天时集团能源有限公司在辽宁省盘锦市注册成立了外资企业分支机构。2007年10月，中信资源控股有限公司正式收购了天时集团能源有限公司90%的股权，重组后，由中信资源绝对控股的天时集团能源有限公司继续渤海湾辽东湾从事月东油田的开发和生产。

（二）工程技术服务企业

1. 中国石油长城钻探工程有限公司

中国石油长城钻探工程有限公司成立于2008年，由原辽河石油勘探局钻探系统与中油长城钻井公司重组而成，总部位于北京，是中国石油天然气集团有限公司的直属专业化石油工程技术服务公司。主营业务包括工程技术服务和油气风险作业两大业务板块，业务领域涵盖地质勘探、钻修井、录井、井下作业等石油工程技术服务，并向油气田前期地质研究、勘探开发方案设计、天然气（煤层气、页岩气）开发、地热开发、油田生产管理等领域延伸，具有石油工程技术一体化总包服务能力。其主要涉海石油单位包括录井公司、固井公司、钻井二公司、钻井技术服务公司等单位。

2. 中国石油渤海钻探工程有限公司

中国石油渤海钻探工程有限公司（以下简称"渤海钻探工程公司"）成立于2008年2月27日，由大港油田集团公司和华北石油管理局钻探业务重组而成，是中国石油的全资子公司，总部位于天津经济技术开发区。公司现有地质研究、工程技术研究、钻井、定向井、测井、录井、固井、钻井液、测试、压裂酸化等19项业务，具有油气工程技术服务完整业务链，是集石油工具、仪器、设备研发、制造及技术服务为一体的专业化、国际化石油工程技术服务公司，具有雄厚的国际、国内工程技术服务总承包能力。其主要涉海石油单位包括第一钻井分公司、第三钻井分公司、第四钻井分公司、第一录井分公司、第二录井分公司、第一固井分公司、第二固井分公司、钻井液技术服务分公司、管具与井控技术服务分公司、油气井测试分公司、井下作业分公司、井下技术服务分公司、定向井技术服务分公司等单位。

3. 中国石油海洋工程有限公司

中国石油海洋工程有限公司（英文缩写为CPOE）是中国石油为加快海洋油气资源勘探开发步伐，持续推进专业化重组的战略部署，于2004年组建的海上石油工程技术服务公司，总部位于北京。业务范围涵盖井筒业务、技术服务业务、海洋工程业务三大领域。拥有海洋石油专业设计甲级、海洋石油工程专业承包一级、钻井工程设计甲级、防腐保温工程专业承包一级、测绘甲级、石油天然气工程咨询甲级、港口经营许可证、新能源发电设计乙级、压力管道和压力容器设计等专业资质，具备120m水深海洋油气勘探开发综合服务保障能力和1500m深水钻井能力。其主要涉海石油单位有钻井分公司、油气技术分公司、天津中油渤星工程科技公司、海洋工程（青岛）有限公司等单位。

4. 中国石油东方地球物理勘探有限责任公司

中国石油东方地球物理勘探有限责任公司（以下简称"东方物探公司"，英文缩写为BGP）是中国石油全资物探专业化子公司，是以地球物理方法勘探油气资源为核心业务，集陆上、海上地震和非地震采集，处理解释，软件研发，装备制造，光纤油藏等业务于一体，全球物探行业唯一的全产业链技术服务公司。

作为中国石油找油找气的主力军和战略部队，公司勘探足迹遍及国内主要含油气盆地，先后参与大庆、华北、胜利、四川、江汉、陕甘宁、辽河和塔里木等石油勘探会战，配合油田取得了一系列重大油气勘探发现，累计探明油气地质储量当量超过300×10^8t，被国家授予"地质勘探功勋单位"。其主要涉海石油单位有海洋物探分公司、新兴物探开发处、综合物化探处。

5. 中国石油测井有限公司

中国石油测井有限公司（英文缩写为 CNLC），成立于 2002 年 12 月 6 日，是中国石油独资的测井专业化技术公司，注册地在陕西省西安市高新技术开发区。公司主营业务以测井射孔技术研发、装备制造、技术服务和资料应用为主体，并为油气田钻井、压裂、采油等业务提供全过程技术支持，是我国规模最大、业务链最全的专业化测井公司和国家高新技术企业。主要从事国内外油气田测井、录井、射孔、测试等完井技术服务和技术咨询，钻井测控、压裂测控、注采测控等工程技术服务和技术咨询，测井数据、测井解释、油藏评价等技术服务和技术咨询，与上述相关仪器设备、配件、应用软件、专用工具的开发、物理实验、试验、制造、销售、租赁、检测、维修等业务。其主要涉海石油单位有天津分公司、华北分公司、辽河分公司等单位。

6. 中国石油管道局工程有限公司

中国石油管道局工程有限公司（英文缩写为 CPP），是中国能源储运工程建设领域的专业化公司，发端于 1970 年大庆—抚顺原油管道工程会战（史称"八三"工程），正式成立于 1973 年，致力于服务国家能源安全新战略，满足人民群众新期待，推动能源储运行业新发展。其主要涉海石油单位有海洋工程分公司、天津大港油田集团工程建设有限责任公司等单位。

7. 中国石油工程建设有限公司

中国石油工程建设有限公司是以原中国石油工程建设公司和中国石油工程设计有限责任公司为基础，整合油气田地面工程设计和施工业务，组建的以油气田地面工程、天然气液化工程和海上油气平台工程为主，以油气储运工程和炼油化工工程为辅，承揽海外炼油化工 EPC 项目，积极发展非常规油气、伴生矿产、新能源、新材料、高端装备制造、绿色环保、数智产业等战略性新兴产业技术和工程能力，拥有为全球客户提供工程设计咨询、EPC/EPCM、施工安装、运营维护、检维修、投融资等定制化"一揽子解决方案"能力的专业化公司。其主要涉海石油单位有中国石油天然气第一建设有限公司等。

（三）其他海洋石油企业

其他海洋石油企业还有天津市尼斯特石油技术服务有限公司、北京华油油气技术开发公司、北京华油惠通油气技术开发公司、辽宁辽河油田金宇建筑安装工程公司、盘锦鸿海钻采技术发展有限公司等。它们分别为辽河、冀东和大港油田海洋石油工程建设、采油采气技术服务、井下技术服务等做了大量富有成效的工作。

第三节　海上石油作业人员安全培训要求

依据《海洋石油安全管理细则》（国家安全生产监督管理总局令 2009 年第 25 号）的规定，出海人员安全救生培训按照出海作业时间划分为长期、短期和临时三种培训类别，并规定了相应的培训大纲和课程教学内容。该细则明确要求从事海上石油作业的作业者和承包者（简称生产经营单位）应当组织对海上石油作业人员进行安全生产教育和培训，经海上求生、海上平台消防、救生艇筏操纵、海上急救、直升机遇险水下逃生等五项内容的专门培训，并取得培训合格证书，方可出海作业。作为海上石油作业人员，应该了解和掌握相关培训要求、培训大纲和培训课程等内容。按照SY/T 6608《海洋石油作业人员安全培训要求》进行课程设置和学时安排，注重理论与实操的结合，使学员学懂弄会，掌握要领。

一、培训课程设置

（一）海上作业人员

海上作业人员应按培训大纲与课程设置，接受包括以下内容的专门安全培训：

（1）长期出海人员应接受"海上石油作业安全救生"全部内容的培训，培训时间不少于40课时，每五年进行一次再培训。

（2）短期出海人员应接受"海上石油作业安全救生"综合内容的培训，培训时间不少于24课时，每三年进行一次再培训。

（3）临时出海人员应接受"海上石油作业安全救生"电化教学的培训，培训时间不少于4课时，每年进行一次再培训。

（4）不在海上设施留宿的临时出海人员可以只接受作业者或者承包者现场安全教育。

（5）没有直升机平台或者已明确不使用直升机倒班的海上设施人员，可以免除"直升机遇险水下逃生"内容的培训。

（6）没有配备救生艇筏的海上设施作业人员，可以免除"救生艇筏操纵"内容的培训。

（二）滩海陆岸、内陆水域作业人员

滩海陆岸、内陆水域作业人员应按培训大纲与课程设置，接受包括以下内容的专门安全培训：

（1）长期在滩海陆岸、内陆水域作业人员至少应接受"海上求生""海上平台消防""海上急救"三项课程全部内容的培训，培训时间不少于28课时，每五年进行一次再培训。

（2）短期在滩海陆岸、内陆水域作业人员至少应接受"海上求生""海上平台消防""海上急救"三项课程综合内容的培训，培训时间不少于16课时，每三年进行一次再培训。

（3）临时在滩海陆岸、内陆水域作业人员至少应接受"海上求生""海上平台消防""海上急救"三项课程电化教学的培训，培训时间不少于2.5课时，每年进行一次再培训。

二、课程大纲与课程设置

按照 SY/T 6608《海洋石油作业人员安全培训要求》,课程大纲与课程设置如下:
(1)课程时长分配见表 1-1。

表 1-1 海洋石油作业人员安全培训课程时长

序号	课程名称		课时,h							
			理论	实操	理论	实操	理论	实操	理论	实操
			长期		复培		短期		临时	
1	海上石油作业安全救生	知识概述	2	—	3	—	2	—	0.5	—
2		海上求生	4	4	2	4	2	4	1	—
3		海上平台消防	4	8	2	4	2	4	0.5	—
4		救生艇筏操纵	2	4	1	4	1	1	0.5	—
5		海上急救	3	3	1	1	1	1	0.5	—
6		直升机遇险水下逃生	2	4	2	4	2	4	1	—
7		合计	17	23	11	17	10	14	4	—
8	油气消防		4	20	—	—	—	—	—	—
9	井控技术		33	23	—	—	—	—	—	—
10	稳性与压载技术		24	12	—	—	—	—	—	—
11	防硫化氢技术		11	5	—	—	—	—	—	—

(2)课程大纲与课程设置见表 1-2。

表 1-2 海洋石油作业人员安全培训课程大纲与课程设置

序号	教学内容	教学要求	教学地点	课时,h
	知识概述			
1	海洋石油作业及设施简介 海上危险因素、风险等级、风险防护及处置方法 海上安全组织机构及岗位职责 管理体系、规章制度 个人防护用品 个人安全与社会责任(复培增加知识)	课程总体概述	教室	长期 2, 复培 3, 短期 2, 临时 0.5

续表

序号	教学内容	教学要求	教学地点	课时,h
\multicolumn{5}{c}{海上求生}
1	海上求生基本知识	讲解海上求生特点、求生技能和心理素质、现代科技发展在海上求生中的应用	教室	长期2,复培1,短期1,临时0.5
	海上求生主要威胁	讲解海上求生面临的主要威胁		
	海上求生要素与原则	讲解海上求生三要素相互关系与原则		
	海难发生特点与应急行动原则	案例分析、讲解		
	海上石油平台应急部署	讲解应变部署内容		
	撤离平台的行动原则	讲解撤离平台的行动原则		
	海上待救的行动原则	讲解海上待救的行动原则		
	荒岛生存及待救行动	讲解荒岛生存及待救行动原则		
	接受救助的方法及注意事项	讲解接受救助的方法及注意事项		
2	个人救生设备的使用方法	讲解并演示救生衣、保温式救生服等的使用方法	教室	长期2,复培1,短期1,临时0.5
	应急通信设备和救生信号的使用方法	讲解应急通信设备和各种救生信号等的使用方法		
	救生筏的结构、使用方法	10人一组,分组讲解		
3	游泳测试	穿救生衣游100m或不穿救生衣不限泳姿游50m	实操场地	长期4,复培4,短期4
	救生衣穿着训练	每人不少于两遍		
	保温式救生服穿着训练	每人不少于两遍		
	穿着救生衣自5m高处跳水	每人两次		
	救助落水人员	五人一组,每人一遍		
	低温水中的自救方法	个人5min、集体5min		
	水中扶正救生筏	五人一组,每人扶正一遍		
	水中登乘救生筏	每人登筏一遍		
	救生筏中的行动	筏中待救、属具讲解		
\multicolumn{5}{c}{海上平台消防}
1	海上求生要素与原则	讲解海上求生三要素相互关系与原则	教室	长期2,复培1,短期1,临时0.5
	海难发生特点与应急行动原则	案例分析、讲解		
	海上石油平台应急部署	讲解应变部署内容		

续表

序号	教学内容	教学要求	教学地点	课时，h
1	撤离平台的行动原则	讲解撤离平台的行动原则	教室	长期2，复培1，短期1，临时0.5
	海上待救的行动原则	讲解海上待救的行动原则		
	荒岛生存及待救行动	讲解荒岛生存及待救行动原则		
2	呼吸器和防毒面具的使用方法	演示后，每人穿戴一遍	实操场地	长期8，复培4，短期4
	消防员装备的使用方法	演示并组织练习消防服装穿着和呼吸器佩戴		
	佩戴空气呼吸器进入火场搜寻与救援	分组练习		
	防火毯扑救小型火	演示防火毯使用方法		
	使用手提式灭火器扑救小型火	每人练习一次		
	消防水带的使用	分组演练		
救生艇筏操纵			
1	乘员在搭乘救生艇逃生时的职责	讲解救生艇乘员的责任	教室	长期2，复培1，短期1，临时0.5
	全封闭式救生艇的配备、分类、结构和性能	讲解石油设施上救生艇配备的位置和特点，了解全封闭救生艇结构性能		
	全封闭式救生艇的释放、操纵与回收技术	理论讲解		
	全封闭式救生艇应急系统的使用	理论讲解		
2	救生艇、筏内属具的功能	讲解救生艇、筏内属具的正确使用方法	实操场地	长期1，复培1
	全封闭式救生艇的基本结构	讲解封闭式救生艇的结构		
	全封闭式救生艇发动机、喷淋系统、供气系统	演示救生艇发动机、喷淋系统、供气系统的启动方法		
	救生艇释放与脱钩	演示救生艇释放与脱钩方法		
3	安全登乘救生艇	列队、分组、确认、登艇练习、操纵救生艇	实操场地	长期3，复培3，短期1
	正确使用安全带	每人两遍		
	救生艇基本操纵训练	分组练习，每组一遍		
	救生艇回收训练	分组演练，每组两遍，总结		

续表

序号	教学内容	教学要求	教学地点	课时，h
海上急救				
1	海上急救知识	讲解紧急情况下的应急措施并对受伤原因、性质和范围做出迅速、合理的判断	教室	长期2，复培1，短期1，临时0.5
1	海上常用急救技术	讲解并演示止血、包扎、骨折处理、搬运、心肺复苏等技术	教室	长期2，复培1，短期1，临时0.5
1	海上典型伤害的急救措施	讲解烧伤、触电、溺水、冻伤、中暑、气管异物、休克、常见急症、中毒各种情况的处理方法	教室	长期2，复培1，短期1，临时0.5
2	包扎、止血技术	分组练习，理论综合考试	教室、实操场地	长期3，复培3，短期1
2	骨折固定技术	分组练习，理论综合考试	教室、实操场地	长期3，复培3，短期1
2	搬运伤员方法	分组练习，理论综合考试	教室、实操场地	长期3，复培3，短期1
2	触电病人的抢救原则和急救方法	分组练习，理论综合考试	教室、实操场地	长期3，复培3，短期1
2	呼吸、心跳出现障碍的急救方法与心肺复苏术	分组练习，理论综合考试	教室、实操场地	长期3，复培3，短期1
直升机遇险水下逃生				
1	直升机在海洋石油作业中的安全性、经济性和必要性	介绍直升机在海洋石油作业中的应用	教室	长期1，复培1，短期1，临时0.5
1	直升机概述和机上安全设备	讲解直升机结构特点及安全设备	教室	长期1，复培1，短期1，临时0.5
1	乘客在直升机登乘前、飞行中、登离后的注意事项	讲解登乘直升机的方法及注意事项	教室	长期1，复培1，短期1，临时0.5
1	直升机紧急迫降、水下逃生	讲解直升机水下逃生方法，组织学员讨论、案例分析	教室	长期1，复培1，短期1，临时0.5
2	保护训练	指导演练	实操场地	长期4，复培4，短期4
2	屏气训练	指导训练，屏气40s	实操场地	长期4，复培4，短期4
2	屏气潜泳	分组练习，每人10m以上	实操场地	长期4，复培4，短期4
2	迫降中的逃生训练	分组练习，每人一遍	实操场地	长期4，复培4，短期4
2	迫降至海面的逃生训练	分组练习，每人一遍	实操场地	长期4，复培4，短期4
2	直升机翻覆后的水下逃生训练	分组练习，每人两遍	实操场地	长期4，复培4，短期4

第四节　各海区特点与气象特征

一、各海区基本情况

（一）渤海海区特征

1. 位置

渤海位于 37°07′~41°0′N，117°35′~121°10′E，渤海海水较浅，是我国最年轻的领海，据推算现代渤海是近八千年来逐渐形成的，渤海东面有渤海海峡与黄海相通，其余三面均为大陆所围。渤海南北长约 300n mile，东西宽约 160n mile。

2. 海区组成

渤海包括：辽东湾、渤海湾、莱州湾、中部平原和渤海海峡五部分组成。

3. 含盐度

平均值为 3.0%。

4. 水温

自中部向周边递减，东高西低，夏季表层水温可达 28℃，冬季最低水温可达 -3℃。

5. 波浪

渤海的波浪与风的关系十分密切，冬春两季多为北风或西北风，夏秋两季为南风。辽东湾、渤海湾和莱州湾，在台风的作用下，还会出现风暴潮或海啸。

6. 风况

渤海海面平均风速在 10 月至次年 5 月较大，平均为 6.0~8.6m/s，最大风速可达 34m/s（12 级）。

7. 海雾

渤海的雾主要出现在春、夏季，秋冬季较少，主要分布在渤海海峡和渤海中部，埕岛附近为多雾区。

8. 海冰

渤海北部在冬季会出现海冰，海冰重叠会形成积冰，随水流漂移会形成浮冰。较大体积的积冰对海上石油设施的碰撞会导致设施的倒塌。浮冰会导致设施晃动并影响工作船正常作业和安全。

9. 入海河流

流入渤海的河流有：黄河、海河、辽河、滦河。

（二）黄海海区特征

1. 位置

黄海位置为 39°50′~31°40′N，119°10′~126°50′E。东西宽为 556km，最窄处为 193km。总面积为 $38×10^4km^2$。

2. 海区组成

黄海中部以山东半岛最东端的成山角与朝鲜半岛的长山串间的连线为界，将黄海分为北黄海和南黄海。

3. 含盐度

平均值为 3.2%，东南部含盐度较大，鸭绿江口附近较低。

4. 水温

黄海海域水温自南向北、自中部向沿岸逐步递减，1月至2月水温最低，为 1~5℃。夏季表层水温最高，约为 28℃。

5. 波浪

黄海在12月至1月间因风力强，波浪较大，中部和东部海区高于 1.5m，其余为 1.0~1.5m。7月至9月由于南向传来的涌浪增大，平均波高为 1.0~1.3m；6月至9月，由于热带气旋活动的影响，大浪频率增多。最大波高为：北黄海 6~8m，南黄海 10.5m。

6. 风况

黄海10月至3月多为偏北风，风向频率为 50%~70%。4月风向多变，北黄海为西北风、西南风、南风，频率各为 20%；南黄海多为北风和南风。5月至8月多为南风和东南风。9月多为北风和东北风。风速以12月至2月时最大，可达 6m/s。5月至8月时最小，为 4~5m/s。

7. 海雾

黄海为中国近海多雾区，主要分布在：青岛近海、成山头近海、鸭绿江口、江华湾、西朝鲜湾、大黑山附近。5月至8月份海雾频率较高。

8. 入海河流

流入北黄海的河流有：鸭绿江、大洋河、庄河、碧流河和登沙河。流入南黄海的河流有：黄河、大同江和汉江。

（三）东海海区特征

1. 位置

北起长江口北岸，南至广东南澳岛，所跨纬度 33°10′~21°55′N，沿岸全长 5800km。总面积为 $75.2×10^4km^2$。平均水深 349m，最大水深 2719m。

2. 海区组成

东海与太平洋及邻近海域间有许多海峡相通；南面以台湾海峡与南海相通；东以琉球水道与太平洋沟通；东北经朝鲜海峡与日本海相通。

3. 含盐度

平均值为 3.3%。

4. 水温

冬季江浙沿岸为 10℃，东部的黑潮流域水温为 20℃。夏季表层水温可达 28℃，20m 层为 15℃，底层为 11℃。

5. 波浪

11 月至 2 月平均波高为 2.0~2.3m，海峡内达 2.4~2.8m。3 月至 5 月波浪减弱，6 月为最弱，平均波高 1.2~1.3m。

6. 风况

东海在每年 9 月至次年 5 月以东北风为主，其余时间为偏南风。最大风速可达 8.6m/s，多发于 1 月，4 月至 5 月风速较小。

7. 海雾

东海海雾主要分布在西部和西北部，浙闽沿岸四季都有雾出现，3 月至 6 月份较多。

8. 入海河流

流入东海的主要河流有长江、钱塘江、闽江。

（四）南海海区特征

1. 位置

南海是介于太平洋和亚洲大陆之间的边缘海。北边为广东、广西和海南；西边为中南半岛、马来半岛；南到苏门答腊岛、邦加岛、勿里洞岛和加里曼丹岛；东到台湾岛、吕宋岛、民都洛岛和巴拉望岛。南海海盆的面积为 $350×10^4 km^2$。

2. 海区组成

南边有加里曼丹岛和纳土纳岛等与印度洋相望，卡里马塔海峡连接爪哇海；西南有马六甲海峡与印度洋相通；东北部有台湾海峡与东海相接；东部有巴士海峡、巴林塘海峡、巴拉巴克海峡与太平洋及苏禄海相通。

3. 含盐度

南海平均含盐度为 3.4%。

4. 水温

冬季北部海区海水最低温度在 16℃以上，深海区表层水温在 26℃左右。春、夏、秋季南海表层为均温状态,水温均在28℃以上。

5. 波浪

南海波浪的分布与变化同海区季风的变化有很大关系,可以分为东北季风时期和西南季风时期。东北浪自每年9月从东北部海区开始出现并逐步向南推移,12月至4月份全海区盛行。西北浪自每年5月从南部海区开始并向北部推移,6月至8月在全海区盛行。9月至3月南海中、北部海域平均波高为12.6m,南部多为1m左右;6月至8月南海中部波高为1.5m,南、北两侧平均波高为1m左右。

6. 风况

东北季风时期南海海面风力最强,10月份海面风速增大,11月至12月6级以上风的频率为60%,风速最大可达11m/s,1月至2月风速为10~11m/s,3月开始减弱,风速可达8~9m/s,4月至5月大风频率较低。6月至10月为热带气旋活动季节,尤其是8月至9月热带风暴频繁出现,大于6级风频率可达10%~22%。

7. 海雾

南海海雾主要出现在12月至次年5月,2月至3月最多,海雾主要分布在北部沿海,北部湾为多雾区。

8. 入海河流

在中国境内流入南海的河流主要有珠江。

二、海上自然灾害

(一) 热带气旋

在热带洋面上生成发展的低气压系统称为热带气旋。热带气旋是热带海洋上急速旋转的大气涡流,也是影响海洋石油作业的主要灾害之一。在其活动中伴有狂风、暴雨、巨浪和风暴潮。在我国北起辽宁南部至两广沿海一带都有遭受热带气旋袭击的记录。

(二) 台风

属于热带气旋的一种。根据世界气象组织的定义,中心风力一般达到12级以上、风速达到32.7m/s的热带气旋均可称为台风(或飓风)。当热带气旋达到热带风暴的强度,便给予其具体名称。名称由世界气象组织台风委员会的14个国家和地区提供。每个成员提供10个名字,形成了包括140个台风名字的命名表,名字循环使用。中国把西北太平洋的热带气旋按其底层中心附近最大平均风力(风速)大小划分为6个等级,其中心附近风力达12级或以上的,统称为台风。

(三) 风暴潮

风暴潮是由于剧烈的大气扰动,如强风和气压巨变导致海水异常升降,使受其影响的海区潮位大大地超过了平常潮位的一种灾害性自然现象，对海上油气生产设施具有一定的破坏力，特别是海上作业人员应做好防范。

风力等级判断见表1-3。

表1-3 风力等级判断

风力等级	名称	海面波高，m 一般	海面波高，m 最高	波级	海面征象	陆地征象	风速，m/s
0	无风	—	—	—	平静	静、烟直上	0.0～0.2
1	软风	0.1	0.1	—	微波如鱼鳞状，没有浪花	烟有所漂移，能够指示方向，树叶略有摇动	0.3～1.5
2	轻风	0.2	0.3	0	小波，波长而短，但波形显著，波峰光亮但不破裂	人面感觉有风，树叶有微响，旗子开始飘动，高的草开始摇动	1.6～3.3
3	微风	0.6	1.0	1	小波加大，波峰开始破裂，浪沫光亮，有时有散见的白浪花	树叶及小枝摇动不息，旗子展开，高的草摇动不止	3.4～5.4
4	和风	1.0	1.5	2	小浪，波长加大，白浪成群出现	能吹起地面灰尘和纸张，树叶摇动，高的草呈波浪起伏	5.5～7.9
5	清劲风	2.0	2.5	3	中浪，具有显著的长波形状，有许多白浪形成（偶有飞沫）	有叶的小树摇摆，内陆的水面有小波，高的草波浪起伏明显	8.0～10.7
6	强风	3.0	4.0	4	轻度大浪开始形成，有大的白沫峰（有时有飞沫）	大树枝摇动，电线发出响声，撑伞困难，高的草不时倾伏于地	10.8～13.8
7	疾风	4.0	5.5	5	轻度大浪，碎浪面呈白沫，风向成条状	全树摇动，大树枝弯下来，迎风步行感到不便	13.9～17.1
8	大风	5.5	7.5	6	有中度的大浪，波浪较长，波峰边缘开始破碎呈飞沫片，白沫沿风向呈明显的条带	可折毁小树，人迎风行走感觉阻力甚大	17.2～20.7
9	烈风	7.0	10.0	7	狂浪，沿风向白沫呈浓密的条带状，波峰开始翻滚，飞沫会影响能见度	草房会遭受破坏，屋瓦被掀起，大树枝可折断	20.8～24.4
10	狂风	9.0	12.5	8	狂涛，波峰长而翻滚，白沫成片出现，沿风向呈白色，海面颠簸加大有震动感，能见度受影响	树木可能被吹倒，一般建筑物可遭破坏	24.5～28.4

续表

风力等级	名称	海面波高，m 一般	海面波高，m 最高	波级	海面征象	陆地征象	风速，m/s
11	暴风	11.5	16.0	9	异常狂涛，海面完全被沿风向吹的白沫片所掩盖，波浪到处成泡沫，能见度受影响	大树被吹倒，一般建筑遭严重破坏	28.5～32.6
12	飓风	14.0	—	10	空中充满白色的浪花和飞沫，海面完全变白，能见度严重受到影响	陆地少见，其摧毁力很大	大于32.6

（四）寒潮

高纬度地区的寒冷空气，在特定天气形势下迅速加强南下，造成沿途大范围的剧烈降温和大风、雨雪天气。这种冷空气南侵过程达到一定强度标准的，称为寒潮。

寒潮会带来大风及持续降温，1969年2月中旬受寒潮影响，渤海沿岸、黄海东北部形成12级大风，持续降温达20～24℃，给海洋石油设施结构、海上作业及其运输等工作造成了严重危害。

（五）海冰

我国渤海和黄海北部由于纬度较低，冬季受冷空气侵袭，每年都会有不同程度的结冰现象。当气温在-10℃以下时，海面水温降至-1.8℃时开始结冰。在正常情况下结冰期自11月下旬开始自北向南逐步进行，融冰期在次年3月中旬，冰期为3～4个月，其中河口附近冰情较重。冰期通常在每年1月至2月上、中旬比较严重，称为冰情严重期。

渤海三个海湾是主要结冰区，因其水深较浅，水温较低，辽东湾海域的冰期最长、冰情最严重；其次是渤海湾海域，较辽东湾冰期短，冰厚小，流冰范围也小；莱州湾的冰情最轻。

海冰有以下两种：

1. 浮冰

在海面形成，并逐步加大，在海面上漂移。体积较大的浮冰与海洋石油设施相撞，将影响设施结构强度，导致设施倒塌。

2. 积冰

当海水温度较低，海上风较强时，波浪飞沫在空中变成冷水滴，碰到设施结构或船体发生冻结，形成积冰。积冰会导致设施失去平衡，重心改变，当设施上部结冰，会切断天线、阻隔通信。为此，在冰期应及时清理设施上的积冰。

海冰的厚度和单轴极限抗压强度是平台设计的重要外荷控制参数，流冰速度、流冰方向、流冰范围、冰面积、堆积冰、重叠冰、冰脊等要素对海上平台设计和石油生产具有重要作用。

第五节 滩海石油生产作业主要风险与管控措施

海洋石油勘探开发经历了从无到有，从英国北海阿尔法平台爆炸到墨西哥湾井喷事故的发生，都体现了海洋石油作业风险无处不在。因此，有必要分析研究海洋石油油气生产作业存在的主要安全风险，为制订切实有效的风险防控措施奠定基础。

一、海上油气生产平台的主要危害因素

海洋石油生产平台主要包括井口平台和油气处理平台两种形式。井口平台不仅为油气田开发提供钻井、完井和修井作业的海上施工作业平台，而且承担着将海底油（气）沿着油气管柱和采油树、安全可控地开采出来的任务。油气处理平台负责井口平台油井产出液体的处理、污水回注、原油储存和外输任务，是油气处理设施的密集场所。海上油气生产流程主要包括：油井产出液（油气水）通过电潜泵（或自喷）提升至井口平台采油树，再经低压（海底）生产管汇汇集到油气处理平台。产出液经加热器加热后进入气液两相分离器分离，分离出的液相直接进入生产分离器再进行油水分离。含油污水进入生产污水处理系统处理后回注地层；分离出的原油进入原油储罐，经外输泵增压后外输或装船外运。溶解气经干燥后压缩外输、自用或直接进入火炬燃烧系统。

大量实践和研究表明，综合考虑起因物、事故先发诱导性原因、致害物与伤害方式等因素，可将井口平台和油气生产处理平台的主要危险有害因素归纳为：井喷、油气泄漏、火灾与爆炸、硫化氢中毒、平台结构失效、电气伤害、起重伤害、高处坠落、落水淹溺、机械伤害、物体打击、海底管道及海底电缆损坏，以及自然因素/极端气候等13类（表1-4）。

表1-4 平台危险有害因素分析

序号	危险有害因素类型	序号	危险有害因素类型
1	井喷	8	高处坠落
2	油气泄漏	9	落水淹溺
3	火灾与爆炸	10	机械伤害
4	硫化氢中毒	11	物体打击
5	平台结构失效	12	海底管道及海底电缆损坏
6	电气伤害	13	自然因素/极端气候风险
7	起重伤害		

二、典型事故案例与原因分析

海洋石油作业环境恶劣，活动空间狭小，技术含量高，设备、设施高度集中；各种危险、危害因素多，集中有大量的易燃易爆物质，不可预见的自然危害也多，极易发生重特大安全环保事故，是世界上公认安全风险最大的行业之一。因此，加强危害因素辨识和风险管控，广泛地从事故中汲取教训，更多地着眼于事故预防，将更有利于实现海洋石油安全生产。

（一）典型的海洋石油生产安全事故简介

据国际数据库统计，近四十年海洋工程事故达六千多起，遍布全球至少 35 个地区，事故类型包括火灾、爆炸、锚泊、井喷、碰撞等 21 大类。下面主要介绍 12 起比较典型的海洋石油生产安全事故。

（1）1979 年 11 月 25 日，"渤海 2 号"钻井船在渤海湾迁移井位拖航作业途中翻沉，死亡 72 人。

（2）1980 年 3 月 27 日，北海挪威"亚历山大·基兰"号钻井平台，因大风、巨浪和冰块的袭击。一根桩腿断裂平台倾覆，主甲板沉入水中，事故造成 123 人遇难，仅 89 人获救。

（3）1982 年 2 月 15 日位于纽芬兰岛（Newfoundland）以东的北大西洋 Hibernia 油田上的"Ocean Ranger"深水半潜式钻井平台，因大风和巨浪袭击压载舱破损进水沉没，事故造成 84 名平台员工全部遇难。

（4）1983 年 10 月 25 日，美国阿科公司租用的"爪哇海号"钻井船在莺歌海钻探时遇 8316 号强台风沉没，船上中外人员 81 人全部遇难。该起事故的发生，推动了我国海洋石油安全生产监管机制的建立和完善。

（5）1988 年 7 月 6 日，位于英国北海油田的"阿尔法"平台（Piper Alpha）因平台生产设施检维修作业管理不善，没有严格执行相关作业程序，错误启动了压缩机房内的一台存有安全隐患的凝析油注入备用泵，造成凝析油冲破盲板法兰大量外泄，引起大火和爆炸，导致平台翻沉，事故造成平台死亡 167 人。该起事故的发生和调查报告的发布，推动了各国海洋石油安全生产管理体系的健全和完善。

（6）1991 年 8 月 15 日，DB-29 大型铺管船在珠江铺管作业时，遭 9111 号强台风袭击沉没，船上 195 人中死亡 17 人，失踪 5 人。

（7）2003 年 10 月 27 日，胜利石油管理局某钻井队 19 名职工，在未穿救生衣，通井路漫水不具备安全撤离条件的情况下，乘坐普通农用车从作业的滩海探井井台向井队驻地撤离，途中车辆入海，造成 17 人死亡，2 人失踪。

（8）2010 年 4 月 20 日，美国墨西哥湾"深水地平线"钻井平台发生井喷爆炸着火事故，燃烧 36h 后平台沉入大海，共造成 11 人死亡、17 人受伤，大量原油漏入墨西哥湾，成为美国"史上危害最严重的海上漏油事故"，成为美国的国家灾难。

（9）2010年9月7日，胜利"作业三号"作业平台在渤海莱州湾作业时，发生平台滑桩倾斜，事故造成36人遇险，其中2人溺水死亡。

（10）2011年12月18日，俄罗斯位于鄂霍次克海域的"克拉"海上石油钻井平台，因天气恶劣和违章拖航，引发平台沉没，事故造成16人遇难。

（11）2015年4月1日，墨西哥国家石油公司（PEMEX）在位于墨西哥湾坎佩切油田的一个导管架卫星平台（Abkatun A-Permanente）突发大火，事故造成4人死亡，45人受伤，约300名工人从平台紧急撤离，大火造成平台部分结构垮塌。

（12）2015年12月5日，阿塞拜疆国家石油公司（SOCAR）位于里海海域的一座石油（钻井）平台，因强风导致天然气管道损坏泄漏引发大火，平台烧毁倾覆，导致至少32人丧生。

（二）典型生产安全事故原因分析

在以上列举的12起典型的海洋石油生产安全事故中，除阿尔法平台火灾、深水地平线钻井平台井喷着火和坎佩切油田导管架卫星平台着火三起事故外，其余九起事故均与海上恶劣气象条件密切相关（表1-5），包括：大风、台风、巨浪与海冰等恶劣气象环境。显然，恶劣的气象条件和违章作业（指挥）的同时出现，往往是引发海洋石油灾难性事故发生的主要原因。

表1-5 海洋石油典型事故案例与事故原因统计

序号	事发地点或设施名称	事故原因	年份
1	"渤海2号"钻井船	台风、违章拖航	1979
2	"亚历山大·基兰"号钻井平台	台风、结构失效	1980
3	深水半潜式钻井平台"Ocean Ranger"	大风和巨浪	1982
4	"爪哇海号"钻井船	台风、违章	1983
5	"阿尔法"平台（Piper Alpha）	泄漏、违章	1988
6	DB-29大型铺管船	台风，违章	1991
7	胜利某滩海探井井台	风暴潮、违章	2003
8	"深水地平线"钻井平台	井喷、泄漏	2010
9	胜利"作业三号"作业平台	大风、违章	2010
10	俄罗斯"克拉"海上石油钻井平台	大风、违章拖航	2011
11	坎佩切油田导管架卫星平台	违章作业、泄漏	2015
12	阿塞拜疆里海海域石油钻井平台	大风、结构失效、泄漏	2015

2011年，原国家安监总局海洋石油作业安全办公室牵头组织完成的"海洋石油开采安全监管体系研究项目报告"，对近五十年发生在墨西哥湾、北海、西非、亚太地区和远东地区海域的80起海洋石油典型事故进行统计分析表明，无论是深海还是浅海事故，极端气候条件（包括大风大浪、风暴等恶劣天气和飓/台风两大类）和油气泄漏是引发海上油气生产作业生产安全事故的主要因素。其中，极端天气引发的事故占重大事故的40%左右（图1-1），井喷和油气泄漏事故占30%左右，其他因素约占30%。

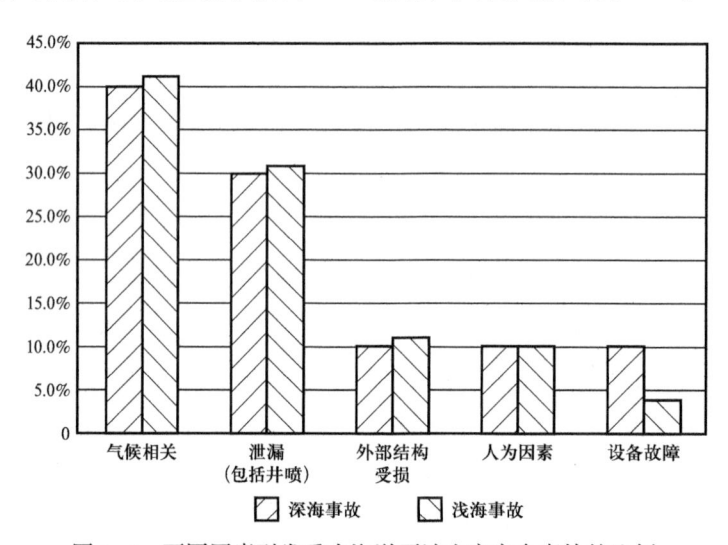

图1-1 不同因素引发重大海洋石油生产安全事故的比例

三、主要安全风险与管控措施

由于海洋石油开采危害因素多、风险高、人员密集、事故危害大、社会关注度高，有必要认真探讨井喷、油气泄漏、火灾爆炸、硫化氢中毒等主要安全风险的控制措施，落实企业安全生产主体责任，有效避免人员伤亡和财产损失。

（一）井喷

井喷是钻井过程中地层流体（石油、天然气、水等）的压力大于井内压力而大量涌入井筒，并从井口无控制地喷出的现象。海上平台井喷事故往往造成平台员工群死群伤和巨大财产损失，必须采取严密的预防措施。引起井喷的主要原因包括井身结构设计不合理、钻遇地层压力情况不清、钻遇浅气层或严重漏失层、违章作业或监控缺失、井口防喷器选型不当或控制系统失效等因素。建议应对措施是：准确预测地层压力，依据邻井地质资料合理确定井身结构和套管下深；按照海洋石油安全管理细则和技术标准要求，科学选用和正确安装井口防喷器组合，高压天然气井、新区预探井、含硫化氢天然气井应安装剪切闸板防喷器；组织钻开油气层前安全验收检查，确保员工持证上岗，落实井控坐岗制度，按计划组织防井喷应急演练。

（二）油气泄漏

为了防止油气泄漏事故的发生，首先应该严格把好设备采购关，采购专业厂家生产的合格设备，关键设备履行第三方的检验，提高设备的可靠性；其次应制定班组定期系统巡检制度；第三，主要设备应设有责任人；第四，平台必须具备一套安全有效的生产工艺中控系统，包括压力监测系统、可燃气体监测报警系统和可视探头，报警信号等，并建立中控室24h值班制度；第五，必须制定一系列的安全管理制度，如JSA分析、作业许可、现场监督等，能够在每项作业前进行风险辨识，以有效降低事故风险。

（三）火灾爆炸

针对点火源，企业应制定"防爆电器检查保养制度""吸烟安全管理制度""中控报警管理规定""防爆工具管理制度""静设备管理规定"和"劳动保护用品检查制度"等制度，有效防止和控制点火源。在可能发生油气泄漏的场所采取安装可燃气体探测装置，及时发出报警信号；在压力容器上安装安全阀，确保在生产运行压力超出设计压力时能及时泄压；杜绝在危险作业区域内进行电气焊等违章动火作业；根据危险区域划分安装防爆电器等应对措施。

（四）硫化氢中毒

钻井现场的有毒有害气体主要是硫化氢。硫化氢具有很强的毒性，能使血液中毒，对眼睛黏膜及呼吸道有强烈的刺激作用。当空气中硫化氢的浓度达到0.05%时，短时间就能引起现场人员严重中毒；达到0.1%时，在短时间内就会有生命危险。引起硫化氢气体中毒的原因主要有：现场作业人员麻痹大意、没有按要求安装硫化氢气体监测仪器、没有进行硫化氢防护培训、没有正确佩戴正压式空气呼吸器，或者平台硫化氢浓度极高，达到150mg/m^3（100ppm）的危险临界浓度。

应对措施是钻遇含有硫化氢地层时，作业现场必须按照设计技术标准要求安装硫化氢气体监测仪器和风向标，现场员工必须参加硫化氢防护培训并正确使用防护设备，当硫化氢含量超过30mg/m^3（20ppm）时现场人员应佩戴正压式空气呼吸器。当井场硫化氢浓度达到150mg/m^3（100ppm）的危险临界浓度时，现场作业人员应按预案立即撤离现场。

（五）平台结构失效

平台结构失效的风险主要表现为平台结构发生局部或整体的损坏甚至是坍塌，通常由火灾、爆炸、坠落物、平台钢结构疲劳、船舶碰撞、强烈地震、风暴潮、极端气候、海冰，以及平台钢结构腐蚀等危害引发的。为防止平台结构失效，应定期组织平台结构强度分析和疲劳分析；开展环境载荷（包括风载荷、波浪载荷、海流载荷、冰载荷及地震）与桩腿强度校核；加强值班船和穿梭油轮的管理，严格遵守操船规程，定期检查平台助航设备，防止碰撞平台桩腿；采用有效的涂层和牺牲阳极防腐工艺，控制结构腐蚀速度等措施。

（六）起重伤害

严格落实平台起重作业许可制度，吊车作业人员必须持有"司索指挥"和"吊车司机"证书，制订吊装作业计划，严格执行吊装作业安全管理规定，应采取定期检查、维护和检验系物与被系物等措施。

（七）人员落水淹溺

正确使用人员防护设备（如脚手架、梯子、吊篮和绳索），加强舷边作业守护，制定舷外作业等相关安全管理制度。

（八）机械伤害

平台主要机械设备包括应急发电机、泵等运转部件（除驱动轴外）应安装防护罩；制订并严格落实机械设备操作或维修安全手册，杜绝防护不当或违章操作。

（九）海底管道及海底电缆损坏

生产经营单位应制定"海管巡检及安全管理规定""海底管线日常管理""海底管线应急置换程序"等管理制度并监督执行；禁止无关船舶进入安全作业区；禁止船舶在海底管道（线）和电缆保护区内抛锚或进行其他可能危及海底管道和电缆安全的活动。设置海底管道应急关断系统，发生异常情况时自动报警和关断系统。

（十）自然因素/极端气候

建立自然灾害预警制度，编制应急预案，储备应急物资、开展应急演练。

（十一）交叉作业

在交叉作业中，由于组织分工不明确、指挥不统一和交流不透彻，导致行动不统一，从而引发重大事故。为了防止作业单位之间的相互干扰，避免事故发生，需要制定交叉作业管理制度和作业程序，开展作业安全分析、加强作业中的沟通与协调，加强现场巡查频次，确保员工持证上岗，规范操作。

四、加强监管，切实筑牢安全生产防线

海洋石油生产经营单位应从强化设施本质安全、加强生产运行管理和应急管理三方面入手，强化海洋石油安全管理，有效防范事故发生。在设计建造中，严格执行设计标准，保证安全设计标准不降低；在建造过程中严格落实安全生产设施"三同时"制度和发证检验制度。在设施生产运行中，要落实安全责任，健全安全管理制度，强化生产运行管理，加强应急演练，确保设施中央控制系统运转高效，应急关断系统动作敏捷。强化"防井喷、防爆炸着火、防溢油、防风暴潮"等安全措施，做好躲避飓/台风的应急预案，切实筑牢安全生产防线。重点需抓好以下几方面工作：

（一）严格落实安全生产"三同时"制度，确保设施本质安全

在海洋石油开发工程建设项目过程中，落实安全生产"三同时"制度是实现设施本质安全的法规要求，是平台生产设施投产运行的基本条件，是检验生产过程控制系统可靠性的关键环节。海上平台生产流程中央控制系统不仅能对生产流程各单元和整个生产系统进行有效控制，及时发出有毒有害气体泄漏和火灾报警信号；而且能根据事故位置和事故级别，进行有效的分级判断，防止事故进一步扩大。墨西哥国家石油公司坎佩切油田导管架卫星平台（Abkatun A-Permanente）着火事故未造成原油泄漏和海洋污染的主要原因是，对输入处理平台的油气管道进行了及时关断。因此，企业应按照固定平台安全规则的要求，加强海上油气生产设施中央控制系统的可靠性检查，确保海上油气生产平台具有可靠的分级关断功能，有效防止事故扩大。

（二）汲取事故教训，继续强化危害因素辨识与风险管控

针对海洋石油勘探开发的作业设施、生产设施，以及作业环境的特殊性，海洋石油生产经营单位应认真汲取各种典型事故教训，以安全风险管理为核心，运用各种安全管理工具，在控源头、治隐患、补短板上狠下功夫。适时组织生产工艺流程的危害与可操作性分析，定期开展油气生产设施、人工岛、导管架平台、陆岸终端、钻井平台等设施的变更管理监督检查和隐患排查，不断强化施工作业过程和工艺流程风险管控措施。针对海洋石油开发经常遇到恶劣气象条件，既要尊重自然、敬畏自然、防范自然灾害；又要强化管理、杜绝施工作业人员违章操作。针对各种初次作业、危险作业、特种作业、陌生海域作业等工况，要加强风险分析与评估，落实现场旁站监督。

（三）加强承包商管理，把好施工队伍资质关

纵观近几十年在油气勘探开发中发生的各种事故事件，不论是陆上石油开发还是海上石油开发，绝大多数事故都与承包商管理或违章操作有关。要按照"非煤矿山外包工程安全管理暂行办法"要求，健全承包商安全环保监管机制，动态开展承包商安全生产条件确认审查，突出把好承包商的队伍资质关、HSE业绩关、人员素质关、监理监督关和现场管理关；加强承包商安全培训和工程项目安全风险交底，严格过程监管，认真执行作业许可制度；加强对用电、用火、受限空间等特殊作业审批前的现场检查确认，发现重大问题要及时叫停和督促整改，彻底清退不合格承包商。

（四）建立一支高效的应急救援队伍，强化应急演练

当前国内"三大"油公司的海上应急救援力量主要集中在溢油应急处置上；在应对海洋石油工程突发事件上，还缺少一支专业化的海洋石油工程应急救援队伍。究其原因，一方面是这些年海洋石油安全业绩较好，没有事故发生，海上工程抢险的需求不足；另一方面也许是海上工程抢险涉及的专业面广、专业化强、投入大，一家企业难以独立建

成一支覆盖各专业的海洋石油工程抢险队伍。因此，相关企业应立足于强强联合，取长补短，启动海上工程抢险队伍建设规划研究，共同建设一支与海上油气开发相适应的、多专业协同的海上工程抢险队伍，以有效应对海洋石油工程突发事故。

第六节　滩海人工岛及滩海陆岸油气开发主要风险与管控措施

在渤海湾滩海海域已建成了多座油气开发人工岛及滩海陆岸。与钢质导管架平台相比，滩海人工岛具有建设成本低、设施日常维护方便、生产运营成本低、基本可实现全天候作业、生产效率高、综合效益好等优势，已经被广泛用于滩海油气开发。由于海洋石油开发设施复杂，且受海洋环境、岛体面积、作业类型和交叉作业的影响，存在危险有害因素多，交叉作业突出，安全风险大，应急撤离难等诸多风险，因此有必要从全生命周期角度系统研究人工岛及滩海陆岸油气开发的危险有害因素，建立风险分级流程，制订风险管控措施，实现海洋石油安全生产。

一、海上石油人工岛和滩海陆岸设施基本情况

中国石油下属涉海石油企业在渤海湾滩海海域成功开发了埕海油田、南堡油田、海南八区块和月东油田，先后建成并投用八座石油人工岛和四座滩海陆岸设施，并配套了相应的油气处理终端。

滩海油气开发人工岛四面环海，滩海陆岸与陆地之间也仅有一条漫水路相连，涉及建设工程产业链长、投资高、技术复杂、危险有害因素多、安全风险大、应急救援难。与钢制导管架平台岛相比，具有以下特点：

（1）建造成本低、寿命长、覆盖储量范围大。
（2）抵抗自然灾害破坏的能力强。
（3）生产作业场地较大，可采用部分陆上石油开采工艺技术和施工作业设备设施。
（4）油气生产设施执行发证检验制度。
（5）危害因素多，安全风险大。
（6）点多、面广、战线长。

二、危险因素辨识及风险分级原则

（一）危险因素辨识

海上人工岛及滩海陆岸油气开发是一项规模大、系统复杂、涉及范围广的系统性工程，存在钻井、修井、采油采气、油气处理、污水处理、油气存储、生产指挥等多种功能场所，单一的风险评价方法难以对如此复杂系统进行系统的分析、评价，必须选择两种或者多种风险分析方法配合使用，才能尽可能比较合理地评价各阶段风险的类型和危

害程度。

基于人工岛及滩海陆岸油气开发的特点，在对比分析各种危险有害因素分析方法适用性的基础上，本书选用了危险源识别分析（HAZID）和作业条件危险性分析（LEC）方法，在专家的组织下，采用人员与作业伤害引导词来逐一辨识出作业过程中的主要危险有害因素；然后利用作业条件危险性分析（LEC）的方法，半定量地得出风险等级，再辅以作业单位安全风险管理能力取值进行修正，从而判断风险的危险程度，划分安全风险的等级，实现对风险的分级管理。

（二）风险分级原则

为提升安全风险管控水平，落实安全风险管控责任，通常根据风险大小和引发事故的危害程度，将油气生产过程中的安全环保风险划分为集团公司、油田企业、生产作业单位和作业现场四个等级，明确了各种安全风险的大小及安全风险管控的主要责任部门，以便于安全管理组织从不同的层级实施安全风险管控，从而构成了安全风险管控体系。

（1）作业现场级风险：一般或轻微的风险，并且风险易于控制或控制措施较为简单。出现风险的作业现场可有效地控制此风险。包括基层站队和岗位员工级。

（2）作业单位级风险：较高的风险，需要采取措施。风险或发生事故后作业现场难以或者缺少有效资源，需要作业单位介入才可有效地控制。

（3）油田企业级风险：显著的风险，出现此风险必须采取措施。风险或发生事故后作业单位难以控制，需要油田企业介入才可有效地控制。

（4）集团公司级风险：高度风险，出现此风险时不能继续作业。事故会造成非常大的影响，是行业内重大风险，风险或发生事故后需要中国石油介入才能有效地控制。

（三）风险分级流程

由于海上人工岛及滩海陆岸风险点多面广，风险非常突出，因此开展人工岛及滩海陆岸风险分类分级管控，有助于降低风险，保证安全。本文通过梳理当前人工岛及滩海陆岸安全风险防控的具体做法，得出如下风险分类分级防控管理流程：

（1）危害辨识并确定风险。作业单位或者作业现场通过专项危害辨识、现场员工识别、行业经验积累等方式进行危害辨识和汇总，评估风险大小，并录入风险档案。

（2）风险分类分级。风险确定后，由现场作业单位安全管理人员对风险进行分类、分级，初步判断风险的等级，并上报生产作业单位安全管理部门。

（3）生产作业单位安全管理部门对作业现场上报的风险进行重新分类分级，保证风险分类分级的合理。若为作业现场级风险，则由作业现场负责制订风险防控措施并落实；若为生产作业单位级风险，则由作业单位安全管理部门负责组织制订风险防范措施并落实责任；若为更高等级的风险，则上报油田公司安全管理部门。

（4）油田公司安全管理部门对上报的风险级别进行再确认，若为油田公司级风险，则油田公司安全管理部门负责组织制订风险防控措施并落实防控责任；若为集团公司级风险，则上报中国石油安全环保管理部门。

（5）针对集团公司级风险，由中国石油安全环保部门组织相关单位或企业制订风险防控措施，中国石油相关责任部门负责指导、协调、跟踪和督办，协调有效资源，并对风险防控措施落实情况进行监督检查。

三、主要安全风险及管控措施

（一）前期设计阶段

在海上人工岛及滩海陆岸油气开发前期设计阶段，应注重各工艺节点风险控制、应急关断逻辑控制、设计文件质量控制、工程合规性程序执行等。如果设计不合理或发生设计缺陷，可能会在后续开发阶段产生重大风险甚至导致重大事故。

前期设计阶段的风险防控要点主要在于作业者通过加强设计单位内部文件的审查力度，加强第三方检验机构对设计单位设计文件的检验工作力度，有效控制设计阶段的风险，提高设计文件的设计质量等方面。

（二）施工建造阶段

海上人工岛及滩海陆岸施工建造阶段的工作由各类承包商按照合同要求进行施工作业，作业者要落实安全生产主体责任，避免以包代管。施工单位综合协调和监督管理各承包商，督促承包商在作业过程中落实安全风险控制措施和确保工程质量。此阶段主要的安全风险类型为自然环境风险、海上交通事故、起重事故、落水淹溺、潜水作业事故、物体打击、机械伤害和安全管理风险。

风险防控重点在于作业者对施工单位的选择、对施工设备、人员资质和能力的管理控制，以及在作业过程中的自然环境风险防范、交叉作业管理、特殊作业的监督管理等方面。

（三）钻完井阶段

海上人工岛及滩海陆岸钻完井作业，由钻井承包商完成。作业者在现场派驻钻完井监督，负责作业现场的安全管理和监督工作。此阶段的主要风险为井喷、火灾爆炸、油气泄漏、硫化氢中毒、自然环境、放射性风险等，这些主要的危险可能导致重大人员伤亡和财产损失。

钻完井阶段作业过程中的风险主要受地质设计、钻完井设计合理性、钻井作业方作业能力、安全管理水平、钻完井监督、现场安全监管情况等因素影响。风险防控重点在于前期提高油藏情况研究分析水平、做好地质设计和钻井设计、风险辨识分析和防控措施到位、做好钻井承包商资质审查和选择、钻井监督做好现场监督管理工作等方面。

（四）生产阶段

海上人工岛及滩海陆岸生产阶段主要作业类型为油气生产、设备设施维护保养、修井作业，以及后期调整井钻井等工作内容。岛体面积小、作业类型多、交叉作业时有发生，风险管控难度显著增加。

利用HAZID分析方法对人工岛油气生产阶段的危险有害因素进行深入辨识，获得了油气生产阶段的主要安全风险是：火灾、爆炸、油气泄漏、井喷、硫化氢中毒、恶劣环境、海上交通、人员伤害等八种类型。

在生产作业阶段，人工岛油气开发生产运行稳定，各类型作业相对固定，安全责任主体明确，风险防控的重点在于提高作业者对危险有害因素辨识和风险管控能力，严把承包商"五关"管理，制订各类风险分类分级管控措施。

（五）弃置阶段

海上人工岛及滩海陆岸弃置作业由承包商按照弃置计划进行弃置作业，作业过程涉及设备设施拆除、运输、现场处置等工作内容，存在起重作业、高空作业、动火作业水下作业、船舶运输等多种作业类型，且工序复杂。弃置阶段的主要风险是：火灾爆炸、油气泄漏、起重事故、船舶事故、人员伤害等主要风险类型。

安全风险管控要点在于制订合理的弃置方案、选择合理的作业程序、可靠的施工机具、严格的危害辨识、正确的风险控制措施、有效的现场应急处置方案和严密的组织机构，在优选承包商的基础上，强化承包商现场施工作业安全监管，确保弃置作业安全实施。

第七节 滩海陆岸油气开发特点

滩海陆岸石油设施地处海岸线向海一侧，属于海洋工程项目，但是，由于其由路/桥（或漫水路）将人工岛与陆地连为一体，使人工岛具备一定的陆地属性。因此，在滩海陆岸人工岛油气开发建设、生产运行过程中，生产安全监管标准一直是争论的焦点。下文通过对比分析滩海陆岸与陆上油气开发的差异和特点，进一步阐明了滩海陆岸油气开发安全标准应有别于陆上油气开发的观点。

一、滩海陆岸油气开发工艺与作业环境特点

滩海陆岸人工岛地处滩海或潮间带区域，滩海陆岸设施位于岸线向海一侧。与陆上相比，自然环境对作业及设施的影响主要表现为：空气湿度大、腐蚀性强，设备腐蚀严重；冬季雾多，能见度低，施工作业风险高；风、浪、流、海冰对岛体结构和设施的破坏性强；滩海海况复杂，作业船舶搁浅风险高。因此，滩海陆岸石油设施在设计标准、建造安装、钻井技术、消防、救逃生等方面与陆上油气开发明显不同。

（一）设计标准相对独立

滩海陆岸石油设施主要包括人工岛、井口槽、岛面油气设施、海底管道与进海路等部分。其中，人工岛海工建设标准有14项、井口槽建设标准14项、进海路建设标准9项、海底管道建设标准12项。海工建设标准较为齐全。

由于岛体面积较大、黄海高程较高，具备部分陆地属性，因此，人工岛岛面和陆岸终端的油气地面工艺及配套设施遵循陆地设计标准一百二十余项。但是，电气仪表、通信、紧急关断、油气消防、逃生救生、溢油监测等方面的安全标准有海洋石油建设标准26项，这也是滩海陆岸油气开发安全监管标准与陆上最大的区别。

（二）采用特殊工艺钻井技术与防碰技术

由于受施工场地限制，滩海油气开发大多采用定向井、大位移、水平井等特殊工艺井身结构，施工难度较大，因此，做好防碰设计和控制井眼轨迹是确保钻达油藏目的层的关键环节。

（三）表层套管下深和油层套管水泥返高要求严

表层套管的功能是封隔地表水和浅层松散地层，并为下部钻井施工创造有利条件。在渤海湾康菲漏油事件发生后，为防止发生海底溢油事故，海洋环境监管部门要求表层套管下入深度既要考虑封隔表层水，又要兼顾封堵海底断层；油层套管水泥返高应至上层套管200m，较陆上油井水泥返高至油层段以上200m的要求更为严格。

2016年新修订的《中华人民共和国海洋环境保护法》[1]要求，"海洋石油勘探开发及输油过程中，必须采取有效措施，避免溢油事故的发生。"因此，关注海上油气井表层套管下入深度和油层套管水泥返高位置，已经成为衡量企业是否采取防止海底溢油有效措施的指标之一。

（四）作业空间狭小，安全风险高

在涨潮期间，滩海陆岸人工岛变成了四面环海的"孤岛"，但又并非真正意义上的岛屿。与陆上油气站场相比，由于设施布局紧凑、作业空间狭小，加之施工队伍多、交叉作业频繁，导致危险有害因素多，安全风险高。因此，滩海陆岸石油设施较陆上面临更多的安全风险。

（五）环境腐蚀性强，防腐要求高

由于环境腐蚀性强，与陆上石油站场设备选型相比，滩海陆岸石油设施应选择防潮、防盐雾和防霉菌型的专用设备，以满足防潮、防盐雾、防腐蚀的要求。

---

[1] 该法已于2023年10月24日再次修订，并于2024年4月1日施行。

（六）台风风暴潮频发，应急管理要求高

由于滩海陆岸石油设施地处浅滩海海域，受风暴潮、海上覆冰、潮汐等影响较大，施工作业人员多，应急撤离要求高、难度大。为做好人员救助和紧急撤离，应急救援装备不仅要考虑值班大客车和客轮，而且紧急情况下甚至要动用直升机、水陆两栖车等特殊装备。

二、滩海陆岸安全监管的特点

2003年，胜利油田滩海人工井场因风暴潮引发了进海路"10·27"交通亡人事故，死亡19人。为汲取事故教训，规范滩海陆岸石油设施安全监管，国家安全生产监督管理总局海洋石油作业安全办公室专题研究了滩海陆岸石油设施安全监管问题，明确了滩海陆岸石油设施属于海洋石油安全监管范畴。安全监管要求不仅写入《海洋石油安全生产规定》（国家安全生产监督管理总局令2006年第4号）和《海洋石油安全管理细则》（国家安全生产监督管理总局令2009年第25号），而且制定了SY/T 6634《滩海陆岸石油作业安全规程》、SY/T 6777《滩海人工岛安全规则》等相关技术标准，明确提出设置应急避难房的要求，解决了滩海陆岸石油设施应执行的安全技术标准问题。

与陆上油气开发相比，滩海陆岸安全监管存在诸如政府监管部门、发证检验制度等方面的不同，并且更加注重过程监管，人员持证特殊要求，消防设施设计标准高，逃生救生要求更严格，应急关断系统功能更为完善。

（一）政府监管部门不同

在滩海陆岸石油设施的政府监管上，国家有关部委依据相关法律法规履行相应职责。应急管理部海洋石油安全监督管理办公室及其各分部依据《海洋石油安全生产规定》（国家安全生产监督管理总局令2006年第4号）和《海洋石油安全管理细则》（国家安全生产监督管理总局令2009年第25号）等法规规章，负责滩浅海和海洋石油安全生产监督管理工作。生态环境部及其下属各机构依据《中华人民共和国海洋环境保护法》（中华人民共和国主席令2023年第12号）和《中华人民共和国海洋石油勘探开发环境保护管理条例》（国发〔1983〕202号）等法律法规，负责滩浅海和海洋石油生态环境监督管理工作。自然资源部及其下属机构依据《中华人民共和国海域使用管理法》（中华人民共和国主席令2001年第61号）等法律法规，负责滩浅海和海洋石油涉及的海域使用许可和监督管理工作。农业农村部及其下属机构依据《中华人民共和国渔业法》（中华人民共和国主席令2013年第8号）等法律法规，负责滩浅海和海洋石油涉及的渔业资源保护和渔船的监督管理工作。交通运输部及其下属海事部门依据《中华人民共和国海上交通安全法》（中华人民共和国主席令2021年第79号）等法律法规，负责滩浅海和海洋石油涉及的船舶和海上交通安全监督管理工作。

（二）执行发证检验制度

在如何保障海上设施本质安全上，《海上石油天然气生产设施检验规定》（国家能源部1990年第4号令）和《海洋石油安全生产规定》（国家安全生产监督管理总局令2006年第4号）明确要求海洋石油生产设施应执行发证检验制度。要求以开采海洋石油为目的的海上滩海陆岸、石油人工岛和陆岸终端等海上和陆岸结构物，在海洋石油生产设施的设计、建造、安装及生产的全过程中实施发证检验制度；海上结构、采油设备、钻修井设备等专业性较强、危险性大的专业设备应执行专业设备检验；海洋石油生产设施试生产前，应当经发证检验机构检验合格，发证检验机构对设计审查和检验结果负责。

（三）注重过程监管

滩海陆岸石油设施建设单位应委托有资质的安全评价机构编制项目安全预评价报告，预评价报告应到政府相关监管部门备案；发证检验机构负责海洋石油生产设施的质量监督和控制，并对检验结果负责。石油设施建设完成并取得检验证书后，作业者应向政府相关监管部门申请试生产安全备案。试生产6~12个月，作业者应组织安全设施竣工验收。而陆上石油天然气目前仅仅关注安全专篇的审查。

（四）人员持证要求特殊

按照《海洋石油安全管理细则》（国家安全生产监督管理总局令2009年第25号）和SY/T 6307《浅海钻井安全规程》要求，出海作业人员需持有"海上求生""海上急救""海上平台消防"和"救生艇筏操纵"证书，设有直升机平台的人工岛上作业人员还应持有"直升机水下逃生"培训证，临时登临人员应接受安全教育。此外，所有作业人员应取得法规和行业标准规定的有效特殊作业岗位证书。

（五）消防设施设计标准高

按照SY 6634《滩海陆岸石油作业安全规程》要求，根据滩海陆岸石油设施的类型、功能、规模的差异，选择相适应的消防设施，并经发证检验机构认可。滩海陆岸人工岛石油设施不仅要配套固定式消防水系统，还配有固定泡沫和二氧化碳消防系统，环绕生产工艺区还设有消防炮。消防设计标准高于陆上GB 50183《石油天然气工程设计防火规范》的要求。

（六）逃生救生要求严格

滩海陆岸石油设施员工逃生方式和手段较陆上有较大的局限性，往往需要依靠船舶、水陆两栖装置、救生艇筏、救生圈、救生衣、应急值班车、避难所等海上救生设施。救生与逃生系统的设计参照SY 5747《浅（滩）海钢质固定平台安全规则》，并经发证检验机构认可。

（七）应急关断系统功能完善

典型的滩海陆岸石油设施主要包括通用机械设备、电气装置、仪表与自动化系统、钻井设备、修井设备、采油工艺系统、起重机、防污染装置、通信设备、助航标志与信号、直升机甲板，以及火灾、有毒及可燃气体探测与报警系统、消防系统、逃生与救生系统等。相对于陆上油气站场，滩海陆岸人工岛上工艺装置及设备布局更加紧凑，井口布置更加密集，生产工艺系统均安装过程监控和紧急关断系统。此外，在自喷井和天然气井安装有井口、井下安全阀，外输管道安装有紧急切断阀并定期检测检验。

综上所述，滩海陆岸石油设施地处海岸线向海一侧，属于海洋工程项目。在滩海油田开发的全生命周期内，滩海陆岸石油设施不得不面对"高盐、高湿、滩涂、潮涨潮落、风暴潮"等特殊自然环境因素带来的结构损毁、设备腐蚀、海管破损、船舶搁浅、人员落水、应急撤离等重大安全风险。因此，在海域使用管理、建设标准、施工资质、检测检验、生产运行、应急救援等方面，与陆上油气开发相比，存在安全环保风险高、涉及政府监管部门多、选用建设标准覆盖范围广、安全环保设施投入大、安全技术防护要求高等特点。而且，企业生产安全接受国家应急管理部海洋石油安全监督管理办公室及其各分部直接监管，风险管控和过程监管更加突出，监管程序更为细致。

第八节　海洋石油安全监管机构发展历程

一、海洋石油安全监管机构的建立

（1）1992年4月，中国石油天然气总公司在胜利油田设立独立机构——渤海浅海安全监督所，行使政府海上安全监管职能，挂"中国海洋石油作业安全办公室渤海浅海安全监督所"牌子，内部为独立正处级机构，业务受中国海洋石油作业安全办公室指导，行使中国石油天然气总公司所属范围内浅海海域石油作业的政府安全监管职能，其业务主要是胜利油田滩浅海勘探开发和辽河油田浅海勘探作业。

（2）1994年6月，随着中国石油辽河浅海业务的迅速发展，辽河石油勘探局在安全监察处增设浅海安全监察科，编制两人，与安全监察科合署办公，负责浅海安全监管工作。

（3）1998年9月，因中国石油天然气集团公司和南北方公司分开分立，胜利油田整体划归中国石油化工集团公司管理，其所属渤海浅海安全监督所不便于对中国石油天然气集团公司所属滩浅海石油作业进行政府监管。同时，辽河油田浅海已经处于开发阶段，冀东油田、大港油田也开始涉海勘探作业，中国石油天然气集团公司内部也急需加强浅海安全监督管理，鉴于辽河油田涉海较早又有专门的浅海安全管理机构，中国石油天然气集团公司决定将海上安全监管机构设立在辽河石油勘探局，并下发《关于设立中国石油天然气集团公司浅海安全监督所的批复》（劳组字〔1998〕第33号）文件，在辽河石油勘探局设立中国海洋石油作业安全办公室下属的浅海（辽河）安全监督所，对辽河油田、冀东油田和大港油田，以及东方物探公司涉海作业行使政府安全监管职能。

（4）1999年2月12日，中国海洋石油作业安全办公室与中国石油天然气集团公司质量安全环保部、中国石油化工集团公司安全与环保监督局在北京达成协议，中国石油化工集团公司保留渤海浅海安全监督所执行中国石油化工集团公司所辖石油作业政府职能；中国石油天然气集团公司组建浅海安全监督机构行使政府职能；明确在浅海安全监督技术监督检验工作中发生的分歧、纠纷由安全办公室负责协调。

（5）1999年3月，辽河石油勘探局组织部下达了《关于成立中国石油天然气集团公司浅海安全监督所通知》（辽油编发〔1999〕第4号）文件，确定浅海（辽河）安全监督所编制5人，处级职数2人，聘任了相关人员。机构名称为"中国海洋石油作业安全办公室浅海（辽河）安全监督所"［以下简称"浅海（辽河）安全监督所"］，挂靠在辽河石油勘探局安全环保处，一个机构两块牌子，按副处级管理。辽河石油勘探局领导很重视浅海安全监督所的组建工作，在原辽河石油勘探局安全监察处浅海安全监察科的基础上，及时筹备，人员到位。辽河油田承诺负责所有工作经费，中国石油天然气集团公司质量安全环保部每年划拨专项经费作为浅海安全监督所经费补充。

（6）1999年6月8日，在北京召开的中国海洋石油作业安全办公室安全监督工作会上，中国海洋石油作业安全办公室以《关于设立中国石油天然气集团公司浅海（辽河）安全监督所的复函》［（99）中海安办函字第5号］，宣布浅海（辽河）安全监督所为其下属地区监督执行机构，并授予作业许可认可办证、应急计划审查、技术检验监督、安全教育培训监督、对浅海重点工程进行评价及安全分析报告审查等十项政府监督职能，管辖范围为中国石油天然气集团公司下属的辽河、大港、冀东油田所属浅海海域自营或对外合作的浅海石油作业。同时，中国石油化工集团公司渤海浅海安全监督所也更名为"中国海洋石油作业安全办公室浅海（胜利）安全监督所"。

至此，中国海洋石油作业安全办公室（挂靠中国海洋石油总公司健康安全环保部）其下属共有天津监督处、深圳监督处、上海监督处、湛江监督处、浅海（胜利）安全监督所、浅海（辽河）安全监督所等六个地区监督处（所）行使政府海上石油作业安全监督职能。其后又将浅海两个监督所名称变更为胜利监督处和盘锦监督处。

（7）1999年8月23日，根据中国石油天然气股份有限公司上市实际情况及浅海石油勘探开发工作需要和中国石油天然气集团公司质量安全环保部业务主管部门要求，辽河油田编委以辽油编发〔1999〕第7号文件将浅海（辽河）安全监督所整体划归中国石油股份公司辽河油田分公司管理，其级格为副处级，定编五人，列局机关直属部门，归质量安全环保处管理。

（8）2000年3月，在辽河油田召开首届安全监督工作会议，中国海洋石油作业安全办公室姜德祥主任、中国石油天然气集团公司和中国石油天然气股份有限公司质量安全环保部姜冠荣总经理、董国永副主任等领导到会，为浅海（辽河）安全监督所揭牌，并做了重要讲话。领导的重视对浅海（辽河）安全监督所顺利开展政府监督和企业管理工作提供有力支持。

（9）2000年7月，中国石油天然气股份有限公司下发《浅海石油作业安全生产规定》（中油质字〔2000〕195号），规范中国石油涉海石油作业安全管理。

（10）2002年1月4日，按中海办《关于浅海（辽河）安全监督所更名为盘锦安全监督处的通知》（中海办〔2002〕1号）文件的统一要求，中国石油天然气股份有限公司质量安全环保部下文将浅海（辽河）安全监督所挂靠辽河油田公司（油质字〔2002〕9号）将浅海（辽河）安全监督所更名为中国海洋石油作业安全办公室盘锦安全监督处。

二、中油分部建立与发展历程

（一）中油分部建立

2003年，中央编制办公室下发《关于国家安全生产监督管理局主要职责内设机构和人员编制调整意见的通知》（中央编办发〔2003〕15号），将中国海洋石油作业安全办公室的政府职责由中国海洋石油总公司健康安全环保部划归国家安全生产监督管理局，与安全监管一司合署办公，一个机构，两块牌子，行使全国海洋石油安全生产综合监管职能。

2004年2月13日，国家安全生产监督管理局下发《关于海洋石油作业安全监督管理局有关事项的通知》（安监管海油字〔2004〕17号）文件，明确以下要求：

（1）中华人民共和国国家经济贸易委员会授权中国海洋石油作业安全办公室承担的中国海洋石油作业安全监督管理职责，由国家安全生产监督管理局海洋石油作业安全办公室履行。原中国海洋石油作业安全办公室及其下属的监督处（所）此前发布的文件、批复的证照，在被修订或更换之前，继续有效。

（2）国家安全生产监督管理局决定在中国海洋石油总公司设立海洋石油作业安全办公室海油分部，在中国石油天然气集团公司设立海洋石油作业安全办公室中油分部，在中国石油化工集团公司设立海洋石油作业安全办公室石化分部。三个分部分别在相应的海域、内湖履行下列职责：

① 负责海洋石油天然气开采安全生产日常监督管理、安全技术检验监督和作业场所职业卫生的监督检查。

② 负责颁发从事海洋石油天然气勘探、开发、生产、储运的设施和专用船舶的作业许可或作业认可通知，并报海洋石油作业办公室备案。

③ 监督检查海洋石油作业单位安全生产培训教育情况。

④ 按海洋石油作业安全办公室的要求组织海上石油天然气开采新建、改建、扩建项目（工程）安全设施设计的审查及竣工验收，并报海洋石油作业安全办公室备案。

⑤ 审查生产经营单位的应急计划并监督实施，指导、协调或参与相应的事故应急救

援工作。

⑥ 负责有关安全规程、标准的技术性问题解释工作。

⑦ 完成海洋石油作业安全办公室交办的其他工作。

⑧ 海油分部、中油分部、石化分部在业务上接受海洋石油作业安全办公室的领导，人事管理、工作经费等由所在的总公司或集团公司负责，主要负责人的任命需征得海洋石油作业安全办公室同意，安全监督管理人员必须坚持录用标准，严格任职条件，能胜任海洋石油作业安全监督检查工作。

2004年3月24日，海洋石油作业安全办公室召开海洋石油作业安全监督管理工作交接座谈会，会议研究讨论了海洋石油作业安全监督管理工作，并办理了工作交接事项。

2004年4月，中国石油天然气股份有限公司人事部下发《关于设立"海洋石油作业安全办公室中油分部"有关问题的通知》（油人字〔2004〕231号），明确中油分部设在勘探与生产分公司，内部按处级管理，人员编制四人，处级职数两人，行使国家安全生产监督管理局授权委托的相关海域、内湖石油作业安全监督检查和技术监督检验等职能，并授予政府安全监管下列七项职责。

（1）负责海洋石油天然气开采安全生产日常监督管理、安全技术检验监督和作业场所职业卫生的监督检查。

（2）负责颁发从事海洋石油天然气勘探、开发、生产、储运的设施和专用船舶的作业许可证或作业认可通知，并报国家安全生产监督管理局海洋石油作业办公室备案。

（3）监督检查海洋石油作业单位安全生产培训教育情况。

（4）按国家安全生产监督管理局海洋石油作业安全办公室的要求，组织海上石油天然气开采新建、改建、扩建项目（工程）安全设施设计的审查及竣工验收，并报国家安全生产监督管理局海洋石油作业安全办公室备案。

（5）审查生产经营单位的应急计划并监督实施，指导、协调或参与相应的事故应急救援工作。

（6）负责有关安全规程、标准的技术性问题解释工作。

（7）完成上级业务主管部门交办的其他工作。

同时，撤销中国海洋石油作业安全办公室盘锦安全监管处。

2004年6月，中国石油天然气股份有限公司人事部印发《关于王光军、吴奇兼任职务的通知》（石油人字〔2004〕208号）。任命国家安全监督管理局海洋石油作业安全办公室中油分部主任由中国石油天然气股份有限公司质量安全环保部副总经理王光军兼任，副主任由勘探与生产分公司副总经理吴奇兼任。

中油分部根据职责和工作要求，制定了中油分部有关管理制度，包括分工协作制度、上传下达制度、现场监督检查制度、办理企业安全生产许可证制度、培训教育管理制度、海工管理制度、事故应急救援管理制度、会议管理制度、文件管理制度、值班管理制度、费用管理制度、工作总结评比表彰制度、网页管理制度、印章管理制度、科研项目管理制度、海监处职责管理制度等16项制度，进一步明确了中油分部监督人员的工作程序和工作方法，规范了监督人员的工作行为。

2004年11月15日，中国石油天然气股份有限公司人事部下发《关于健全海洋石油作业安全监督机构有关问题的通知》（油人字〔2004〕514号），明确在辽河油田公司、冀东油田公司和大港油田公司等三个地区公司成立海洋石油作业安全监督处，与质量安全环保处合署办公"一个机构两块牌子"，人员编制二至三人，处级职数一人，并授权以下八项政府安全监管职责。

（1）负责海洋石油天然气开采安全生产日常监督管理、安全技术检验监督和作业场所职业卫生的监督检查。

（2）负责颁发从事海洋石油天然气勘探、开发、生产、储运的设施和专用船舶的作业许可证或作业认可通知，并报国家安全生产监督管理局海洋石油作业办公室中油分部备案。

（3）监督检查海洋石油作业单位安全生产培训教育情况。

（4）按国家安全生产监督管理局海洋石油作业安全办公室的要求组织海上石油天然气开采新建、改建、扩建项目（工程）安全设施设计的审查及竣工验收，并报国家安全生产监督管理局海洋石油作业安全办公室中油分部备案。

（5）审查生产经营单位的应急计划并监督实施，指导、协调或参与相应的事故应急救援工作。

（6）负责有关安全规程、标准的技术性问题解释工作。

（7）负责所辖海域的生产安全一般事故的调查工作。

（8）完成中油分部及上级业务部门交办的其他工作。

（二）中油分部划转

2007年2月，依照国家安全监督管理总局海油安办意见，中国石油天然气股份有限公司人事部下发文件，将中油分部从勘探与生产分公司整体划转到安全环保部，与中国石油天然气股份有限公司质量安全环保部和中国石油天然气集团公司质量安全环保部一起整合合并，组建中国石油天然气集团公司（股份公司）安全环保部，内部设立海洋石油作业安全监督处。

2014年12月24日，国家安全监管总局下发《关于健全海洋石油安全监管机构明确海洋石油安全监管职责的意见》（安监管总海油〔2014〕140号），提出四项意见。

1. 充分认识海洋石油现行监管模式取得的成效和面临的严峻形势

鉴于地方政府没有海域的管辖权、难以实行属地监管的特殊性，2003年，中编办将中国海洋石油安全办公室职能划入国家安全生产监督管理局安全监管一司加挂海洋石油作业安全办公室牌子，并于2004年在中国海洋石油总公司、中国石油天然气集团公司、中国石油化工集团公司分别设置海油分部、中油分部、石化分部等三个分部承担海洋石油安全生产监管工作,推动了海洋石油安全生产形势趋稳趋好做了大量工作,取得了显著成效。

2. 进一步健全分部和地区监督处的机构设置和建设

要求分部设主任、副主任各1人,分部根据需要内设相关的业务处(室),每个业务处(室)配备不少于三名工作人员。地区监督处设处长和副处长各一人,地区监督处根据工作需要配备不少于四名工作人员。分部主任、副主任的任命和地区监督处的设立、合并或撤销等重大事项须征得国家安全监管总局同意。

3. 进一步明确分部和地区监督处安全监管职责

主要是将原海油安办职责下放到各分部,将原分部职责下放到地区监督处。

1)分部职责

(1)各分部参与起草海洋石油安全生产法规、规章、标准。

(2)负责辖区内海洋石油企业的安全监督管理工作,依法监督检查海洋石油企业安全生产条件、设备设施安全、劳动保护用品配备使用、作业场所职业卫生和安全生产教育培训等情况。

(3)负责辖区内三大石油公司分公司、子公司安全生产许可证申请材料的受理、审核及颁发工作。

(4)负责辖区内海洋石油企业主要负责人、安全生产管理人员、特种作业人员及出海作业人员的考核、发证工作。

(5)负责辖区内海洋石油新建项目安全设施和职业卫生"三同时"工作。

(6)负责辖区内较大事故的调查处理,协调事故和险情的应急救援工作。

(7)受海油安办的委托负责对辖区内企业的安全生产违法行为实施行政处罚。

(8)完成海油安办交办的其他工作。

2)地区监督处职责

(1)负责辖区内海洋石油企业的日常监管,依法监督检查作业者和承包者安全生产条件、设备设施安全、人员持证、劳动保护用品配备使用和作业场所职业卫生情况,跟踪重大隐患的整改落实情况。

(2)负责辖区内三大石油公司分公司、子公司下属的生产作业单位安全生产许可证申请材料的受理、审核及颁发工作。

(3)负责辖区内海洋石油改建、扩建项目安全设施和职业卫生"三同时"工作。弃井的备案管理工作。

(4)负责辖区内海洋石油生产设施、作业设施、延长测试设施的备案,守护船登记,以及废弃井的备案管理工作。

(5)负责辖区内生产作业单位应急预案的备案工作。

(6)负责辖区内一般事故的调查处理,协调事故和险情的应急救援工作。

（7）受海油安办的委托负责对辖区内生产作业单位的安全生产违法行为实施行政处罚。

（8）完成分部交办的其他工作。

4. 进一步加强分部和地区监督处工作保障

要求企业要重视分部和地区监督处的机构建设、队伍建设，提供必需的办公场所、办公设备和办公经费，保障监管人员的工资和福利待遇。要选拔一批事业心强、专业能力精、敢于担当、秉公执法、清正廉洁的人员充实到海监队伍。要建立有利于监管干部成长的监督约束机制。企业要接受分部和地区监督处的监督管理。

该文件为国家安全监督管理总局第一次正式确立地区监督处法律地位的文件，但因受到国家政企分开的日益强化和地区监督处尚无执法印章等因素的影响，该文件的执行仍存在困难。

（三）中油分部机构调整

2018年根据国务院机构改革方案，在国家安全生产监督管理总局等部门的基础上成立中华人民共和国应急管理部，将海洋石油安全生产监管工作划归到中华人民共和国应急管理部相关部门，成立海洋石油安全生产监督管理办公室，各分部职责不变，根据业务需要为各分部及监督处颁发了公章。2023年，根据中华人民共和国应急管理部《关于加强海洋石油安全监管工作的通知》（应急〔2022〕113号）文件精神，中国石油党组机构编制委员会办公室，以党组编办〔2023〕1号文件，下发了《关于优化海洋石油安全生产监督管理机构设置的通知》，对中油分部机构设置进行了调整，成立专门的海洋石油安全监督处，编制两人，其中处长一人，中油分部继续与质量健康安全环保部合署办公，撤销中油分部办公室，调整中油分部区域监督处设置，将中油分部辽河、大港、冀东三个监督处整合为新的中油分部大港监督处，不再保留中油分部辽河监督处、冀东监督处名称。大港监督处单独设立，人员编制五人，其中中层领导人员职数两人，并明确了大港监督处主要职责。

大港监督处根据授权，履行中油分部辖区内的海洋石油安全监督管理职责。

（1）参与起草海洋石油安全生产法规、规章和标准。

（2）负责辖区内海洋石油企业的安全监督管理工作，依法监督检查海洋石油企业安全生产条件、设备设施安全、劳动防护用品配备使用、安全生产教育培训等情况。

（3）协助海油安监办审核海洋石油企业安全生产许可证申请。

（4）负责辖区内海洋石油新改扩建项目安全设施设计审查备案、试生产备案和安全竣工验收监督。

（5）负责辖区内海洋石油企业应急预案备案、作业设施备案、守护船登记、延长测试报告、弃井作业报告等事项的管理。

（6）负责辖区内海洋石油企业主要负责人、安全管理人员安全生产知识和管理能力考核、发证工作。

（7）负责辖区内海洋石油安全生产中介服务机构的监督管理。

（8）负责对辖区内安全生产违法行为实施行政处罚。

（9）负责辖区内一般生产安全事故的调查处理，协调事故和险情的应急救援工作。

（10）完成上级交办的其他工作。

第九节　中国石油海洋石油安全管理模式

中国石油海洋石油作业安全管理，实行企业主体责任、政府监管、第三方发证检验制度，管理模式上更加完善。

一、落实企业主体责任

中国石油质量健康安全环保部会同油气和新能源公司组织海洋石油企业开展春季开工、夏季防台风风暴潮、冬季防冻防冰凌安全检查，海洋石油生产设施风险评估，发现整治安全隐患和问题；大力推广应用 HAZOP 风险评估方法，海洋石油企业先后针对 28 个海上油气生产设施和 15 条海上油气管道开展了 HAZOP 分析，查找隐患和问题，提出优化建议和措施，督促整改了一批重大安全隐患，增强了控制事故发生的主动性，海上安全监管方式变被动应对为主动预防，作业人员的安全意识得到了有效提升。

二、海上重大安全隐患排查治理

通过隐患排查、专项安全检查，发现一些突出问题，先后集中整治了辽河海底输油管线掏空加固及拆除、辽河海南八人工岛岛体护坡冲蚀维护、葵东 101、葵东 103 简易导管架平台长期停靠油轮高风险生产方式整改、冀东海底输油管线掏空后加固、冀东 LPN1 简易导管架弃井拆除、LP1-5 和 1-29 简易导管架平台改造、赵东平台三相分离器及配套设备扩能整改、大港油田埕海 1-1 人工岛进海路安全设施改造、冀东油田南堡 1-2 人工岛高密度施工人员聚集应急疏散等一批隐患问题，使海上设施本质安全有了进一步提升。

三、海上安全技术机构建立与发展

海洋石油安全中介机构是实现海洋石油安全发展的重要技术支撑，在海油安监办和海洋石油企业的大力支持下，中国石油安全环保技术研究院（安全评价）、四川科特钻井质量安全测评中心（专业设备检测检验）、大港油田宇信检测中心（专业设备检测检验）等机构获得了国家海上安全技术中介服务资质，有序开展了海洋石油专业设备检验检测、安全培训、安全评价等海上相关业务，符合中国石油滩海油气开发特点的安全技术支撑体系初步形成。同时，海油安监办中油分部还设立了海上考试中心（渤海钻探工程公司职工教育培训中心）和辽河考试点、大港考试点两个海上考试点，明确了天津市陆海培训学校有限公司为涉海、内陆水域企业救逃生知识培训机构。

四、海上安全法规标准制定与完善

为更好地完善海上安全检查内容与标准，通过主要涉海企业共同努力，编制了SY/T 6777《滩海人工岛安全规则》行业标准和"海上安全监管手册""海上试采平台安全检查手册""海上物探船安全检查手册""海洋石油生产设施风险评估指南"等涵盖海上主要油气生产设施和作业设施的检查细则和工作程序的标准，进一步健全安全检查法规标准，规范了海上作业安全行为。

五、海上安全应急救援队伍专业化建设

中国石油海上应急救援响应中心于2006年12月10日挂牌成立，设一个中心三个救援站，编制230人，其中正式编制30人，投资5.1亿元建设。中心边建设边应急，滩海溢油应急能力显著提升，实战经验逐步积累，已经成为一支敢打硬仗的海上溢油应急专业队伍。中心现有三百余人，设有辽河救援站、大港救援站、冀东救援站和海南救援站，拥有"中油应急101""中油应急201"等主力应急船舶六艘、小型应急船舶18艘、应急辅助船舶十艘，配有岸滩围油栏、充气围油栏、固体浮子围油栏、防火围油栏共计26425m；两栖溢油回收车八台；溢油回收设备及辅助设备239台（套）。先后参加了冀东、辽河和大港油田及中韩联合等八次海上应急演习，共出动三百余人次，动用船舶20艘次，累计使用包括围油栏、收油机在内的五千余套应急装备，布放六千余米围油栏，圆满地完成了各项演习任务。2008年，成功处置"青岛奥帆赛浒苔打捞"应急任务和"9·25"曹妃甸海域沉船溢油事故，2009年，圆满完成"10·16"汇通27船舶搁浅守护任务和"10·24"曹妃甸船舶溢油事故，参加了"12·30"渭河流域溢油应急任务；2010年参加了大连新港"7·16"海上溢油处置等应急任务。"十四五"期间，又先后参与处置了"蓬莱19-3平台"爆炸事故、青岛"交响乐"轮碰撞溢油、辽河油田抗洪抢险等多起重特大应急任务，锻炼了队伍，提升了应急实战能力。

第二章 海上求生

第一节 海上求生概述

1912年4月14日,当时世界最大的客运轮船泰坦尼克号(RMS Titanic)(图2-1)从英国南安普敦出发,途经法国瑟堡—奥克特维尔,以及爱尔兰昆士敦,计划中的目的地为美国纽约。23:40,这艘超级邮轮在其处女航中在北大西洋撞上冰山。4月15日凌晨2:20,船裂成两截后沉入大西洋。3:30,客船卡帕西亚号最先赶到了出事现场。4:00,卡帕西亚号的船员在北大西洋黎明的微光下发现了第一艘救生艇(图2-2)。救援工作一直持续到早上8:30,第12号救生艇被系上救援缆绳。泰坦尼克号上2208名船员和旅客中,只有705人生还,一千五百多人丧生。泰坦尼克号海难为和平时期死伤人数最惨重的海难之一。

图2-1 建造完成的泰坦尼克号　　图2-2 卡帕西亚号拍摄的幸存者的救生艇

1999年11月24日,山东烟大轮船轮渡有限公司大舜号滚装船载客304人,汽车61辆,由烟台地方港出发赴大连,途中遇风浪于15:30返航。调整航向时船舶横风横浪行驶,船体大角度横摇。由于船载车辆系固不良,产生移位、碰撞,致使甲板起火,船机失灵,经多方施救无效,于23:38翻沉,造成290人死亡,直接经济损失约9000万元人民币。船上共有旅客船员312人,最后生还者仅为22人。被称为中国的"泰坦尼克号"(图2-3、图2-4)。

从上述两起重大海难事故可以看出,人员在海上设施(船舶/平台等)工作时会受到海洋气象、水文和周围环境的影响。如果作业人员对各种因素估计不足、判断不准确、措施不妥当,或遇到自然灾害、意外情况,海上设施就可能发生失控、搁浅、触礁、失火、碰撞、倾覆、沉没等情况,造成财产损失和海洋环境污染的严重事故,特别是会严重威胁到人的生命。因此,海难事故发生后,求生知识和技能对遇险人员自救与及早获救显得尤为重要。

图 2-3　大舜号翻沉救助现场　　　　　　图 2-4　大舜号打捞现场

一、海上求生的定义和海上可能出现的事故与险情

（一）海上求生的定义

在船舶或平台因火灾、碰撞、爆炸、触礁、搁浅、井喷、硫化氢中毒及直升机坠海等情况下，利用海上求生知识和技能，把所遭受的危险减至最低程度，从而延长在海上生存的时间至最后获救脱险，称为海上求生。

（二）海难的种类

海难是一种造成严重后果的事故，常见的有火灾、碰撞、爆炸、触礁、搁浅、沉没、机器故障、船体破损等。海上石油作业平台上的海难事故除上述类型，还有井喷、硫化氢中毒、直升机坠海等（表 2-1）。

表 2-1　近一个世纪以来世界上重大海难

时间	海难	损失
1912 年 4 月 14 日	英国豪华客轮泰坦尼克号（46000t）在北大西洋的处女航中撞上冰山沉没	1517 人罹难
1914 年 5 月 29 日	加拿大籍客船爱尔兰皇后号（Empress of Ireland, 14191t）因浓雾在圣劳伦斯河口附近和挪威籍货船相撞沉没	1024 人死亡、失踪
1949 年 1 月 27 日	往来上海和基隆的客船太平轮（2489t）在舟山群岛附近和货船建元号相撞，不久相继沉没	近千人罹难
1954 年 9 月 26 日	往来日本青森和函馆的联络船洞爷丸（3898t）由于台风沉没	1155 人罹难
1987 年 12 月 20 日	菲律宾渡轮巴兹夫人号和小型油船胜利者号（Vector, 640t）在菲律宾 Mindoro 和 Marinduque 岛之间的 Tablas 海峡相撞起火	约 4386 人死亡、失踪。被认为是非战争时期最大的海难事故
1988 年 7 月 6 日	英国的派珀·阿尔法钻井平台突然发生连环大爆炸，上百万吨重的采油平台随即沉入海底	167 人失去了生命
1994 年 9 月 28 日	瑞典籍客轮爱沙尼亚号（Estonia, 21794t）在波罗的海的恶劣天气下翻覆沉没	852 人罹难

续表

时间	海难	损失
1999年11月24日	山东烟大轮船轮渡有限公司大舜号滚装船在烟台水域沉没	290人遇难
2010年4月20日	英国石油公司租赁的"深水地平线"钻井平台发生爆炸并引发大火，大约36h后沉入墨西哥湾	11名工作人员死亡

（三）海上求生训练的目的和意义

海上求生训练的目的是使每个受训者：

（1）掌握船舶各种救生设备及各种属具的正确使用方法。

（2）熟悉弃船时应采取的措施。

（3）熟悉和掌握漂流待救中的求生知识和技能。

（4）熟悉被救助时的注意事项。

（5）锻炼求生意志，提高生存信心。

通过海上求生学习训练，使每个受训者提高海上求生的各种技能，锻炼求生意志，增强求生信心，以增加获救机会。

二、海上求生的基本要素和原则

（一）海上求生要素

海上求生的要素包括三个方面：救生设备、求生知识和求生意志。

1. 救生设备

救生设备是海上求生的第一要素，主要包括：救生艇、救生筏、救生衣、救生圈等。在浩瀚的大海中，救生设备是帮助遇险人员延长生存时间，保障生命安全的重要因素。丢开这些设备，无谓的体力消耗就等于缩短生命。据统计，约有80%的船只在失事后15min内沉没，沉没前大约只有三分之一的救生设备能够及时下水，许多人因此淹溺死亡，而登上救生设备的人则有94%获救。由此可见，借助救生设备，生存机会就会大大增加。

2. 求生知识

包括救生设备的使用方法；紧急情况下应采取的措施；弃船后的行动和求生要领等。

3. 求生意志

国内外许多经验证明，在求生遇到困难时，意志力量有时比身体素质更为重要，因此求生者在任何时候都不能放弃获救的信念，直到脱险获救。

求生要素三个方面是互相联系、不可分割的，必须同时兼备才能在求生过程中获得最佳效果。

（二）求生的基本原则

1. 自身保护

海上遇险求生，首先就是注意自身保护，特别是在热带海洋和寒冷气候中要注意避免直接暴露于阳光和水中。在夏季或热带海区，强烈的太阳光直射，会引起中暑或日晒病，如果长时间暴露在太阳之下，人体就会严重失水，且一旦失水又会引起一系列不良反应。

同样，在寒冷环境中，防寒极其重要。暴露在冷水中能使人体温度迅速下降，此时身体散失的热量大于体内产生的热量，医学上称之为"过冷"现象，即人体的中心温度即心脏温度降到37℃以下。当体温持续降到35℃即可能产生失热，再下降到26~24℃时就会发生死亡。此时人的大脑和心脏已受到严重损害，无法恢复。统计数字表明，海上遇险者由于低温而冻死的人数不低于溺水者。因此，遇险者保障生命安全的最低要求是登上救生艇、筏而不是依赖漂浮于海上的其他物体。在无法直接登上艇、筏的情况下而先行跳入水中，也应尽量缩短逗留在水中的时间（表2-2）。

表2-2 人体在不同水温中能生存的参考时间

水温	低于0℃	低于2℃	2~4℃	4~10℃	10~15℃	15~20℃	超过20℃
人体浸泡于水中预期可生存时间	少于1/4h	少于3/4h	少于1.5h	少于3h	少于6h	少于12h	不定（视疲劳情况而定）

1）寒冷水域的保护措施

寒冷气候中应避免湿冻伤的产生，这是由于湿、冷和活动量小等因素综合作用的结果。如果求生者腿、脚长时间浸泡在15℃的水中，约两天后就会肿胀，先是感到发痒，随之是"麻木"进而失去知觉，局部组织出现冻伤，国际上惯称之为"浸泡足"。它可引起肢体水浸性水肿，斑点状发绀，感觉异常和自主神经功能障碍所致的疼痛；肢体苍白、黏腻，冷而麻木或有较少见的过敏现象；常见组织浸软和感染、多汗、疼痛，局部对温度变化的过敏并可持续数年。因此，在寒冷水域应尽可能穿着保暖衣物，并将袖口、领口、裤管扎紧。

（1）穿着救生衣。

（2）必要时可多人紧靠在一起取暖，并做一些简单的运动，促进血液循环（特别是肢体末端）。

（3）不要吸烟（使手脚供血减少）。

（4）避免直接落入水中。

（5）一旦入水应尽快登上艇、筏。

（6）如果无法登上艇、筏，应避免不必要的游泳，在水中做HELP保护姿势，以减少体温的下降。

2）酷热气候中的保护措施

在酷热气候中，对求生者最大的威胁就是缺水。一旦断水，生命仅能维持数天。因此，在此种情况下应：

（1）口粮按照定额食用（切勿超量）。

（2）及时服用晕船药物，防止呕吐。

（3）平静休息，避免不必要的运动。

（4）白天可将衣服弄湿（夜晚前，应晒干）。

（5）艇、筏应保持通风。

（6）架设遮篷，避免阳光直射。

（7）不可游泳（耗费体力而口渴）。

（8）将筏底放气，使海水冷却筏体。

3）海水侵入时的保护措施

风浪大时应关闭所有入口，仅留最小通风口保证呼吸和通风；若筏体进水，应尽快排出。

4）预防晕船

晕船的结果是呕吐，体内失水。大多数人在晕船三天后会适应，但是人体已经丧失了许多体液和电解质，严重时会危及生命。因此，登上艇、筏的人都应该在第一时间服用晕船药物。此外，还应该：

（1）释放海锚，保持艇、筏顶浪，减轻摇摆。

（2）保持安静，适当休息，保存体力。

（3）互相鼓励，坚定意志和信心。

5）搜救其他落水者

登上艇、筏的人员应积极搜救其他落水者，但需注意在救助落水者时防止人员集中一侧，导致艇、筏侧翻。若发现无人艇、筏，应将艇、筏上淡水和口粮取回本艇，将众多艇、筏集结在一起增大目标。

2. 待救位置

1）发布遇难船位

遇难船舶或平台必须将遇难船位（所在经纬度）通过无线电或其他设备发布，使岸台、救难组织、附近船舶或飞机能及时、迅速前来救援。

2）救生艇、筏求生待救的位置

（1）救生艇、筏离开难船（平台）的行动。

- 当救生艇、筏上的遇险人员登乘完毕后，应立即切断系艇索。
- 用艇、筏内的桨迅速划离大船，但不应远离失事地点。

（2）救生艇、筏必须迅速离开难船，因为难船对救生艇、筏上的遇险者可能存在下列各种危险。
- 难船可能伴随着火灾、爆炸。
- 难船在沉没过程中会发生剧烈倾斜，使舱面设备断裂、散落。
- 难船下沉时会引起低水位和旋涡，有可能将艇、筏吸入旋涡中。
- 难船燃油外溢和由此引起的海面油火。

（3）救生艇、筏不应远离失事地点的原因：
- 若救生艇、筏远离失事地点就可能失去获救的机会。因为当陆上搜救组织或附近船舶收到遇难船的求救信号后，他们马上会根据遇险地点并考虑风流的影响来搜索和救助，如果离开失事地点，会给前来救助的飞机或船舶造成搜索困难。
- 有利于与其他救生艇、筏集结。
- 有利于搜救其他落水者。
- 有利于捞取漂浮于海面的有用求生物资（未及时放下的救生艇、筏及其他浮具）。

（4）救生艇、筏在失事地点附近海面等待救援。
- 如失事后已收到援助组织前来救援的复电，则救生艇、筏必须在原地坚持，直到救援船舶或飞机前来救助为止。
- 如失事后虽已发出遇险信号，但未收到复电或未及时发出遇险信号时，救生艇、筏在失事地点附近海面至少应该坚持2～3d，当救援希望确实已经不存在时，方可考虑离去。
- 救生艇、筏离开失事地点后的航线选择应驶向最近的陆地或飞机、商船必经的航线上。

3）集结

（1）弃船后的救生艇、筏应尽可能与其他艇、筏用缆绳连接在一起，这样可增大目标，便于前来救援的船、艇、飞机及时发现。

（2）为停留在失事地点附近海面，应放出海锚以减少艇、筏在风浪中漂移。

（3）所有艇、筏都应竖起天遮，其颜色鲜明，更容易被发现。

（4）集结的好处还在于能发挥集体的力量互相照应，共同克服求生中遇到的各种困难。

4）设法使救生艇、筏的位置易于被搜救者发现的措施

（1）将艇、筏保持在难船沉没地点附近，切勿远离。

（2）用缆绳将所有艇、筏联结在一起以增大目标。

（3）用艇上应急手提无线电电台或应急无线电示位标发射遇难信号。

（4）发现船舶或飞机时，适时发出烟火或其他识别信号。

（5）利用反光镜或发亮的锡片、手电筒等发出亮光信号。正确使用其他求救信号。

3. 淡水、食物

1）艇、筏上淡水的分配和使用

水是人体内含量最多的物质，约占体重的60%，是维持机体正常生理活动的必要营养物质之一。一个普通的成年人在一般条件下平均每天要排出2.5L水，失去的水分如果补充不上，体内水分就会失去平衡。当人体失去1/5以上的体液时，就会死亡。研究表明，人每天饮水量以0.5L为维持活命的最低限度。对海上求生者来说淡水比食物更加重要。有淡水无食物时，求生者仍可生存30～50d，但如无淡水只有食物，则仅能维持数天生命。因此在救生艇、筏上的遇险船员必须对饮水实行严格的控制管理和正确地分配使用。

（1）淡水的配备。

在救生艇上的淡水（图2-5）是按额定乘员每人3L配备的，可供每人7d使用（因为最初24h内不供给淡水）；救生筏中的淡水是按额定乘员每人1.5L配备的，可供每人4d使用（也包括第一天不供应淡水在内）。

（2）淡水的分配与应用。

艇、筏上的淡水要集中，有专人管理和分配。淡水的分配方法是从弃船求生24h后每人每天0.5L，饮用时，最好将每天分到的淡水分为三等份，日出前喝1/3，另外1/3日间用，最后1/3在日落之后喝，饮用时不要一口喝完，要一小口，一小口地喝，要尽可能在嘴里含一会儿，润一润嘴唇，然后慢慢地咽下。

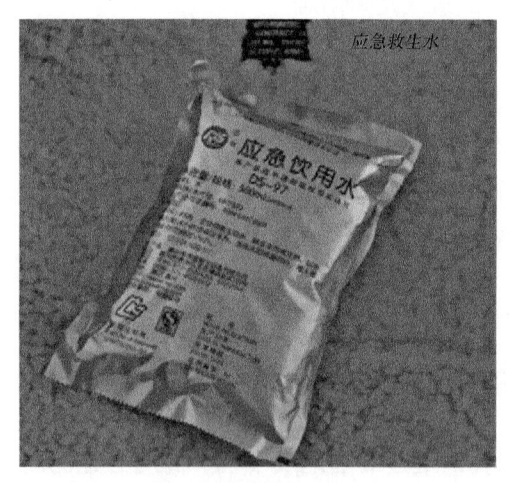

图2-5 救生淡水

2）淡水的补充

（1）收集雨水和露水。

雨水是最好的淡水来源。海上遇到下雨时，应使用一切可以作容器的装置多收集雨水，但最初收集到的雨水因为容器含有盐分，应该倒掉。收集到雨水后应该让大家喝足，以补充前段日子体内消耗的水分，因为雨水不能长期保存，所以有雨水时先喝雨水，艇、筏上配备的淡水留作备用。

（2）利用海洋生物的体液。

生鱼的眼球有一定的水分。鱼的脊骨不仅含有可饮用的髓液，而且含有大量蛋白质。将捕捉到的鲜鱼切成块，放在干净的布中拧绞出体液。海龟的血也可饮用。

（3）海水的淡化。

主要有物理和化学两种方法：

物理方法：用太阳能蒸馏器来制取淡水。工具结构简单，效果良好，但容易受到气候影响。

化学方法：目前应用的方法有组合式交换法、离子交换法等。化学方法虽然不受气候影响，但成本高，主要配备在飞机上。

3）几个有关问题和注意事项

（1）饮水的保存时间与三个因素有关：气温、水温、贮水容器的清洁程度。

如果条件许可，平时救生艇内的淡水每隔30d更换一次，这样定期更换能使艇内淡水在40～60d内保持气味良好，但在炎热的天气里，饮水的保存时间可能缩短一半。

（2）采样实验辨别水质的好坏。

第一步：初试——饮少许，等待1～2h，如果身体无不良反应（如头痛，发热，拉肚子等），可进行再试。

第二步：再试——多饮一些，等4～5h如无副作用，说明饮水水质基本是好的，但饮用也不宜过多。

（3）不能饮用海水和尿。

人体能够承受的盐浓度一般不超过1%，而海水中的含盐量平均为3.6%，如果饮用100mL海水，为了排除这些海水里面多余的盐分，不仅要把海水中的水分全部排掉，而且还要使身体失去50mL水分。国外调查表明：因饮用海水而死亡的要比未喝海水而死亡的高出12倍。

（4）食物的消化过程需要消耗水分，尤其是高蛋白质的食物，如鸟、鱼、虾的肉等，这些食物只能在淡水充足时才可食用。

4）救生艇、筏上应急口粮的配备与分配

（1）应急口粮的配备。

应急口粮（图2-6）是一种按份包装的压缩食品，每份压缩食品都是按最佳比例配制而成的，它只含有少量的蛋白质，是淡水供应不足情况唯一较适宜的食物（但不是唯一食物）。

救生艇内应急口粮是按额定乘员每人6d配备的，而救生筏内则按3d配备（与水的配备标准相同）。

（2）应急口粮的分配。

第一天：（遇险最初24h内）不供给食物。

第二、三天：按日出、中午及日落时间分配三次口粮，但不得给予超额食物。

图2-6 应急口粮

第四天：若仍未获救，则从第四天起，口粮配额应予减少，必要时可减少至规定配额的一半。若艇、筏上已经断水，则不得再吃食物，以免更减少体内水分。

5）海上食物的补充

（1）捕鱼：可以用鱼钩或别针等钓鱼。

（2）捞取海藻：海藻、褐藻、海带等大多可以生食。

（3）收集浮游生物：各种浮游生物也可以作为食物补充。收集浮游生物的方法是利用袜、裤、衬衣的袖子或其他多孔的衣着制成渔网，将网拖在艇、筏后面。

6）如何辨认食物的好坏

求生者从海中捞取食物后，应注意辨认食物的好坏。吃海藻前应仔细检查，把附在上面的小生物弄掉，有些没有正常鱼鳞而带有刺、硬毛或棘毛的鱼多数是毒鱼，不能食用。通常发现有下列迹象的鱼不能食用：

（1）发育不正常的鱼。

（2）腹部隆起的鱼。

（3）眼球深陷入头腔的鱼。

（4）鳍翘之腹部黏滑的鱼。

（5）有恶劣气味的鱼。

（6）用手揿入鱼肉有凹陷记印的鱼。

（7）鱼肉辛辣的鱼。

7）不应配备食品

救生艇、筏上不应配备葡萄糖或炼乳之类使人口渴的食品。

8）人体所需的盐分

如果救生艇、筏上无储备盐，而又处于天气酷热，出汗很多时，身体内将需要补充盐分，这是机体维持生命不可缺少的电解质。体内缺盐时的表现：口渴，甚至饮相当数量的水仍觉得口渴，这时，可将海水冲淡后（海水含15%～30%）内服。

三、弃平台后可能出现的早期险情

当海难发生时，人员弃船（平台）求生，所面临的主要困难：

（一）溺水

在弃船（平台）时万一落入水中，最早遇到的困难之一就是溺水。人淹没于水中，由于水被吸入肺内（湿淹溺90%）或喉部痉挛（干淹溺10%）所致窒息。如为淡水淹溺，低渗水可从肺泡渗入血管中引起血液稀释，血容量增加和溶血，血钾增高，使钠、氯化物及血浆蛋白下降，可使心脏骤停。如为海水淹溺则高渗海水可通过肺泡将水吸出，引起血液浓缩及血容量减少，电解质扩散到肺毛细血管导致血钾及钠增高，肺水肿。淹溺引起全身缺氧可导致脑水肿。肺部进入污水可发生肺部感染。在病程演变过程中可发生呼吸急速，低氧血症、播散性血管内凝血、急性肾功能衰竭等合并症。此外还有化学物引起的中毒作用。

因此，一旦求生者不得已跳水逃生时，为了防止溺水的出现，一定要穿着适当的救生衣。

（二）暴露

暴露在寒冷气候中，会冻伤身体组织；暴露在酷热天气下，会使遇险者中暑失水，甚至昏厥休克致死。

因人体在水中散热比陆地上要快 26 倍，人体浸泡于水中时会使体热很快地散失。特别是在寒冷的水中，其危险性就更大，甚至会由于体温下降而出现身体"过冷"现象，直至死亡。因此，一旦落入寒冷水中，衣服千万不能脱，吸足水的衣服，对人体体温有一定保护作用。如果已经穿上救生衣，应双手交叉胸前，双腿弯曲交叉，脸朝上露出水面，身体保持静止不动的姿势，做 HELP 或 HUDDLE 姿势，在水中保持静止状态。这样即可最大限度减少身体表面与冷水的接触。同时应尽量使头部、颈部露出水面。

记住——如没有可以登上的艇、筏的可能性，千万不要游泳。游泳会增大你的能量消耗，同时流动的水会更快地将你身体的热量带走。

（三）晕船

乘坐救生艇筏或船舶时，人体内耳前庭平衡感受器受到过度运动刺激，前庭器官产生过量生物电，影响神经中枢而出现出冷汗、恶心、呕吐、头晕等症状。如人的内耳前庭和半规管过度敏感，乘船时由于直线变速运动、颠簸、摆动或旋转时，内耳迷路受到机械性刺激出现前庭功能紊乱，从而导致晕船。主要表现（图 2-7）是头晕、恶心、呕吐、面色苍白、出冷汗、精神抑郁、脉搏过缓或过速，严重者会血压下降、虚脱。

晕船是航海中常见的一种症状。事实证明，一些老海员有时也难免会晕船。特别是在遇险求生过程中，由于救生艇、筏小，且起伏颠簸，加之空气污浊，气味难闻，这就难免导致晕船。晕船引起的呕吐除了会导致体内严重失水，还容易使人产生疲劳的感觉，从而消磨求生者的意志和动摇待救信心。所以，在登上艇、筏后应尽早服用晕船药（图 2-8），保持安静，争取休息，防止呕吐。

图 2-7　晕船症状

图 2-8　晕船药物

（四）缺乏饮用水和食物

艇、筏配备的淡水和食品数量有限，易引起缺水与缺粮，生命对水的依赖性又远胜于食物。缺水与缺粮中，水又比食物更重要，救生艇、筏上的水和食品只是按人在休息状态下的最低需要量来配备的,仅能维持人体的最低生理能力。因此,要严格按照规定食用食品和饮水。

(五)悲观与恐惧

人的悲观和恐惧的心理的产生是由于外因和内因同时作用。在海上求生过程中,随着各种困难的出现,比如缺乏水和食物、晕浪、受伤、其他人员死亡、黑暗、无助心理等情况,遇险者会产生一系列恐惧和绝望心理,这些心理表现会消磨人的意志和勇气。

(六)遇险者位置不明

遇险者没有及时将船舶、平台和救生艇筏的位置信息等发送出去,造成过往船舶或飞机不明遇险者的确切位置,而造成救援失败。

第二节 救生设备

一、救生设备的种类

为了保证出海人员的安全,船舶和平台必须按救生设备规范的要求配置各种救生设备,如救生艇、救生筏、救助艇、救生浮具、救生圈、救生衣、抛绳器和救生烟火信号等。一旦遇险弃船(平台)时,所有人员都能利用这些救生设备等待援救。救生设备分为:

(1)救生艇。
(2)救助艇。
(3)救生筏。
(4)救生衣。
(5)救生圈。
(6)其他救生浮具。
(7)抛绳器。
(8)软梯(舷梯)。
(9)烟火信号。
(10)攀登网。
(11)救生索。
(12)通信设备。

(一)救生艇

救生艇(图2-9)是船上最主要和最可靠的应急救生设备,除了用于水上逃生、救捞落水遇险者外,还可用于运送伤员和演习等。

救生艇可分为敞开式和密封式两类。敞开式又分为机动艇和非机动艇。

图 2-9 密封式救生艇

1. 基本技术性能

1）稳性

救生艇在海浪中有充裕的稳性，能在额定载荷下有足够的干舷。当它破漏通海时仍能保持正稳性。

2）强度

救生艇有足够的强度，能承载额定乘员和属具安全降落到水面，并能在超载25%的情况下，不致产生剩余变形。

3）浮力

当救生艇艇内浸水或破漏通海时，它仍有足够的浮力将艇身及其属具浮起，并能给每位乘员提供28L的浮力容量，以保证他们能安全漂浮在水面。

4）艇速和自航能力

救生艇在额定载荷情况下，静水航速不小于6kn。艇内储存足够的燃料供主机在额定功率下工作24h以上。

2. 密封式救生艇特殊性能

1）防火

密封式救生艇设有应急喷水系统，可喷出足够的水使艇表面形成一层水幕把救生艇与火隔开，以保护救生艇在较短时间内不会被烧毁。

2）防毒

密封式救生艇装有应急供气系统，也叫空气再生系统。如救生艇被毒烟、毒气包围时，供气系统可为艇内的乘员和柴油机提供新鲜空气，并增加艇内的空气压力，从而防止毒气进入艇内，起到防毒作用。

3）自动扶正和使乘员避免暴露

在恶劣情况下，密封式救生艇即使被大浪打翻，也会很快自动扶正。它还能有效地使乘员避免暴露在寒冷的风雨中并避开烈日的直接照射。

（二）救助艇

一般配置在船舶和平台群中的生活平台上，主要作用是用来进行人员救助及遇险后在海上待救集结救生筏。船舶和平台所配备的救助艇（图2-10）应符合下列规定：

（1）可以是刚性的或充气的，或两者混合结构的。
（2）长度不小于3.8m，且不大于8.5m。
（3）至少能容纳五名坐姿乘员，同时还应能容纳一名躺卧乘员。
（4）航速应不小于6kn，并在此航速下连续航行4h。
（5）在波浪中应具有足够的机动性和操纵性，能从水中营救人员和集结救生筏。
（6）应设有足够强度的拖带设施和足够强度、长度的拖带浮索。
（7）配备足够的救助艇属具。
（8）救助艇的存放和降落装置应布置在安全区内，并能保证在应急情况时，迅速降落到水面上。

图2-10 救助艇

（三）救生筏

船舶和平台上备有救生筏（图2-11），当平台出现险情时，这些救生筏可供海上作业人员漂浮于水面，并使他们在某种程度上解除来自浸泡、干渴和寒冷的威胁，延长生存时间达到获救的目的。救生筏是一种较简单且很实用的救生设备，它不具有自航能力。

图2-11 充气后救生筏

1. 救生筏的分类

(1) 救生筏按其结构形式可分为刚性筏和气胀筏两种。

自从有了气胀筏以来,船上使用的刚性筏越来越少。目前,大吨位船只上很难见到刚性筏,已几乎被淘汰。由于气胀式救生筏具有存放方便,占用地方小,轻便,价格便宜,乘载量大和保温防寒性能好等优点,被广泛用于船舶及海上石油设施。

(2) 救生筏按其释放方式可分为吊放式、抛放式和自动释放式三种。

气胀式救生筏目前使用的主要有吊放式和抛放式两种,按其乘载人数分类,有定员6人、8人、10人、15人、20人、25人等不同规格。

2. 救生筏的组成结构

气胀式救生筏由橡胶尼龙布制成,平时折叠储于存放筒内,使用时由筏内 CO_2 气瓶储备的压缩 CO_2 气体充入筏体,将存放筒胀开。它主要由主筏体、筏底气室、篷柱和篷帐几个部分组成。

1) 主筏体

也称主气室,它包括上、下浮胎。下浮胎为一单独气室,而上浮胎则通过一个单向阀与篷柱相连通。各气室除由附属的二氧化碳瓶自动充气膨胀外,还设有充气阀,以便用手动气泵(皮老虎)补充空气。

2) 筏底气室

由双层筏底组成一个单独气室,此气室一般无法自动充气。筏底气室的目的主要是用以承载遇险人员和作隔寒之用。人员登筏后,如果感到寒冷,则用手动气泵给筏底充气,充进的空气则把筏底内层与低温海水隔开。

3) 篷柱和篷帐

篷柱用以支撑篷帐。篷帐的功能是保护乘员免受寒暑之害,风吹日晒之苦,并防止海浪和雨水打入筏内。在篷帐的两侧通常设有积水沟,用小管通入篷帐内,用于收集雨水。篷顶设示位灯,以便于被发现。篷柱为单独的气室,通过单向阀与上浮胎相通。

4) 海水平衡袋

筏底外部四周设有海水平衡袋,用以增加筏的稳定性和增加漂移阻力。

5) 其他

救生筏的两端一般都设有一个进出口,在进出口设置尼龙软梯,伸入水中,供水上遇险人员登筏用。筏外四周上下浮胎之间,设有扶手索一条,也称救生索,供水中人员攀扶。气胀筏配备有二氧化碳钢瓶,钢瓶上装有充气阀与阀体进气阀连接。充气时钢瓶里的 CO_2 气体通过充气阀进入上下浮胎,上浮胎部分气体通过单向阀进入篷柱,使救生筏充胀成型。筏底、篷柱、上下浮胎各有排气阀一只,供筏折叠包装时用。这些排气阀应保持拧紧状态,不得随意松开。上下浮胎各设安全检查补气阀一只。海水电池装在筏的进出口外水线以下电池袋里。海水进入电池后产生电流,供给筏内照明灯及示位灯。

3. 救生筏属具及其用途

一般气胀式救生筏备有如下各项属具：

（1）降落伞火箭四只。

（2）红色火焰信号六只。

（3）海锚及索具两套，放在水中可降低筏的漂移速度，其中一套固定在筏上，另一套备用。

（4）首缆一根，用于筏与筏间的连接，或筏被艇、船拖带时使用，其长度大于50m。

（5）补漏用具一套，内装橡胶补洞塞、补洞夹、胶水、橡胶尼龙布及砂纸适量，还有小滚筒等。

（6）海绵两块，用于吸干救生筏内积水。

（7）救生淡水每人1.5L，供饮用。

（8）刻度饮水量杯一只，计划份量的饮用水。

（9）救生饼干每人0.5kg，供食用。

（10）急救药箱一个，存放医药用品及其使用说明书（包括有晕浪药片，每人六片以上）。

（11）手动打气泵（皮老虎）一套，可向筏底充气和向各气室补气用。

（12）水瓢一至两只，供排除积水用。

（13）抗风火柴两盒。

（14）海水电池两只，电珠四只。

（15）钓鱼用具一至两套，每套包括尼龙线30m，三只鱼钩及金属或塑料小鱼一条。

（16）日光信号镜一套，可用日光发送信号。

（17）信号哨笛一只。

（18）防水电筒一支，发送摩氏信号或照明用，另配置备用电池一副和电珠两只。

（19）可浮桨两支。

（20）安全刀一到两把，能在水上漂浮并可防锈，割断绳索或生活用。

（21）开罐头刀三把。

（22）救生环与浮索一套，橙黄色，浮绳长度至少30m。

（23）集水袋两只。

（24）海上救生信号图解说明表一份，供通信联络用。

（25）气胀式救生筏须知一本。

（26）救生筏使用说明书一本。

（四）救生衣

救生衣是船（平台）上每一作业人员和旅客必备的最简单的救生工具。它穿着方便，能始终支持落水者头部露于水面，等待援救。

1. 救生衣的种类

按不同的使用目的来分，救生衣可分为航空救生衣、平台或船舶上弃船时穿着的应急救生衣、在危险的舷外作业时穿着的工作救生衣，以及防寒救生衣四种。

1）航空救生衣

这主要是在人员乘坐直升机或民航客机时使用的。它是一种充气式的救生衣（图2-12），飞行时，它不允许被充气。救生衣上有两个独立的储气室，只要其中的一个能正常充气即可使用。使用前主要是检查是否有裂口及两个充气瓶是否完好。

2）应急救生衣

这是一种最常用的救生衣（图2-13），任何船舶或平台均备有。比起工作救生衣，具有更大的浮力且能保暖。

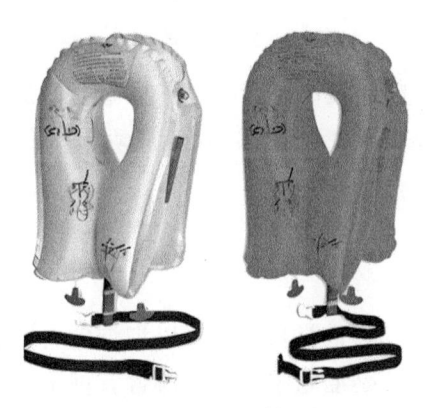

图2-12　航空救生衣　　　　图2-13　应急救生衣

3）工作救生衣

工作救生衣（图2-14）轻便、易于穿着，主要起一般性的安全保护作用。

4）防寒救生衣

冬季，人体组织在水温0℃情况下，遇险人员只能维持生命约15min，为了免遭致命寒冷的袭击，延长海上生存时间。目前，在寒冷海区作业的平台和航行的船只均配备有防寒救生衣（图2-15）。这种救生衣有如下特点：

（1）具有足够的浮力。

（2）具有长时间良好的水密性，稳性可靠。

（3）全部绝热，有热保护，可抵御寒冷。

（4）便于施救，衣服上装有吊环，便于直升机救援。

（5）它是一种能保护人体除脸部外所有部位的水密衣服，由5mm厚的柔软氯丁橡胶制成，并有尼龙衬里，耐油，不易老化和燃烧。

（6）衣服的拉链从胸部一直拉至脸部，易于穿着且绝对水密。

（7）在衣服的上背部还有一气枕，下水后可用口吹气，使之支持起头部浮于水面。

（8）衣服为橘黄色，并贴有反射带和配有哨子。

图 2-14　工作救生衣　　　　　　　　图 2-15　防寒救生衣

（9）穿着该衣服可从 9m 高处跳入水中，衣服的连接部不会损坏。穿着者一进入水中即可翻转，不会呛水，即使遇险者已受伤，也可立即处于正浮位置，背朝下，头抬起，嘴鼻高出水面。

2. 救生衣的基本要求

1）救生衣的材料

其制造材料应以塑料、木棉或经验船部门同意的其他材料制成。以泡沫塑料制成的救生衣应是以软质、闭孔的泡沫塑料为材料。木棉须是油脂丰富，不得含有种子和其他杂质，其物理性能及含水量均应符合规范要求。木棉救生衣的木棉与救生衣包布之间须有橡胶或其他同等材料做成的防水内套。此种救生衣只限于国内航行使用。

2）救生衣的浮力分布及浮力要求

（1）两面都可同样穿着，穿着的方法越简单越好。

（2）穿着救生衣后在水中感到疲劳或失去知觉时，不会因头前俯致面部淹没水中。在水中应能转动身体至安全漂浮位置使身体后仰，面部浮出水面。

（3）依靠充气作浮力的救生衣，只准许除客船、油船以外的其他船舶的船员使用，但应符合以下要求：

① 有两个分开的空气间隔，可在淡水中支承 15kg 的铁块达 24h，而每个间隔能支承 7.5kg 的铁块。

② 用器械和口吹均能充气。

③ 在只有一个空气间隔充气时，也能符合救生衣的其他要求。

（4）成人救生衣的浮力应在淡水中能将 7.5kg 的铁皮支撑达 24h 不沉为合格。

（5）儿童救生衣的浮力要求是 5.0kg。

3）救生衣的标记和属具

（1）标记：救生衣的颜色应为橙黄色。还应表明其形式、主要规格、浮力、出厂日期、编号、制造厂和使用范围等。

（2）属具：救生衣上应贴有反射带，另配有一只哨子，充气式救生衣上还有两个小气瓶。

4）救生衣的存放

（1）应放在居住处所或易于取用的地方，一般是在船员或旅客的床位附近。

（2）船（平台）上应在适当地点张贴救生衣穿着使用的示范说明图片。

（3）救生衣上应加挂应变部署表中分配的名牌，说明艇号及艇甲板集合地点和担负的职务。

（五）救生圈

1. 救生圈的基本要求

（1）救生圈的浮力要求为能承受至少 14.5kg 的铁块在淡水中漂浮达 24h 才合格。

（2）须经 25m 高度的投水试验，不得有损坏或永久性变形。

（3）带有黄色烟雾（图 2-16）或自亮浮灯的救生圈（图 2-17），能见距离在 2n mile 以上，发光时间为 45min 以上，发烟时间在 15min 以上。

图 2-16　带自亮浮灯和自发烟雾信号的救生圈

（4）救生圈为橙黄色，并应写明船名和船籍港。国际航线航行的船舶其船名下应加注汉语（英文）拼音，船籍港应加注英文。

（5）救生圈上需粘贴有四条间隔距离相等的反射带和四条固定扶手绳。

（6）每只救生圈均配有直径 6mm，长度 28m 以上的合成纤维救生索。

（7）救生圈应放在两边船舷等易于出事而又方便取用的座架上，不得以任何方式永久固定。

（8）救生圈不能以灯芯草、软木刨片、木屑等其他

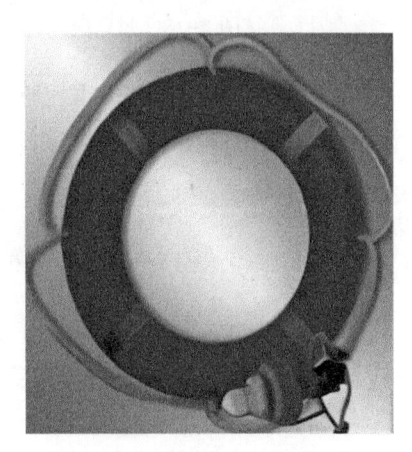

图 2-17　带自亮浮灯的救生圈

松散材料制造，充气式救生圈不得使用。

（9）救生圈常用的自亮灯浮有两种，一种是化学自燃火焰，另一种是干电池或海水电池救生灯。

2.救生圈的使用

（1）在水中使用救生圈的方法是用手压救生圈的一边使它竖起，另一手把住救生圈的另一边并把它套进脖子，再置于腋下，然后两手挽住救生扶手绳。也可两手同时压住救生圈使之竖起，头手则顺势套入圈内，使救生圈夹于两腋下面。

（2）船停泊时，或平台上有人落水，船（平台）上抛投者应一手握住救生索，一手将救生圈抛在落水人员的下流方向，无流而有风时应抛于上风，注意不要打到落水者的身上。也可以将救生索系在栏杆上，两手同时抛投救生圈。

（3）船在航行中，如有人落水，首先要查清人落水的方向，然后停车，拉汽笛，转向，发现目标应立即抛投救生圈。

图 2-18 攀登网

（六）攀登网

攀登网（图 2-18）是一根装设在吊艇架横张索上具有足够强度的白棕绳，其长度应能在最小航行吃水，并向任何一舷倾斜20°时足以达到水面，并且每隔离 50cm 有一个救生索结，供船员上下艇时手攀脚蹬之用，吊艇架横张索上至少装设两根救生索。

（七）救生索

救生索（图 2-19）是一种用于救生的工具。多以 13mm 直径的尼龙绳或 18mm 直径的马尼拉麻绳制造，长度一般不小于 30m。绳在使用时不易打结，打结会降低绳索的强度。船舶每舷应至少有 1 个救生圈设有可浮救生索，其长度不少于其存放在最轻载工况航行水线以上高度的 2 倍或 30m，取大者。救生索的断裂强度在 5kN 以上。

（八）救生软梯

救生软梯（图 2-20）是一种用于船上被困人员上下的移动式梯子，在发生火灾或意外事故时，需要由船上向其他救生艇筏上转移，是进行救生用的有效工具。

（九）其他救生浮具

救生浮具与救生筏的区别主要在于救生筏有遮盖并有一定的属具。而救生浮具是只能帮助落水人员头部露出水面、并在水中作攀扶支承等待救援的一种简单工具。

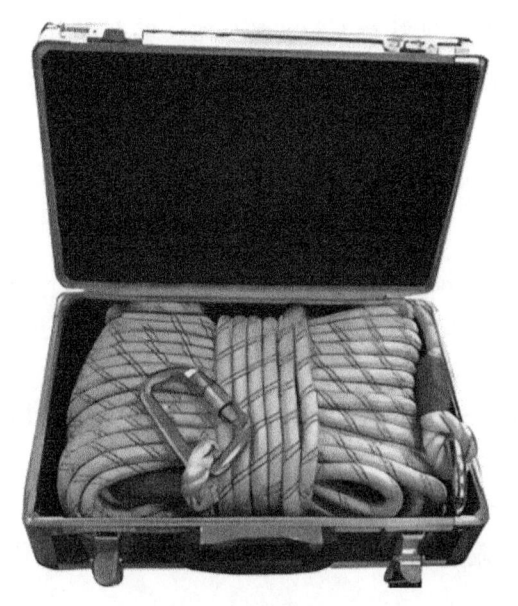

图 2-19 救生索　　　　　　　　图 2-20 人员攀爬救生软梯

二、救生设备的基本要求和功能

（1）船舶在离港前和整个航行中，船上一切救生设备均应处于立即可用状态。

（2）救生艇、救生筏和救生浮具应符合下列要求：

① 能在最短时间内降落。在气候正常的条件下，船舶（平台）上的救生艇、筏或浮具必须于 10min 内全部降落水面。

② 有妨碍任何救生艇、筏、浮具的迅速操作，以及船上人员的集合和登艇行动的障碍必须清除。

③ 要求救生艇及带有降落装置的救生筏，在满载全部人员和属具后，即使船舶有不利的纵倾，或在任何船舷一侧横倾 15° 的情况下也能顺利降落。

（3）应确保走廊、梯道和船（平台）上所有人员通向登艇地点的进出口，以及救生艇、筏或浮具的存放地点的照明正常。

三、救生设备的配备及布置

根据《国际海上人命安全公约》和安监总局发布《海洋石油安全管理细则》（国家安全生产监督管理总局令 2009 年第 25 号）的规定，海上石油设施应配备的救生设备的种类及数量如下：

（一）密封式救生艇

1. 救生艇数量

平台配备的救生艇应能容纳其总人数，若平台总人数超过 30 人，所配备的救生艇装置不得少于两套。平台群中的生活平台应配备能容纳其总人数的救生艇。平台群中的其他平台可按各自实际的最多工作人数和平台特点，配置必要的逃生和救生装置。

2. 救生艇的存放

（1）救生艇的存放应尽可能靠近起居和服务处所。

（2）每艘救生艇应连接一副独立的吊艇架。

（3）救生艇应能在弃船信号发出后 10min 内全部降落水面。

（4）船舶在不利纵倾并向任一船舷横倾 15°时，应能将载满全部额定乘员及属具的救生艇降落到水面。

（5）救生艇存放在多层甲板时，应使下层甲板上的救生艇能安全降落，并不受其他吊艇架操作的妨碍。

（6）救生艇应存放在防撞舱壁之后不突出于船舷，并远离大船的推进器。

（7）应急救生艇或救助艇应存放在驾驶室附近便于降落和回收处，保持随时可用，并能在 5min 内降落至水面。

（二）救助艇

平台群中的生活平台应配备一艘符合《国际海上人命安全公约》要求的救助艇。

（三）救生筏

1. 救生筏数量

常见的救生筏有抛投和吊式两种，其中抛投式救生筏放筏过程更加迅速、快捷。平台所配备的气胀式救生筏应能容纳其总人数。平台群中的生活平台应配备能容纳其总人数的气胀式救生筏，平台群中的其他平台应按各自实际工作的最多人数和特点配备气胀式救生筏。无人驻守平台可按定员 12 人考虑。救生筏（气胀式）的基本要求如下：

（1）其构造应能忍受在一切情况下暴露漂浮达 30d。

（2）应能在 18m 高度抛投下水而不影响使用。

（3）漂浮的筏应能忍受从 4.5m 高度反复跳登而不致损坏。

（4）救生筏的额定乘员最少为 6 人，但不能超过 25 人。

（5）救生筏包括舾装件及属具总重量按 1983 年修正案规定，应不超过 185kg（国内规定不超过 180kg）。

（6）救生筏在载满乘员释放一只海锚后，在平静水中能被救生艇拖带，其航速为 3kn。

（7）筏的上下浮胎中的一半浮力应能支持救生筏全部额定乘员浮于水面。

（8）筏应能在 −30∼65℃的温度范围内使用。

（9）筏应使用无毒气体充气（压缩的二氧化碳与氮气混合气），环境温度为 18∼20℃时在 1min 内，环境温度为 −30℃时在 3min 内完全充足。

（10）筏应设一根首缆，其长度应不小于从存放处到最轻载航吃水线的2倍或15m，取其长者（此为1983年修正案之规定）。按规定应安装静水压力释放器的气胀救生筏，应连接有能在筏浮起时自行绷断的薄弱环（易断绳）一根。

（11）气胀救生筏的顶篷为橙黄色。筏顶篷四周及筏底适当间距应装有（5×30）cm逆光反光带，并装有至少一只瞭望窗。

（12）筏的存放筒应为水密，充气时能自动胀开，平时存放筒落水应能自然浮起。

（13）气胀救生筏的筏体上应标明：制造厂名或商标、出厂号码、制造日期、认可机关名称、最近一次检修的检修站名称和地点，在其存放筒上沿须标明符合SOLAS要求的年份、首缆长度、允许存放在水线以上的高度及降落须知等。

2. 救生筏的存放

（1）救生筏应放在救生甲板筏架上。

（2）大型的救生筏应放在船舶最高层甲板（如标准罗经甲板上）。

（四）救生圈

（1）平台应配备足够的救生圈，其中至少有两个应带自亮浮灯、四个应带自亮浮灯和自发烟雾信号。每个带自亮浮灯和自发烟雾信号的救生圈应配备一根可浮救生索，可浮救生索的长度应为从救生圈的存放位置至最低天文潮位水面高度的1.5倍，并至少为30m长。

（2）平台群中的生活平台上应配备足够的救生圈，其中至少应有六个带自亮浮灯、自发烟雾信号和可浮救生索，其长度与（1）的规定相同。

（3）平台群中的其他平台也应配备足够的救生圈，其中至少有两个应带自亮浮灯、两个应带自亮浮灯和自发烟雾信号。每个带自亮浮灯和自发烟雾信号的救生圈应配备一根可浮救生索，其长度与（1）的规定相同。

（五）救生衣

1. 救生衣的基本要求

救生衣应穿着方便，能使落水者仰浮，保持面部、鼻和口高出水面而不至灌水。可以减少体力消耗，同时减少体热散失。

1）救生衣的材料要求

救生衣应以塑料、木棉或经验船部门同意的其他材料制成。

（1）塑料应是闭孔的泡沫塑料，在有效期内不受海水、油类或霉菌的侵蚀而正常使用。在−30～65℃的气温范围内存放而不致损坏，在−1～30℃的水温范围内能保持其性能。

（2）木棉油脂丰富，不得含有其他杂质，其物理性能和含水量均应符合规范要求，被烃类火焰包围2s后，离火源应不持续燃烧。木棉救生衣的木棉和救生衣包布之间，须有橡胶或其他防水材料做成的防水内套。

2）救生衣的浮力与性能要求

（1）任何船上不得使用多于两种形式的救生衣。

（2）船上救生衣应两面都可同样穿着使用，穿着方法要简单（指普通救生衣）。

（3）穿着救生衣的人可转动身体至安全漂浮姿势，使身体后倾仰浮，把脸面浮出水面，嘴离水面至少12cm。

（4）穿着者从4.5m高处跳入水中不受伤害，救生衣也不会移位或损坏。

（5）成人救生衣的浮力能在淡水中浮起7.5kg的铁块达24h后，其浮力降低小于5%。

（6）儿童救生衣的浮力能在淡水中浮起5.0kg的铁块达24h。

（7）充气式救生衣有两个独立气室，在淡水中能浮起15kg的铁块达24h，而每个独立气室能浮起7.5kg的铁块（等同于一件普通成人救生衣的浮力）。充气式救生衣应在内外两面标明"船员专用"字样，且禁止在客船和油轮上使用。

2. 救生衣的配备

（1）平台应配备数量为其总人数210%的救生衣，其中：住室内配备100%；平台甲板工作区内配备10%；救生艇站配备100%；无人驻守平台按定员12人考虑。

（2）平台群中的生活平台应配备数量为其总人数210%的救生衣。救生衣的分布和数量同（1）的规定。

（3）平台群中其他平台应配备救生衣，其数量与其实际最高工作人数相适应。

（六）保温救生服

1. 要求

（1）穿着时间：≤2min。

（2）存放温度：-30~65℃。

（3）使用温度：-1~30℃。

（4）重量：（4±0.5）kg。

（5）规格：分为大小两种（小号适合身高1.75m以下者；大号适合身高1.75~1.90m者）。

（6）保温性：着装浸于0℃平稳循环水中6h，体温下降≤2℃，手脚和腰部皮肤温度不降至10℃以下。

（7）浮力：着装者能在5s内从任何位置转至面部向上漂浮（图2-21、图2-22），嘴离水面至少11cm；在淡水中浸泡24h后，其浮力降低小于5%。

2. 穿着须知

（1）根据穿着者的身高选择合适的服装，并检查衣服是否完好，拉链是否损伤，否则不应使用。

图 2-21　保温救生服　　　　　图 2-22　穿着保温救生服漂浮于水中

（2）打开水密拉链，松开腰带，放松腿部限流拉链。

（3）先穿两脚，再穿双手，戴上帽子，使面部密封圈和脸部接触完整，再缚紧腰带，拉上水密拉链。

（4）收紧腿部限流拉链，拉紧袖口宽紧带，再拉上挡浪片，最后抽紧脑后的带子，使面部密封圈绷紧。

（5）脱险后，按上述相反顺序卸装。

（七）抛绳设备

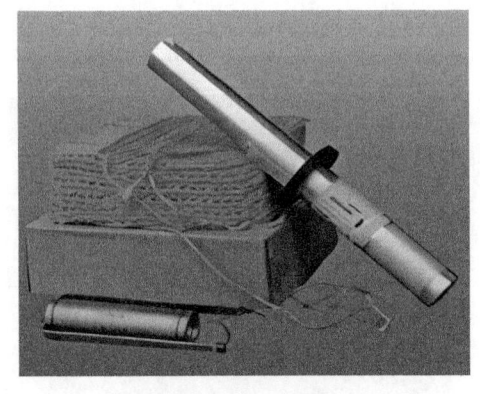

平台和平台群中的生活平台上，应配备一套抛绳设备（包括至少四个抛绳器和四根抛射绳）。救生抛绳设备（图 2-23、图 2-24）的基本要求如下：

图 2-23　抛绳设备 1　　　　　图 2-24　抛绳设备 2

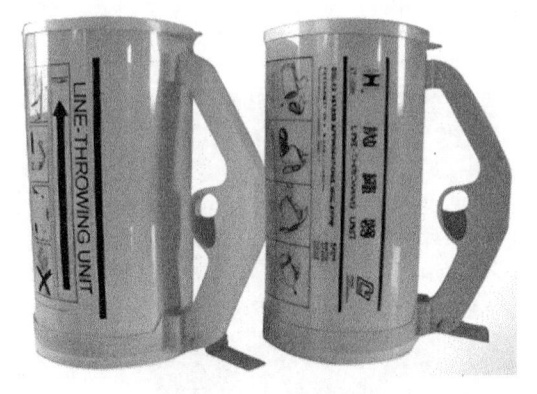

（1）抛射绳有四根，绳长应为 400m，直径不小于 4mm，绳子是橙黄色合成纤维浮索，其破断力应大于 200kg。

（2）抛射器在正常的天气情况下，抛射距离应不少于 230m，并具有一定的准确性，其偏差应不大于 20m（抛射距离的 1/10）。

（3）抛绳设备的构造应满足一个人能安全地操作使用和搬运。

（4）抛绳火箭要求水密，火箭及药筒储存在专用箱内，在正常存放的情况下，火箭的有效期为三年。

（八）遇险信号

平台和平台群中的生活平台上至少应配备12个红光降落伞信号，两支橙色烟雾信号。

按照1983年公布的《海船救生设备规范》规定，各船救生设备中救生艇、筏应配备的烟火信号见表2-3。

根据1974年国际公约，1983年修正案的新规定，在远洋船舶所配备的求生筏（即甲型筏），其降落伞火箭应增加四支，并另增配橙黄色烟雾信号两支。

表2-3 救生艇、筏应配备烟火信号表

品名	单位	救生艇		救生筏	
		国际及Ⅰ类	Ⅱ，Ⅲ航区	甲型筏	乙型筏
手持红光火焰（图2-25）	支	6	6	6	3
降落伞火箭（图2-26）	支	4	4	2	2
橙色烟雾信号（图2-27）	支	2	2	—	—
日光信号镜（图2-28）	面	1	—	—	—
防水信号电筒	支	1	1	—	—
哨笛	只	m	1	—	—

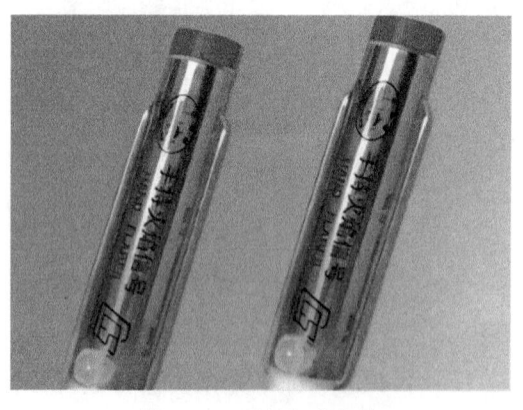

图2-25 手持红光火焰

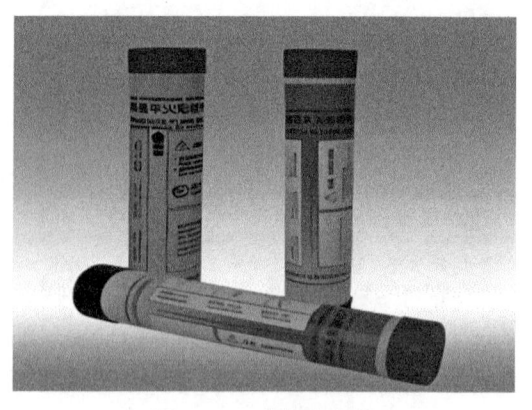

图2-26 降落伞火箭

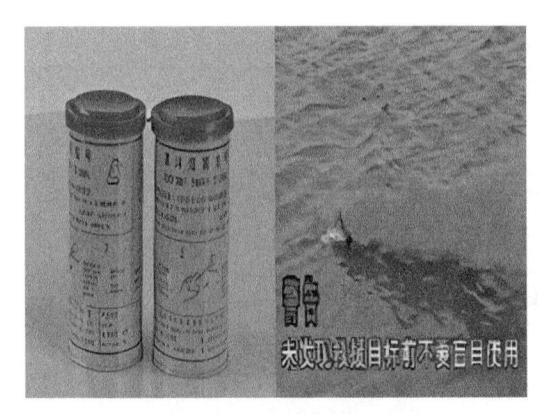

图 2-27　橙色烟雾信号 　　　　　　　　图 2-28　日光信号镜

（九）紧急逃生呼吸装置（EEBD）

紧急逃生呼吸装置（图 2-29），又名 EEBD（emergency escape breathing device）是根据国际海事组织 MSC.98（73）决议通过的，于 2002 年 7 月 1 日成为强制性要求的《国际消防安全系统规则》规定配备的，常见的有正压储气式和化学氧式。

正压储气式紧急逃生呼吸器由压缩空气瓶、减压器、压力表、输气导管、头罩、背包等组成，能提供个人 10min 以上或 15min 以上的恒流气体，可供处于有毒、有害、烟雾、缺氧环境中的人员逃生使用。

气瓶上装有压力表始终显示气瓶内压力。头罩或全面罩上装有呼气阀，将使用者呼出的气体排出保护罩外，由于保护罩内的气体压力大于外界环境大气压力，所以环境气体不能进入保护罩，从而达到呼吸保护的目的。该装置体积小，可由人员随身携带且不影响人员的正常活动。结构简单，操作简便，使用者在未经培训的情况下，简要阅读使用说明后即可正确操作（图 2-30），主要技术参数见表 2-4。

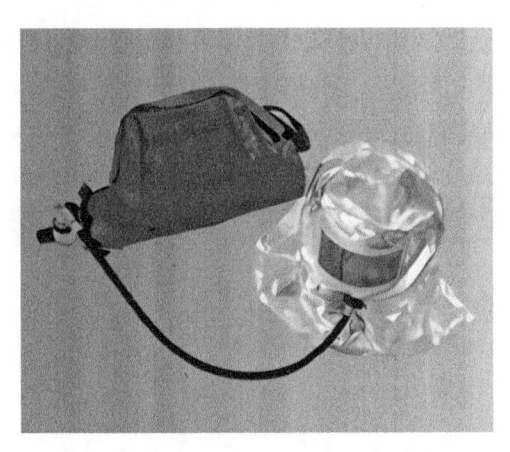

图 2-29　紧急逃生呼吸装置（EEBD） 　　　　图 2-30　紧急逃生呼吸装置的穿戴

表 2-4　EEBD 的型号与参数

产品型号	THDF-10I	THDF-15I
空气瓶容积	2.2L	3.2L
额定储气压力	21MPa	21MPa
持续使用时间	≥10min	≥15min
产品重量	≤6kg	≤8kg

第三节　人工岛应急与求生概述

一、人工岛风险特点

人工岛属于海上石油设施。在远离陆岸的海洋环境下进行石油勘探、开发和生产，特定的作业环境决定了人工岛的风险特点：

（1）作业环境恶劣，人工岛位于海中，环境条件非常恶劣。

（2）作业风险大，人工岛生产和生活空间有限，油气生产设施集中，在这种条件下进行钻井、试油、油气生产等高风险的交叉作业，很容易发生各类事故。

（3）救援工作难度大。当人工岛发生灾难性突发事件时，人员的及时疏散和避险是所有救灾工作的重点工作之一，设立紧急避难所和救生设备是非常重要的安全措施。

二、紧急避难所

（一）建筑结构

紧急避难所与中心控制室和生活楼合建，采用框架结构。主要满足自动控制、海上安全教育、紧急避难、生活办公等功能要求。紧急避难所的建筑结构安全等级按一级设计，采用基础稳定、结构可靠的固定式钢筋混凝土结构，比人工岛上其他建筑物结构强度均提高一个安全等级，紧急避难所的地面至少应高出人工岛挡浪墙 1.0m 以上，使紧急避难所在抗震、抗风暴潮等自然灾害上提高抗风险能力，达到应急避险的功能。

（二）应急保障

1. 配备应急电源

配备应急电源可由下列三者中的部分或全部组成：

（1）应急发电机。

（2）蓄电池组。

（3）交流不间断电源。

2. 应急电源的供电

应急电源的供电应能满足应急负荷的要求。其供电设备应符合：

（1）应急发电机在主电源失效的情况下，45s 之内能自动启动和供电。

（2）蓄电池组在主电源失效的情况下能自动供电，在整个供电时间内电压的变化应保持在额定电压的 ±12% 范围内。

（3）在主电源失效的情况下，交流不间断电源能立即接替供电要求，其电压和频率的变化应符合所用规范、标准的要求。

3. 应急供电范围和时间

（1）对标示固定式石油设施的信号灯（包括障碍灯）和声响信号应能供电 4d。对移动式石油设施上的航行灯、锚灯、信号灯和声响信号应能供电 18h。

（2）对下列各处的应急照明应能供电 18h：

① 所有逃生通道上、艇筏登乘处和吊车处。

② 机器处所和控制室（站）。

③ 消防员装备存放处所。

④ 消防泵处所、喷淋水泵间及其控制处所。

⑤ 直升机甲板。

⑥ 所有安装灭火设备的站（室）。

⑦ 通信及有关应急设备等处所。

（3）对装有的下列设备应能供电 18h：

① 通信设备。

② 火灾与可燃气体探测报警系统（由应急发电机供电）。

③ 手动火灾报警器按钮和应急时所需的一切内部信号设备。

④ 防喷器关闭装置（必须是电动的）。

⑤ 消防泵（由应急发电机供电）。

⑥ 由平台供电的常设潜水设备。

⑦ 中央控制盘和应急关断盘（由应急发电机供电）。

⑧ 其他影响设施安全的重要设备。

（4）火灾与可燃气体探测报警系统、中央控制盘和应急关断盘由交流不间断电源供电，应至少为 30min。

事故状态下，紧急避难所需要保证所有人员 5d 的生活需求。因此，紧急避难所内除设有正常照明和电采暖外，设有一座应急发电机间，配有发电机一台以供应急照明和采暖用，还配有对外应急通信设备、求救信号设备、个人急救设备等；并专门设储藏间，配备应急食品和饮用水。

4. 逃生路线和逃生时间

每条逃生通道上应无任何障碍，以便于人员应急情况下通过，应设有供白天和夜晚能够识别的明显指示标志。每条逃生通道上和登乘地点（如救生艇筏存放处、吊车处、直升机甲板）都应有足够的照明和应急照明。

1）逃生通道的设置

（1）生活区、机器处所、工作场所及水密舱室等至少应设有两条彼此尽可能远离的便于到达露天甲板和登乘地点的逃生通道。

（2）每层甲板至少应设有两条彼此尽可能远离的便于到达登乘地点的逃生通道；其中至少一条应经过安全区，以免受火的热辐射危害。

紧急避难所必须能够容纳人工岛上最大生产作业人数，并为每人提供至少1m以上空间的有效避难面积，考虑人员到达避难和救生场所的逃生路线和逃生时间，应确保有两条以上快速通畅的疏散通道，使岛上所有人员在逃生和救生上有足够的时间和空间。

2）逃生时间

逃生时间是指人工岛上任一位置人员到达紧急避难所的时间，应保证人员在最高时限20min内能到达紧急避难所，这样才能最大限度地保障人员的安全。

三、人工岛救生设施布置和使用要求

用于油气生产的人工岛上必须设计救生筏、救生艇、救生衣等救生设备，救生设备的配备按人工岛上最大生产作业人数，救生筏和救生艇的摆放应靠近水域附近，周围环境应满足投、抛安全要求。

（一）救生艇

人工岛在正常生产过程中，岛上操作、作业、维修和后勤等人员最多为140人，为保证人工岛出现险情时，人员能够迅速撤离，人工岛设置两处紧急集合区。紧急集合区全部设置在安全区域，在集合区处设有紧急逃生设备，配有两艘救生艇，安装在混凝土桥面的外边缘。救生艇为刚性全封闭耐火型，总容量能容纳人工岛上的全部人员。

（二）救生筏

人工岛按最大作业人数配备救生筏。救生筏分散布置在码头安全区域。

（三）个人救生设备

为保证人工岛正常生产时人员的安全和身体健康，以及突发事件发生时的个人安全防护，应根据人员和岗位情况，配备救生圈、救生衣和安全防护用品等个人救生设备。

（四）逃生通道

人工岛通往救生设备的逃生通道均为混凝土路，所有逃生通道均无任何障碍，以保证人员应急通行；同时在逃生通道上设有白天和夜晚均能够识别的自发光逃生指示标志，在救生艇和救生筏的所在登乘地点处安装有应急照明灯，应急照明保持供电时间18h。

第四节　应急部署和演习

一、初次上平台（船舶）人员注意事项

初次上平台人员是指第一次进行倒班的作业人员、参观人员、第三方技术服务人员。由于这些人是第一次上平台，虽然经过了相关的安全知识或技能的培训，但对平台上生产设施、生活设施、救生设备、应急预案、安全管理制度等并不熟悉，所以他们在参观或工作期间必须做好以下几点：

（1）在有关人员的指定下，在直升机平台集合或直接到接待室，学习平台有关的安全知识。

① 了解安全防火、弃平台程序、指令及其使用的警报装置。

② 熟悉平台的禁烟区、工作区、环境、救生设备等。

（2）24h内应尽快做以下几件事：

① 仔细阅读床头卡（T卡）：进入房间后，应首先阅读床头上的应急部署卡，了解在紧急情况下的行动要求和职责，明确所登乘救生艇（筏）的编号、位置。

② 查看个人住房救生衣所放置的位置并检查救生衣。

③ 熟悉逃生线路，知道自己的救生艇、集合地点（或临时避难所）所处的位置，并到指定的地点就位一次（根据标识指示）。

④ 熟悉应急信号，如弃船信号、消防信号、泄漏信号、人员落水信号、解除信号等。

（3）吸烟者应特别小心，应在指定的地点吸烟。

（4）无关人员不要使用平台上的设备。

（5）要在平台上作业，必须经有关部门审批后方可进行。

二、应变部署表

应变部署包括船（平台）上的消防、堵漏、人员落水、救生应变部署表，应根据船（平台）上的人员和设备情况编制。在船舶（平台）上编制应变部署表时，应根据人员的职务、特长和工作能力，选派最适于承担该项工作的人员来担任。

应变部署表应公布在餐厅、驾驶台、通道、起居室、机舱等。同时将每个人员在应变部署表内的任务和分工、应到达的岗位、担任的职务及应变信号写在"人员应变卡"上，张贴在每个人员房间里。

根据《海上人命安全公约》第三章第二十五条规定，应急部署表中应有明确分工和任务。

（一）应变部署表对船员的指定任务

应变部署表应指明对船员中的不同人员所指定的下列任务：
（1）水密门、阀门的关闭及流水孔、出灰管、防火门的机械装置的关闭。
（2）装备救生艇（包括救生艇、筏用的手提无线电设备）及其他救生设备。
（3）救生艇降落。
（4）其他救生设备的一般准备工作。
（5）人员的集合。
（6）依据船舶防火控制图的灭火任务。

（二）应变部署表给业务人员的各项任务

表中指定给业务部门有关人员的各项任务，这些任务包括：
（1）向人员告警。
（2）查看人员是否适当地穿好衣服和救生衣。
（3）查看人员是否到达各集合地点。
（4）维持通道及梯道上的秩序，并控制人员走动。
（5）保证毛毯送到救生艇上。

（三）表中指明的灭火任务

表中指明的依据防火控制图的灭火任务应包括下列细目：
（1）指定应对火灾的消防队员的配员。
（2）指定有关操作灭火设备和装置的专门任务。

（四）应变卡

应变卡见表2-5。

表2-5 应变卡

应变卡		
艇号：	编号：	
项目	任务	信号
综合		
救生		
消防		
人员落水		
堵漏		

（五）弃船救生部署表

弃船救生部署表见表 2-6。

表 2-6　弃船救生部署表

离船时任务	执行人
降下国旗，施放最后求救信号	
携带船舶证书及重要文件	
携带航海日志及有关海图、轮机日志、电台日志	
携带现金及账册	
携带自卫武器及弹药	
紧闭水密门窗、舱口、孔道及甲板开口	
关闭有关机器设备、操作遥控阀门及电钮	
检查自动求救无线电信号拍发情况	

艇号	1	2	3	4	放救生艇任务
					艇长指挥全艇
					副艇长，协助艇长工作，操作放艇机
					随艇下，整理救生绳前、后吊缆，出首缆及止晃绳，脱前、后钩，撑篙
					随艇下，携带救生圈，关闭艇底阀、出艇靠把，撑篙
					随艇下，携带修理工具，协助除艇罩，管理艇机
					解除艇罩、木梁、栏杆，脱前、后扣绳搭钩，打开艇底前、后支座或垫木
					解除栏杆，放下艇底支柱
					协助解除艇罩木梁，管理前、后吊缆，操作前、后保险钩
					协助解除艇罩木梁，带首尾缆
					携带救生艇收发报机、食品、毛毯，协助放艇
					管理照明及艇机电器部分

（六）综合应变部署表

综合应变部署表见表 2-7。

（七）人员落水部署表

人员落水部署表见表 2-8。

表 2-7 综合应变部署表

任务		执行人编号	综合应变时的执行人
队长现场指挥			
消防	管理水龙		
	管理 CO_2 或蒸汽灭火路阀		
	携带手提式灭火器		
	携带防烟面具、呼吸器、准备进入现场		
	管理移动或固定式独立应急消防泵		
	携带黄沙、石棉毯		
隔离	携带电工工具,负责隔离有关电路,关闭风机		
	携带钳工工具,关闭火场通风口		
	携带消防工具,隔离火场附近易燃物品		
救护	携带急救药箱		
	担架		
	维护现场秩序		
	守卫主要场所、总控室、电台、机舱		

表 2-8 第　　号救生艇人员落水部署表

任务	执行人编号
艇长现场指挥放艇(携带无线电对讲机)	
副艇长(携带望远镜)	
操作救生艇发动机	
艇员	

三、T 卡作用与使用方法

目前平台上均配备 T 卡(图 2-31),存放于救生甲板上的 T 卡箱内,卡上标有姓名、床位号码、救生艇编号等内容,目的是在撤离平台过程中,能够迅速掌握和了解人员信息。

根据海上石油作业设施的不同要求,T 卡的使用方法目前主要有以下两种:

（一）翻面法

人员在撤离平台时，登上救生艇前，将T卡箱内标明自己基本资料（姓名、房间号、床位号）的T卡翻转180°，使卡的背面朝外，表明人员已经登上救生艇。

（二）取走法

人员在撤离平台过程中，登上救生艇前，将T卡箱内标明自己基本资料（姓名、房间号、床位号）的T卡取走，使卡箱内相应位置空缺，表明此人已经登上救生艇。

图2-31　T卡

四、应变信号

（一）船舶应变信号

各种应变信号须由汽笛或警笛施放，并应补充其他电动信号。所有这些信号均能由驾驶台操纵和发放。我国统一规定的应变信号细节如下：

——救生：······—（六短一长）；
——救火：乱钟或连放短声汽笛一分钟；
——前部失火：乱钟后敲一响；
——中部失火：乱钟后敲二响；
——后部失火：乱钟后敲三响；
——机舱失火：乱钟后敲四响；
——上甲板失火：乱钟后敲五响；
——进水：——·（两长一短）；
——人员落水：———（三长）；
——人自左舷落水：———··（三长两短）；
——人自右舷落水：———·（三长一短）；
——解除警报：—（一长）。

《国际海上人命安全公约》规定，召集人员至集合地点的紧急信号应为汽笛或气雷连续发放七个或七个以上的短声继以一长声，并用电动信号作补充。一切对于人员所发生的信号意义，连同应变时对旅客行动的简明批示，应以几种相应的文字清晰地写在牌上，张贴在各生活舱内。

（二）平台应变信号

在海上石油设施上进行作业，除了要按照《国际海上人命安全公约》规定，使用船舱应变信号外,还必须同时使用石油设施上根据其可能出现的紧急情况规定的相关应变信号。

1. 听觉信号

这些信号通过中央控制房和平台各处的手动报警按钮进行手动报警(表2-9)。

表2-9 平台应急信号

信号名称	声响特征	符号描述
井喷	一短声、两长声	·－－
硫化氢泄漏(油气泄漏)	一短声、一长声	·－
弃平台	七短声、一长声	·······－
溢油	一短、两长、一短	·－－·

2. 视觉信号

视觉信号应通过安装在海上石油设施各处的状态灯(生产平台)来显示,钻井平台的硫化氢报警应设在中央控制室(表2-10)。

表2-10 平台视觉信号

信号名称	颜色及设备	状态
火警	红色灯	长明
井喷	红色灯	闪烁
硫化氢泄漏(油气泄漏)	黄色灯(井平台为旋转紫灯)	闪烁
溢油	黄色灯(井平台为旋转紫灯)	闪烁
弃平台	蓝色灯(井平台为旋转紫灯)	闪烁
信号名称	颜色及设备	状态
遇险求救	红光降落伞、橙色烟雾、无线电示位器、雷达应答器	1. 依据设备的要求使用; 2. 在救生艇和救生筏上可利用日光信号镜反射日光发出两短一长的摩尔斯求救信号。

五、救生演习

平台应按部署表定期举行救生演习,可以使设施上的人员彻底了解和熟悉其应执行的任务,掌握实际操作技能。

(一)救生演习的目的

平时按应变部署表定期举行演习,可以使设施上的人员:

（1）了解应变时的编组，熟悉应执行的任务。
（2）熟练掌握设施上各种救生设备的使用。
（3）在思想上有充分的准备，在发生海难事故时，避免因惊慌失措而造成无谓的人员伤亡，增强自信心。

（二）救生演习要求

（1）演习前应确认设备可以正常使用。
（2）每月演习一次。但当调换人数达到25%时，在登平台24h内进行一次救生演习。救生演习由安全主管负责将本平台应变部署的组织分工向全体人员做一次全面介绍，并着重讲解救生知识，救生衣的穿着，救生艇筏的分布及使用方法、注意事项等。
（3）演习时应依次轮流操作各救生艇，使每个人员明确其所执行的任务并能熟练进行操作；每艘救生艇、吊艇架与筏架都应每4个月至少扬出和降落1次。
（4）听到救生信号后应在2min内各就各位。自演习指挥下达放艇命令后，应急艇应在5min内降落到水面，其他艇筏全部降落到水面不超过10min。

（三）救生演习程序

（1）海上生产作业设施最高负责人发布救生信号。
（2）每个人穿好救生衣，然后前往应变部署表所规定的指定地点集合。
（3）艇长按应变部署中每个人的执行任务，检查其操作动作是否正确并注意督促指导。
（4）艇长宣布演习方案（包括演习项目和程序）。
（5）人员按分工各就岗位，做好放艇准备工作，艇长应着重检查：
① 吊艇装置（包括控制开关和制动器）是否良好可用。
② 艇底塞是否塞牢。
③ 淡水、食品及各种属具是否齐备。
④ 艇内油箱是否装满燃油。
⑤ 艇边有无影响艇筏降落的障碍物。检查完毕后向平台经理汇报。
⑥ 艇长接到放艇命令后，指挥艇员将艇放到水面，脱钩后驶离平台，在规定区域内集合并进行操练。
⑦ 听到解除警报信号后，驶回平台，将艇吊起收回原处，清理好索具并进行一次清洁保养，最后将艇固定好。
⑧ 艇长对演习进行评价，并向平台经理汇报演习情况。
⑨ 救生演习应详细记入平台工作日志。

（四）救生演习频次

客船上，在可行时应每周集合船员做一次救生和消防演习。对于国际航行（非短程）

的客船,应在离开最后出发港时做一次如上的应变演习。国际航行客船(除从事短程国际航行者外)须于离港口 24h 内召集旅客举行应变演习一次,宣传海上航行安全知识及示范救生衣穿法。

货船上,应在间隔不超过一个月的时间集合船员做一次救生演习。

消防、堵漏或人员落水演习可设想火源、漏洞及人员落水按部署进行抢救。

船(平台)上举行的任何一次应变演习,均应详细记入航海日志,包括:日期、内容、救生艇扬出及降落的时间、检查设备的情况,以及救生筏操作训练等。如某周(对客船)或某月(对货船)未举行应变演习或仅举行部分应变演习时,则应记述其原因和举行的范围。

六、海上石油作业应急安全要求

(一)应急预案的内容

根据《海洋石油安全生产规定》(国家安全生产监督管理总局令 2006 年第 4 号)第四章的规定,作业者应建立应急救援组织,配备专职或者兼职救援人员,或者与专业救援组织签订救援协议,并在实施作业前编制应急预案。应急预案应报国家应急管理部海洋石油生产安全监督管理办公室有关分部和其他有关政府部门备案。

应急预案应当包括以下主要内容:

(1)作业者和承包者的基本情况、危险特性、可利用的应急救援设备。

(2)应急组织机构、职责划分、通信联络;应急预案启动、应急响应、信息处理、应急状态中止、后续恢复等处置程序。

(3)应急演习与训练。

应急预案应充分考虑作业内容、作业海区的环境条件、作业设施的类型、自救能力和可以获得的外部支援等因素,应能够预防和处置各类突发性事故和可能引发事故的险情,并可随实际情况的变化及时修改或补充。

(二)事故和险情的划分

根据《海洋石油安全生产规定》(国家安全生产监督管理总局令 2006 年第 4 号)第四章第 36 条规定,事故和险情包括以下情况:

(1)井喷失控、火灾与爆炸、平台遇险、飞机或者直升机失事、船舶海损、油(气)生产设施与管线破损/泄漏、有毒有害物质泄漏、放射性物质遗散、潜水作业事故。

(2)人员重伤、死亡、失踪及暴发性传染病、中毒。

(3)溢油事故、自然灾害,以及其他紧急情况等(表 2-11)。

(三)应急撤离条件

应急撤离条件见表 2-12。

表 2-11　事故和险情划分

事故或险情		三级	二级	一级
热带气旋		到达蓝色警戒线（8级风前锋距平台1500km）	到达黄色警戒线（热带气旋中心距平台1000km）	到达红色警戒线（热带气旋中心距平台500km）
冰害	非抗冰设施	海冰距设施10mile	设施周围出现冰情	设施受到海冰威胁
	抗冰设施	受海冰撞击晃动	受海冰撞击晃动严重	破冰船靠离困难
地震、海啸		地震度未超出设计要求	发生五至六级地震或引起海啸	发生六级及以上地震，设施损坏严重
平台、船舶碰撞、漂移、拖航遇险或倾覆		轻微损坏不影响航行作业	损坏较严重、航行困难	威胁平台、船舶安全或失控漂移、倾覆
油气设施及管道破损、泄漏、断裂		轻微损坏或泄漏，报警及控制系统完好，能修复	损坏或泄漏较重，报警指示超过极限，控制系统部分失灵	断裂或大面积泄漏
有毒、有害物质泄漏或放射性物质遗失		轻微或有迹象泄漏，报警及控制系统完好，放射性物质可以打捞	有人员中毒、报警指示超过安全极限	因中毒发生伤害，泄漏失控，放射性物质打捞困难
人员伤亡或落水、失踪		个别人受伤或落水，现场可以抢救	多人受伤或出现死亡	寻找失踪人员需要一级应急组织救援
急性传染病或食物中毒		个别人染病，现场可以治疗并可控制事态发展	个别人病情重，需要回陆地治疗，不能控制事态	多人病症有继续蔓延趋势
井喷		发现油气侵入现象，控制系统完好	发生井涌，控制系统可以控制	井喷失控
火灾、爆炸		小范围火灾、爆炸，可以自救，未形成人员伤亡	火灾、爆炸未涉及危险区，消防系统基本完好，人员部分受伤	火灾、爆炸涉及危险区域，失去消防能力，多人受伤或有人死亡
水下或潜水作业		小事故现场可以处理，不需应急救援	人员受重伤	发生水下或潜水作业事故，导致人员受困、失踪或死亡
直升机		小事故现场可以处理	—	出现事故以致坠落

表 2-12　应急情况撤离条件

事故或险情	人员撤离条件
热带气旋	当进入红色警戒线后，风力达到10级时或热带气旋前锋（蒲氏风力9级）到达设施前12h时
冰害	当预报或检测到设备所处海域将出现超过设计允许的严重冰情，危及设备安全时
地震	当预报设施所处海域将超过设计允许的地震烈度时

续表

事故或险情	人员撤离条件
海啸	当预报所处海域将发生海啸危及设施上人员生命安全时
设施破损	设施浮体破损严重进水，经采取措施无效可能倾覆时
设施拖航遇险漂移	失去稳性，可能发生倾覆时
井喷	经采取措施无效危及设施上人员生命安全或引起重大火灾无法控制时
硫化氢（H_2S）泄漏	浓度达到100mg/m^{3}且无法有效控制时
火灾	由于各种原因（如油气泄漏）导致设施发生火灾，经采取措施无效且危及设施上人员生命安全时
爆炸	发生爆炸危及整个设施和人员生命安全时

（四）安全应急信息

各级应急组织应建立应急信息资源库，至少包括以下内容：

（1）应急救援组织、机构、网站信息。

（2）应急救援专家库。

（3）应急设备信息。

（4）气象、海况、地震信息。

（5）应急预案。

（6）应急值班。

（7）应急演习记录。

（8）应急行动记录。

（9）应急工作总结。

七、船舶应急演习程序和要求

（一）机舱火灾程序

（1）船员发现火灾，应立即发出消防警报，就近使用灭火器材进行灭火。船长接警后应立即上驾驶台指挥，并及时对外发布警告，以便获得外部救援。

（2）全体船员听到警报后（除固定值班人员外），应按照应变部署表分工，携带规定的消防器材迅速赶到应急集合地点。火警后5min内，消防队应将一切灭火设备准备完毕；隔离队应将各个通风孔和防火门关闭；机舱队应启动应急消防泵，并保持其他动力系统处于工作状态。

（3）现场指挥大副应指派探火员迅速弄清楚火警部位、性质、火情、趋势，并报告船长确定施救方案。

（4）各队在船长和大副的指挥下实施灭火方案。若一般灭火设备无法将机舱火灾扑灭，可释放大量二氧化碳以快速灭火。释放前应向机舱内发出警报，所有人员都撤离机舱后进行点名确认，将所有通向机舱的门窗、通风关闭后方可一次性全部释放所有二氧化碳气瓶。释放后应保持通向机舱的门窗、通风关闭 30min 以上，方可打开，并进行二次探火，以确认火灾被扑灭。

（二）甲板火灾程序

1. 一般处置

（1）船员发现火灾，应立即发出消防警报，就近使用灭火器材进行灭火。船长接警后应立即上驾驶台指挥。

（2）全体船员听到警报后（除了固定值班人员外），应按照应变部署表分工，携带规定的消防器材迅速赶到应急集合地点。火警后 5min 内，消防队应将一切灭火设备准备完毕；机舱队应启动应急消防泵，并保持其他动力系统处于工作状态。

（3）隔离队应立即隔离可燃物，封闭各舱室开口；航行中船长应操纵船舶使火区处于下风，必要时停止前进。

2. 生活区火灾程序

（1）若船员发现生活区着火，应立即报警，并采用必要的灭火器材灭火。船长接警后应立即上驾驶台指挥。

（2）若火情通过探火装置发出警报，可以立即确定火灾部位。全体船员听到警报后（除了固定值班人员外），应按照应变部署表分工，携带规定的消防器材迅速赶到应急集合地点。火警后 5min 内，消防队应将一切灭火设备准备完毕；机舱队应启动应急消防泵，并保持其他动力系统处于工作状态。

（3）隔离队应关闭防火门和通风装置，防止空气进入和烟囱效应的产生。

（4）选择最为适合的灭火剂和消防水扑灭火灾。

3. 救生演习程序

（1）弃船救生时应立即拉响警报。

（2）船长应上驾驶台指挥，及时将船舶减速并通知机舱备车。

（3）值班驾驶员或水手应操纵船舶，控制姿态，便于船员释放救生艇。

（4）所有船员（除固定值班人员外）听到警报后应在 2min 内到相应的救生艇甲板集合，应穿着救生衣，携带相应物品。

（5）按照既定步骤释放救生艇（或救生筏），所有船员在艇长的指挥下登上救生艇（或救生筏），并点名。

（6）船长和值班人员应发出求救信号后最后撤离岗位登上救生艇（或救生筏）。

（7）操纵救生艇（救生筏）快速驶离大船。

（8）演习结束后正确回收救生艇（筏），恢复原位。

（9）所有演习的时间、地点、过程均应由大副记录在航海日志上。

（三）演习的频率要求

据《国际海上人命安全公约》，应急演习频率要求见表2-13。

表 2-13 演习频率要求

演习项目		客船		货船
		国内航线	国际航线	
消防演习	防火门关闭、消防设备操练、船员就位	一月一次*	一周一次*	一月一次
救生演习	救生艇扬出舷外及降至干舷，属具清点和使用，船员就位	一月一次*	一月一次*	一月一次
	气胀式救生筏投下训练，静水压力释放器的使用	一年一次	一年一次	一年一次
	救生艇入水及操艇训练	三个月一次	三个月一次	三个月一次
	救生艇艇机的启动操作，应急照明的使用	一周一次	一周一次	一周一次
救助艇操练	救助艇入水及操艇，属具清点及使用	三个月一次	三个月一次	三个月一次
应急操舵训练		三个月一次	三个月一次	三个月一次
组织、召集旅客救生消防演练		旅客乘船后 24h 内一次		

* 如果新换船员 25% 以上，开航后 24h 内进行。

第五节 弃平台（船舶）时的行动

在平台遇到不可抗力的事故情况下，如平台已经不能向人员提供安全空间，为保护人员生命，必须撤离。撤离平台命令或信号一旦发出，所有人员应按部署表的安排前往各自的救生艇甲板集合并穿好救生衣，执行撤离的任务和准备放艇，平台负责人和安全监督应最后撤离。

一、听到弃平台（船舶）命令的行动

（一）指定专人携带下列各项物品登艇

（1）航海（平台）日志、轮机日志、国旗。

（2）船具目录。

（3）各项船舶（平台）证书及机密文件。

（4）现款及账册。

（5）贵重物品。
（6）救生圈一只。

（二）全体人员集合前的行动

平台发生严重事故时具有破坏力强、影响范围大、蔓延速度快等特点，在撤离平台过程中要求所有人员按照应急部署的要求，在果断、迅速、遵守程序要求的前提下，做好以下工作：

1. 多穿衣服

人体随时都在散发热量，而在水中散发的速度较在空气中快约25倍。穿着衣服就是要在皮肤与水之间形成隔离层，使身体热量散失减少，从而起保温作用。反之，如衣服穿少了，水温或气温又很低，使体温散热量大于身体产生的热量，就会产生失热现象，最终导致昏迷和死亡。为了减少身体与水的直接接触，最好在外层穿着一件不易透水的衣物（如夹克、雨衣等），内层则采用有保暖作用的衣裤。

2. 穿着救生衣

离船（平台）时必须穿着救生衣，尽快到指定的艇、筏就位。救生衣可使落水后的遇险人员保持面部向上的漂浮姿势，即使落水者在水中昏迷，也能维持仰浮状态。

3. 多吃、多收集食物和淡水

如情况许可，离船（平台）时还应尽量携带一些淡水和食物。携带的淡水可作为艇上淡水的补充，多吃食物则可保持腹中短时的饱暖。同时，最好还应尽量收集其他保护物品，如毛毯、衣物等。

二、登上艇、筏

只要可能，应尽量从平台（船上）按秩序登上艇、筏，不要争先恐后，避免发生混乱、直接落入水中等严重后果。如艇、筏先于人员降到水面可利用软梯或绳索下到艇、筏内。

（一）气胀式救生筏的储存

平时救生筏筒放置在专用的斜面托架上或贮放在专用的特殊架子上（图2-32），由自动脱离器和绳索压牢、扣紧。自动脱离器设有把柄或按钮，需要投放救生筏时，用手旋动把柄或按钮，自动脱离器即被打开，筏筒则脱开捆缚，并自由从斜架上滚下海或被抛下海。

图 2-32 救生筏的存放

（二）吊式筏的降落操作

（1）取下船舷栏杆，将救生筏筒搬放到吊钩下面的甲板上。

（2）装上自动脱钩装置，在甲板栏杆上收紧索。

（3）吊起筏筒并将吊臂旋出舷外。当筏筒被悬吊位于舷外时，扯拉充气拉索使救生筏充气张开。

（4）用收紧索把充胀后的救生筏拉靠在船舷的甲板边固定好，人员从甲板登上救生筏（图2-33）。

（5）登筏完毕，解开收紧索及充气拉索，然后降落救生筏。当救生筏降至离最高浪峰大约3m高的位置时，大副或指定胜任其工作的人拉动自动脱钩绳索（一条红色的短绳）。

（6）自动脱钩装置是"卸荷"释放机构，一旦救生筏落水即吊筏绳拉力消失，自动脱钩装置就动作，使救生筏脱开吊绳而在水面自由漂浮。

图2-33 吊放式救生筏

（三）抛放式救生筏的投放操作

（1）查看水面是否着火或有障碍物等。

（2）放下软梯和登筏绳索。

（3）检查充气拉索的强度和该拉索系缚在船上的结是否牢靠（此事关系到大家的生命问题），松开筏筒上的滑环或扳动自动脱离器把柄，脱开救生筏筒上的系绳。

（4）将筏筒抛下水，或从置放台架上推滚下水，救生筏可自动充气张开。

（5）如果筏筒还未打开，则用手拉扯充气拉索来打开二氧化碳钢瓶的出气阀，救生筏即自动充气。

（6）若筏充气后呈倾覆状态，则由一名穿好救生衣的人员下水，将筏扶正。

（7）登筏，其方法可根据甲板高度，天气情况，危险性和各种条件灵活选择。穿好救生衣的人员可沿软梯、舷梯、登筏绳登筏，尽可能避免入水或直接跳下水，再从水中登筏；也可利用滑槽或其他器具直接登筏，若船舷很低，在确保安全的前提下可直接从甲板上跳入登筏口。

（8）当所有人员登上筏后，用应急刀割断系绳，划离危险区。

（9）在安全区抛出海锚，等待救援。

（四）自动释放救生筏的操作

自动脱离器除了能手动打开外，如果把它放在一定深度的水中，水压的作用能使它自动打开。当船舶或平台沉入水下 5m 时，来不及释放的救生筏由于水压的作用，会使自动脱离器松开对救生筏筒的扣缚，而使其脱离托架自由上浮，缚在船舶或平台上的充气拉索随着船舶或平台的下沉而将气瓶的出气阀打开，救生筏自动充气，并最终将充气拉索的细弱绳索挣断而自由漂浮在海面（利用静水压力释放器进行释放，图 2-34）。

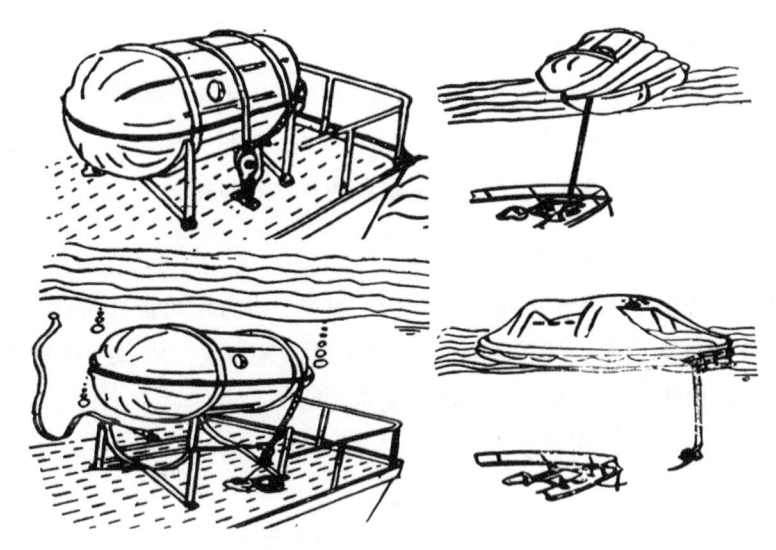

图 2-34　气胀式救生筏的自动释放

三、自平台（船舶）高处入水

遇险平台因为随时都有下沉的可能性，因此有时会因各种原因未登上艇、筏逃离平台，此时跳水是不可避免的。为避免从高处跳入水中引起不必要的伤亡，选择点的高度越低越好，跳水前应穿好救生衣，掌握正确的方法。以下列出几点注意事项：

（1）用左手紧握右臂上的救生衣（图 2-35），直至浮出水面后才能放松。

（2）右手五指并拢将口鼻捂紧（为防止海水入口鼻引起的刺激）。

（3）双脚交叉、身体保持垂直，两眼注视前方与水面平行。

（4）应注意到跳水位置最好在上风舷的机舱或船首部。

（5）应注意尽量远离船身缺口、受伤部位、平台桩脚等地方跳水。

（6）应注意查看水面，避开水上障碍物。

（7）应注意尽量避免在较高的地方直跳入艇内及筏顶，以免自己本身及艇、筏受到损坏。

图 2-35　跳水姿势

（8）如利用绳索下水要用双手互相交替向下移，不可手持绳索一直滑下，以免失去控制、擦破手皮。

四、离开平台（船舶）后的行动

（一）从船上直接登上救生艇

由指定的人员操纵吊艇机将救生艇降至登艇甲板，用稳索将艇拉靠舷边，乘员有秩序地登上救生艇，应避免争先恐后发生混乱的事故。乘艇完毕，然后将艇降落至水面，但应带好艇艏缆，放艇人员再从绳梯或救生索直接登上救生艇。

（二）从船上登上气胀式救生筏

除可吊式充气救生筏在救生甲板登筏外，一般有三种方法可保持身体干燥直接登筏。

（1）用漂浮在水面的救生筏的首缆将筏拉至舷梯旁，或拉到救生甲板舷边。遇险人员身穿救生衣从舷梯或救生甲板的绳梯登上筏体。

（2）遇险船员身穿救生衣从舷边直接跳入筏的进出口，但舷高不能超过4.5m，并应注意不要碰撞筏内的人员。

（3）遇险船员可沿着滑道式登筏装置（海上逃生系统）的逃生滑梯滑到登筏平台上，然后依次登上气胀式救生筏。

（4）在水中登上救生筏（图2-36）。

气胀式救生筏入水口处设有登筏绳梯，入口处浮胎上有攀拉索带。落水者游向筏的入水处下方，先用一只手抓住登筏绳梯，另一只手抓住浮胎上的攀拉索带，双手用力弯曲双臂，双脚登梯向后屈双腿，当上身越过上浮胎时，头向前倾，使上身倒向筏内。

图2-36 水中登上救生筏

五、落水者在水中的行动

（一）未穿着救生衣时的行动

在万不得已的情况下，未穿救生衣即跳入水中，这对于遇险者来说是非常不利的。但也不必惊慌。为了延长在水中漂浮的时间，争取援救，此时落水者最适宜使用的漂浮姿势是仰浮姿势。因为这种姿势只需以最小限度的运动来保持浮游状态。另外还应牢记以下各点：

（1）遇险者入海未穿救生衣，则应以自己身上的衣服自制一个临时浮具。即将衣服纽扣全部扣住，扎紧领口和袖口，衣服下端扎紧，在第二、三纽扣之间吹气使之膨胀，即可支持体重。

如用裤子则更理想,可将两裤管打结,倒持裤腰迎风吹开,待两裤管进风胀满后,即行扎紧裤腰,便可做成非常好的马蹄形浮具,可将后枕部搁置其上支持体重。

（2）立泳（踏水）和蛙泳、自由泳都是运动量较大、消耗体力多的游泳方式,一般不采用。但仰泳（图2-37）是无救生衣的落水者最适宜的游泳方法,其优点是:

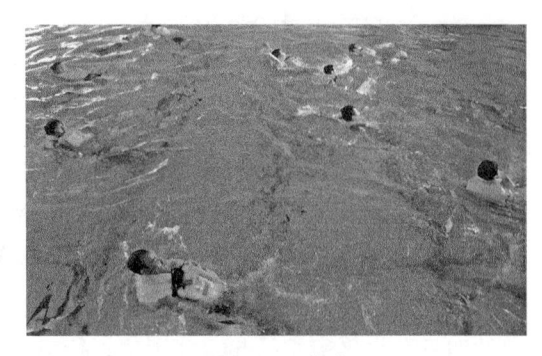

图2-37 仰泳

① 动作慢,运动量少,体力消耗少,能较持久地坚持在海面待救。

② 能始终坚持口鼻眼都露出水面之上,不仅呼吸方便,而且视野开阔。

（3）当接近救生艇、筏和过往船舶时则应采取立泳姿势,并将手举出水面摆动,当救助船接近至1000m以内时,可大声呼叫以求援助。

（4）除非过往船舶已发现落水者,并停船准备施救外,落水者不应使用消耗大量体力的自由泳追赶航行中的船舶。

（5）未穿救生衣的落水者入海后,应尽快地捞获并利用较安全可靠的、可用作救生浮具的漂浮物。

（6）在水中,无论多疲倦,都不能睡觉。

（二）正确的游泳方法

落水者无论是否穿着救生衣,都应该注意采用正确的游泳方法,才能保持漂浮状态而又不至于过分消耗体力。求生游泳的基本要点如下:

1. 掌握正确的呼吸方法

为避免换气时呛水,应采取鼻呼口吸的方式即头部露出水面用口吸气,用鼻呼气。做到有节奏地呼吸使肺部有规律地扩张和收缩,而不觉疲劳。

2. 放松肌肉

游泳时还应做到放松肌肉,保存体力,以达到延长生命、争取时间的目的。

3. 防备痉挛

长时间在水中和在低温水中的连续游泳,很容易引起痉挛,俗称抽筋。最容易发生的部位为脚和小腿,这不仅会妨碍游泳,还会引起恐惧而发生危险,出现此症时可吸足气后,头潜入水中,四肢放松下垂,然后用力按摩痉挛部位,当肌肉放松后,应改换另一种方式继续游泳。

如这样一次不见效也不必惊慌,可继续重复以上动作多次直到痉挛消失。此时应先休息一会儿,再继续游泳以免痉挛反复发生。

六、筏在水中时的行动

（一）迅速离开遇难船舶

乘员应在登筏前穿好救生衣，如可能可带一些毛毯、淡水、食物进入筏内，待遇险人员登筏后，用存放在筏里的安全刀割断充气拉绳，迅速离开即将沉没的母船或平台。离开一定距离使母船或平台沉没时不致将筏吸入水中，并防止沉船或平台可能会引起火灾、爆炸将筏烧毁。为了减少划行时的阻力，可利用在进口处的四根提拎带，将沉在水中的四只海水平衡袋吊起，并用桨划行离开。

（二）积极抢救落水人员

筏内人员应仔细搜索周围水面，发现浮游的人立即靠近，抛出拯救环，拉动救生索帮助浮游的人员登上救生筏，夜间打开手电筒、示位灯，吹哨以招引水上浮游的人员。

（三）如何扶正倾覆的救生筏

救生筏从难船上投放至海面或在大风浪的冲击下有发生倾覆的可能。此时只需一人即可扶正（图2-38），方法如下：

（1）先游泳至贮气瓶附近，将贮气瓶拉至下风侧。

（2）从贮气瓶一侧（即下风侧），两脚叉开，踩在下浮胎上，双手抓着扶正绳，利用自身体重尽量后仰，即可翻转该筏。

（3）如筏扶正后未及时游出则可由筏底游出，但避免由登筏梯与贮气瓶下方游出，以防被贮气瓶或登筏梯缠住。

图2-38 扶正救生筏

七、人员在筏中的行动

为使艇、筏中的生活井然有序，保证安全待救，必须建立艇、筏的值班勤务制度，要求如下：

（1）当艇、筏内人数足够时，应采取每两小时两人，一人负责外部瞭望，另一人负责内部勤务。除重伤员外，应由全体人员轮流担任，保持24h值班制度。其余人员则应保持休息状态。若艇、筏上人数不足时，也必须保持一人值班（同时负责瞭望和内部勤务工作）的制度。

（2）负责内部勤务者应警觉，应用视觉、听觉，以及一切有效手段，及时发现各种危险情况。例如，艇、筏有任何渗漏之处应能及时发现和修补。随时排除艇、筏内的积水，注意通风保暖和保持内部的干燥和卫生，并照料好伤病员等。

① 隔 1h 检查人员身体健康状况，并做好记录。发现有人呕吐，用清洁袋给呕吐者装呕吐物，并估计呕吐物的量及呕吐物是什么物质，并做好记录。

② 统一保管好淡水和食物，若达到逃生后 24h，按标准发放淡水和食物。

③ 当降雨时，值班人员还应组织全体人员尽量做好收集雨水的工作。

（3）负责外部瞭望者对前来搜救或过往船舶、飞机应及时发现，并向艇长汇报和发出相应的求救信号。注意发觉水面上的落水者并给予救助，此外还应注意放出艇、筏外的渔具情况，艇、筏周围的海洋生物动态，天气等情况。

（4）当发现其他救生艇、筏时，应主动集合，保持联系。

八、救生筏漂浮行动

（一）检查筏体

当救生筏逃离难船后，应立即检查筏体是否有破损或漏泄。气瓶充给筏体的气体是 CO_2，过量的 CO_2 会使人窒息致死，所以要仔细检查，确保筏内没有漏气。另外，人在筏内不断地呼出 CO_2 气体也是一个很大的危险，应根据天气状况，尽可能打开各通风口，让筏内能更好地通风透气。如果发现筏体有小漏洞，则从补漏用具袋内取出锥形补洞塞旋进小洞内进行堵漏，旋进时不要用力太大或旋入过深，否则洞口将变得更大。遇有裂缝或较大的洞口，从补漏用具袋内取出补洞夹，将裂缝或大洞封住。筏外使用补漏夹时应特别注意不要将夹子掉进海里。

（二）抛出海锚和连接各筏

如遇难船位信号已经发出，应将救生筏保持在难船附近，以便于搜索救助时被发现。为使救生筏不致随风漂流过急，可将海锚（图 2-39，图 2-40）抛入水中降低漂流速度，并增加其稳定性防止被大浪打翻。在特殊情况下可考虑使用备用海锚，但应将两个海锚分别自两个进出口处放出，并使两根锚索不一样长，以免互相碰撞和纠缠在一起。

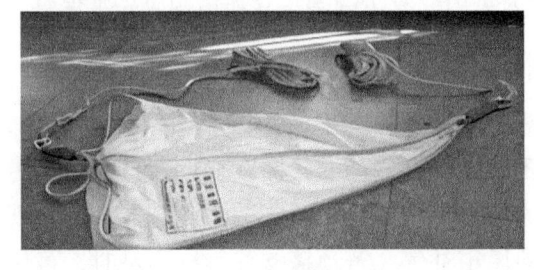

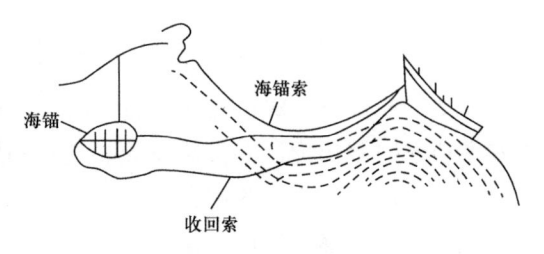

图 2-39 海锚　　　　　　　　图 2-40 释放后海锚

为了便于联系，扩大目标以便被发现和救援，以及共同战胜困难，可用缆绳将所有的救生筏联结在一起，有风浪时筏与筏之间的距离至少应保持在 10m。

（三）保干、保暖和筏体补气

为了使遇险人员有一个较好的生活环境，应保持筏内干燥舒适，若筏内潮湿或有水，应用水瓢海绵弄干。

天气寒冷时，应将进出口处的外门帘放下（或仅留适当的通风口）固定好，并从补漏用具袋内取出手动风箱，把风箱排气胶管的接头接在筏底的充气阀上，双手分别握住风箱左右柄，反复作张合运动，使筏底的夹层充胀起来以御寒。如果由于寒冷或因渗漏使筏体不能胀硬时，也可将手动风箱排气接头分别接到各个安全补气阀上，用筏底充气同样的方法进行补气直到把筏体胀硬。

（四）合理使用海水电池

当救生筏漂浮于海面时，海水进入电池内即开始供电。为延长放电时间，白天应将海水电池从插座上拿开，将两盏灯的电源切断，并用力将海水甩净以减慢化学反应；夜晚只需将海水电池插入插座并将电池重新放在筏底电池袋内，此时筏内外灯泡则开始发光。注意备用电池的进水孔是用胶布封住的，使用前应先将胶布撕去，备用的电池只有一只，要节约使用。

（五）其他

当救生筏意外翻覆时，乘员应从进出口处钻出，然后让一个人上筏扶正，最后全部乘员登筏继续漂浮。为防止再次翻覆，应采取措施，如放下筏内的两套海锚，并注意座位分布均匀，应尽量坐靠上下浮胎。

九、待救时救生筏的保养和修理

（一）防止戳破浮胎

救生筏由高强度的软材料制成，从岩石上拖过也不会被磨破，然而特别锋利和坚硬的东西可能会损坏筏体。因此应注意每一位乘员的鞋底是否有钉子，或者尖锐锋利的东西从衣袋里穿出，并严禁把尖角锐边的物品带入筏内，有齿的罐头盒和鱼钩应妥善保管。

（二）经常检查筏体气压情况和阀门情况

每 2~4h 检查一次主气室和篷柱的胀紧情况，就容易察觉某一气室是否在漏气，遇有渗漏应及时找出原因并设法排除。气室的压力随着温度的变化而改变，烈日曝晒会引起筏体气体膨胀，压力升高，气体自安全溢流阀溢出，发出"嘶嘶"响声，这是正常现象。如果温度下降，浮胎气压不足时，用手动风箱补气。若顶篷支柱气压不足时，可用手动风箱向上浮胎补气阀补气。

经常检查安全补气阀，不补气时要用塞子塞紧，以防漏气。筏底充气阀旋塞也应经常检查，遇有松动应立即旋紧。

（三）筏体破洞的永久性修理

用堵塞物堵漏只是暂时性修理，停留时间不能过长，应该尽快进行永久性修理，这才是有效、彻底的方法。所需用具和材料都放在补漏用具袋内。维修方法是先将破洞周围的水迹擦干，用砂纸打毛，然后剪取一块比破洞四周至少大 25mm 的贴补胶布（该胶布同样用砂纸打毛），在破洞四周及胶布上均匀地涂上胶水，待数分钟后即可将胶布贴在破洞外，再用小滚轮作往复运动，以压紧胶布排除气体使之贴牢。气温低时溶剂不易发挥，要多等几分钟后再进行贴补，一切贴妥后再等 10min 才能向筏体充气。24h 之内由于胶水未干，不要给新补的气室加足空气。

第六节　应急通信设备和救生信号

一、应急通信设备的使用

（一）搜索与求救信标（无线电示位标）

搜索和求救信标是一种自浮式、双频率的无线电遇险信号传送器（图 2-41）。被设计配置在救生艇、油轮和飞机上，它有一个频率为 121.5MHz 和 243MHz 的甚高频，这是一个民用和军用都适用的标准。它的调频输出功率为连续工作并传递信号至少 48h。

信号器是黑色、密封自浮式圆筒，只有圆筒的顶部为橙色。在信号器漂浮时，其顶部通常露在水面。圆筒内装有电池，顶部还装有一条可垂直弯曲的天线。收藏时，这条天线可被平行地收折入圆筒内并把它卡入一个能快速释放的皮带扣里。可打开底部盖更换新电池。

一条长度为 27m（25yd）的尼龙绳被连接在圆筒上。这条绳被连接到红色的系索钉上和两条保持天线在收藏位置的皮带扣上，绳的另外部分被装在附加在圆筒上的尼龙袋中。信号器是否工作可通过在圆筒顶部的一盏氖光灯来确定。圆筒的顶部还连接有两盏绿灯，在氖灯工作时同时使用，以提供一个完整的测试系统。

图 2-41　无线电示位标

（二）无线电发报机

一切船舶均应配备一台供救生艇、筏使用的手提无线电报设备（图 2-42），平时保存于海图室或其他适宜处所，以备紧急情况时搬入艇、筏内。该设备应为水密，能浮于水面（自9m高处投掷水中时，不致损坏），包括发信机、收信机、天线和电源等。其设计应满足在紧急情况时，能由不熟悉的人员使用。发信机除配备手控制发报电键外，还应设有无线电报警和遇险信号自动拍发装置。

收信机的功能应与发信机相适应，其电源应由手摇发电机供给，或为永久式电池。

遇难求救的摩氏信号为SOS（···———···）。还可发出下列遇险呼叫："Mayday, Mayday, Mayday, 这是……（船名或者船舶呼号）"。叫三次、停一下、再叫三次，它相当于无线电报中的SOS。

还可发送遇险电信，包括："Mayday"、船名或船舶呼号、船位、遇险性质；必要时发出需要求助的性质和任何其他将有助于救助的情报。

（三）双向甚高频无线电话

中心平台至少须配备双向甚高频无线电话（TWO—WAY VHF）（双向对讲电话）（图2-42）三台。使用时，将开关旋至"ON"的位置，调到相应频道，按住讲话按钮喊话，松开为接听。

（四）搜救雷达应答器（SART）

中心平台至少须配备搜救雷达应答器（SART，图2-43）两台。使用时，将电源开关打开，将旋钮置于"SEND"位置对准来船或飞机，信号即被发射。

图2-42 双向无线对讲电话

图2-43 搜救雷达应答器

二、救生信号的使用

（一）遇险信号

分开或一起使用下列信号均表示遇险和需要帮助：
（1）每隔约1min放一枪或燃放其他爆炸信号一次。
（2）用任何雾号设备连续发声。
（3）每隔一个短的间隔放一个抛射红色星光的火箭或者信号弹。
（4）用无线电报或任何其他通信方法发出摩氏（SOS）的信号。

（5）用无线电话发出"Mayday"字音的信号。
（6）悬挂遇险的国际信号旗 N.C。
（7）在一面方旗的上方悬挂一个圆球或者类似圆球所组成的信号。
（8）在船上燃起火光（如从柏油桶、油桶等所燃起的火光）。
（9）用红火降落伞或用手持的红光火焰。
（10）用烟雾信号释放橙黄色的浓烟。
（11）两臂向两边伸展，慢慢地反复上下挥动。
（12）发出无线电报报警信号。
（13）用应急无线电位置显示信标信号。

（二）声光信号

声光通信是利用哨笛、日光信号镜、手电筒等发出声音和光，可使用摩氏符号达到通信目的。

1. 信号镜

信号镜是一个金属片，遇险人员在看到有其他船或飞机时，利用该镜光亮的平面将日光反射到其他船或飞机，以引起注意易于被发现。

信号镜的一角开有一观测孔，围绕观测孔刻有同心圆环及十字线。

使用时要求和瞄准环配合使用。左手拿信号镜，将观测孔放在眼前，镜的光亮面面对船舶或飞机；右手伸直拿瞄准环，置于信号镜的前方，对准船舶或飞机，设法通过观测孔和瞄准环的孔能看到目标（船舶或飞机）；调整镜面角度，设法使观测孔周围的十字线和同一圆的阴影正好落在瞄准孔的四周，这样阳光即能反射到目标上。

2. 哨笛

吹哨笛可引起对方的注意，告知来者自己所处的位置。也可以吹成长短笛声的摩氏信号。

3. 灯光

夜晚时可利用手电筒或风灯灯光的长短，发送摩氏信号，或用灯光照来船，以引起对方注意。

（三）烟火信号

艇、筏内均备有红光降落伞信号，手持烟火信号及烟雾信号。

1. 红星火箭

它是一种能发射到 150m 以上高空后自行爆炸，并发出红色火星信号的火箭。其亮度为 20000cd 以上，燃烧发光时间为 8～15s。

使用时，首先拔出塞在纸管上的火柴杆，并撕去火箭底部的引信药签，使点火引信药露出（不要弄湿火柴杆和引信药）。然后一手握住火箭，举过头部发射。

2. 红光降落伞

这是一种利用火箭发射到空中，自行爆炸发出光亮的红光，设有降落伞来控制其下降速度（约为 4.5m/s），停留在空中的时间较长，有利于救助者的发现。其燃烧发光时间为 40s，亮度为 20000～40000cd。这种求救信号虽然有许多型号，但从其发射形式来看，可分为擦火式、拉环式或压环式几种。

使用擦火式降落伞信号（图 2-44）时，先打开发射筒箭头所指方向的铁盖，该底部弹簧将火箭头顶出筒外。然后撕开火箭头上的撕签，使引信药露出，并取附在火箭头部的火柴杆，左手握紧发射筒下部（手不要超过黑线）。右手持火柴杆在引信药上剧擦一下，此时左手立即将发射筒高举在人头顶上方，火箭即射向天空。

使用压环式降落伞信号时，打开发射筒盖，露出火箭头和拉环杆。翻转拉环，双手举发射筒过头，火箭对准天空，压拉环杆压触发撞针，撞击火药，火箭即发射升空。

图 2-44　降落伞信号的发射

3. 红光火焰信号

这是一种手持式火焰信号（图 2-45），点燃后能发出 600cd 以上亮度的火焰，持续燃烧时间为 1min。无爆炸危险，可作为求救时引人注意的信号。红火信号的构造形式有几种，有带手握木柄的，有外套筒代手握柄等。

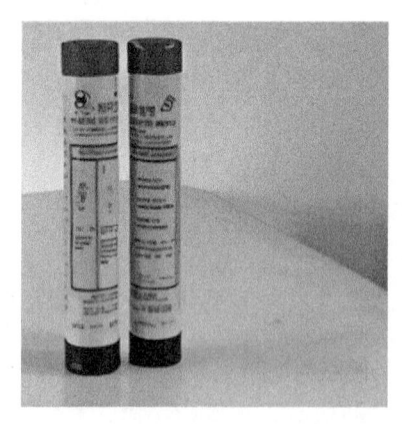

图 2-45　红光火焰信号

使用带有握柄红火信号时，先撕去撕签，并将上部的纸套撕掉，取出木盖，其上有发火药。施放时左手握住木柄，右手拿木盖，将发火药和筒上的引火药上擦一下，便能发出红色火焰。

使用无木握柄红火信号时，先把底盖旋开，其上有发火药，然后将内筒抽出。内筒顶端有引火药，再将内筒底部的螺帽套在外筒上部的螺杆上旋紧，使内外筒上下连接在一起。施放时左手握住外筒，向舷外下风方向高举，右手拿底塞，将发火药在内筒上的引火药上擦一下，火药开始燃烧，发出红色火焰。

4.黄烟信号

这是白天使用的求救信号，它能发出橙黄色浓烟，延续 5min 左右，能见距离约为 5n mile，可使救助船或飞机能够找到救生艇、筏的位置。

使用时，先打开火药罐上的旋盖，即可看到一个拉环，施放时把拉环拔出，将火药点着后立即抛到下风舷水面，以避免艇、筏被浓烟包围。

（四）音响信号

这是以火药爆炸发出巨大响声来引起救助者的注意的信号，可听距离达 3n mile，通常在视距不良时使用。使用时必须注意防止被炸伤。施放时先撕去两端胶布，取出有挂绳一头的擦火板，再将底部防护木塞和毛毯拉掉，然后将顶端绳头挂在船舷栏杆适当部位，用擦火板擦划底部，立即跑开至少 3m 远。擦划后经数秒后即发生爆炸。

（五）无线电示位标

紧急无线电示位标（图 2-46）（EPIRB, emergency position indicating radio beacon）常简称为示位标，因工作频率在 406MHz 附近也常被简称 406，也称为应急无线电示位标。含 GPS 的紧急无线电示位标常被称为卫星紧急无线电示位标。

紧急无线电示位标在船/海洋平台下沉后，自动弹出浮到水面，发求救信号，信号通过 COSPAS-SARSAT 系统转发到地面站。紧急无线电示位标也可在遇险时人工触发。

作为海洋经济活动中人命安全的最后一道保障，紧急无线电示位标具有其他产品不可替代的作用，它是由示位标—卫星—地面站—控制中心—营救协调中心—救助单位组成的系统，在 1982 到 1984 年的试验期间，在 115 例遇险事故幸存的 333 人中成功营救了 289 人。在 2010 年示位标信号帮助 641 起遇险事故，2338 人获救。

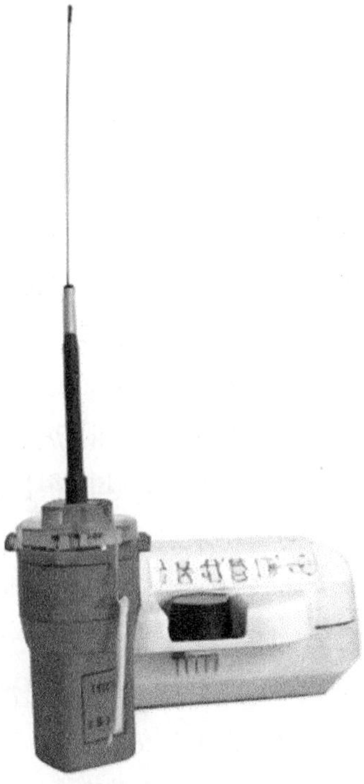

图 2-46　无线电示位标

（六）注意事项

求援信号的产品型式很多，施放方法也有所不同，施放前应先仔细看清信号筒外表所附加的使用说明，按其要求进行施放。平时应妥善保管，保持干燥，防止高温。

三、向守护船（救援直升机）发出求救

根据目前平台应急通信设备配备要求，撤离平台后，可应用双向对讲电话，通过应急专用频率向守护船、救援直升机发出求救信号。也可用无线电示位标发出信号指示方位。

与救援船只和救援直升机位置较近的情况下，也可以通过释放救生信号求救。

四、救生艇、筏间的联络方法

救生艇、筏之间通信联络方法有以下几种：
（1）通过双向甚高频无线电话联络。
（2）白天通过日光信号镜及夜间通过手电筒或灯光进行联络。
（3）通过哨笛进行联络。

第七节　海上危险及防护措施

一、低温环境的求生法

（一）寒冷气候中的预防措施

1. 过冷现象

多年来认为弃船后丧生的主要原因是溺水或饥饿致死，但历年来的事例证实，弃船后使救生者丧生的主要原因是身体暴露在寒冷中，特别是落于低温水中，即落水者所遇到的最大危险是通常所说的"过冷现象"。

落水者暴露在寒冷水中，如果缺乏必要的知识，采取措施不当，常可于数分钟内被冻死。落水者迅速被冻死是由于两个不为人所左右的因素决定的：
（1）人体体表的隔热保温能力很差。
（2）水的导热速度很快，通常比空气导热快26倍。

人类属于温血动物，人体的正常中心温度（体热）一般保持在36.9℃（±0.5℃）范围内。当海水温度在20℃时，体热散失会引起中心温度下降。人体为了维持中心温度不低于36.9℃（±0.5℃）就会产生如下不受人的主观意志所支配的机体反应：
（1）为了避免热量过分消耗，会收缩皮肤表面血管，以减少从血管传热到身体表面。
（2）为了使体内产生较多的热量以弥补散失的热量，会出现寒战——发抖。但寒战在维持人体中心温度的同时却消耗掉人体大量的能量。

当海水温度低于20℃时，即使颤抖得再厉害，也无法维持中心温度的恒定不变，此时体温开始下降。如继续浸泡下去就会出现致命的过冷现象。即在寒冷海水中的落水者，身体散失的热量将大于由体内产生的热量，随着体温的不断消耗就会出现不正常的低温

即过冷现象，此时人体最容易受到伤害的器官是脑和心脏，并使血液循环受到干扰，过冷现象在不同阶段的症状表现见表2-14。

表2-14　过冷现象人体变化

人体温度	35℃以下	31℃以下	28℃以下	24～26℃
机体变化	低温昏迷	失去知觉	血管硬化	发生死亡

人们要在低温水中求生并非毫无办法，实践证明落水者体温下降的速度决于如下三个条件即：

（1）水温。

（2）穿着的衣服。

（3）自救方法。

2. 对过冷现象遇险者的护理和处置

（1）遇险者如神志尚清醒，并能叙述自己的经历，尽管颤抖得很厉害，只要脱去全部潮湿的衣服，换上干衣服或裹上毛毯，并在不低于22℃的环境中休息，即可逐渐恢复体温。

（2）给患者提供热饮料如牛奶、白糖开水等。如在被救前已长时间没有进食，则应将饮料冲淡，并根据患者的体质及恢复情况增加浓度。

（3）切忌给患者喝酒或含酒精的饮料，也绝不能用按摩、药物或酒类涂擦的方法来促进患者的血液流通。此外采用局部加温或烤火的办法也是绝对错误的。

（4）对于刚从水中捞起的有严重过冷现象的患者，可放进40～50℃的热水浴盆中浸浴迅速复温。浸浴时间不超过10min，擦干后用被子盖好保暖，如体温增加不超过1.1℃时，每隔10min后再浸浴一次，直至体温增加到35℃为止。如果没有上述条件，至少应使他当时的体温不再下降。

（5）若患者已不发抖并处于半昏迷、昏迷或假死状态，一方面应进行急救，另一方面应等待医生的指导，以进行仔细的护理。

（二）穿着适当衣服之重要性

落水者跳水前应多穿保暖且不透水的衣服，使这些衣服湿透并紧贴在身上，尽管其导热性与水的导热性相差无几，但落水者身体表面与所穿的衣服之间可形成一层较暖的水包围全身，且衣物能阻止这层暖水与周围冷海水的交换与对流，因此能延缓体温下降的速度。

有些人可能会担心，如果多穿衣服，在水中是否会被这些湿透的衣服拖沉海底，实际上这种担心是不必要的，因为：

（1）衣服的纤维中存在着无数细小空气泡，因此会产生一定浮力。湿衣服在海水中不仅不会增加落水者的重量反而给他们增加了浮力。

（2）即使一段时间后，衣服中的气泡都逸散了，但由于所穿的衣服使落水者在水中的体积增大，因此浮力仍比不穿或少穿衣服时要大。

（三）落水者在低温水中求生自救要点

（1）弃船入水时，应多穿保暖防水的衣服，将头、颈、手、脚等暴露在外的部位保护好，袖口、袖管口、腰带等扎紧。

（2）最外面应穿妥救生衣。

（3）尽可能不从 5m 以上高度跳入冷水中，不得已时，应按正确姿势跳水。

（4）入水后应镇静，尽快登上救生艇、筏或其他漂浮物以缩短浸水时间。

（5）落水者不应做不必要的游泳。在冷水中，可能会猛烈颤抖甚至全身感到强烈疼痛，但这仅是人体在冷水中一种本能的反应，没有死亡危险。最关键的是在水中尽可能地静止不动使体温下降减缓。

（6）落水者在低温水中为了保存体温，应采取国际上有名的 HELP 姿势（图 2-47）（注：HELP 是 "heat escape lessening posture" 的缩写，意为减少热量散失的姿势）或 HUDDLE 保温姿势（图 2-48）。HELP 姿势的优点：

① 可最大限度地减少身体表面暴露在冷水中。

② 能使头部、颈部尽量露出水面。

HUDDLE 保温姿势（图 2-48）方法：几个人紧抱在一起或一人把身体团成一团等姿势能保护热损失大的关键部位，从而减慢身体冷却速度。这种姿势将老弱病残幼人员围在中央，可起到保护作用。当救援船或者飞机出现时，受困人员彼此挽住胳膊，用脚使劲踢打海水，造成大面积水花，便于救援人员发现。

图 2-47　HELP 保温姿势　　　　图 2-48　HUDDLE 保温姿势

（7）禁止饮用含有酒精的饮料，因为饮酒或含酒精的饮料不仅不能帮助保持身体的温暖，反而会加速体温的散失（酒精会加速血液循环）。

（8）必须有求生获救的信心和积极的思想。经验证明，有无求生的意志，会产生完全不同的效果。

二、高温环境的预防措施

在酷热气候中,遇险求生人员所面临的最大威胁是缺淡水。由于天气酷热及强烈的阳光照射,人员非常容易在高温酷热中出汗,大量丧失体内水分。单纯的身体过热现象所引起的病理、生理改变称为热射病。这种脱水现象发生后如不能及时补充水分,人体的酸碱平衡液代谢紊乱,出现无力、恶心,甚至抽筋(以小腿抽筋为常见,称为"热痉挛")等危险。为了防止中暑、热射病的发生,必须采取下列措施:

(1)避免不必要的运动,非必要不得跳入海中游泳。
(2)用海锚调整通风口的方法,保持良好的通风。
(3)应将筏底放气使海水冷却,以减低筏内的温度。

三、水面有油火的行动

难船(平台)四周海面有油火时,遇险人员跳水前,应判明风向,判断是否有障碍物,并从难船(平台)上风舷侧跳水。跳水时应穿棉毛织物的衣服,不可穿化纤织物。入水后向上风方向潜泳。换气时,应先将一手伸出水面作圆周拨水动作,将水面火拨开,露出水面后面向下风,一边用手拨开油火,一边深呼吸,并立即下潜继续向上风潜泳,如此反复前进直到游出油火海面为止。在此情况下,为不妨碍游泳,不宜穿着笨重的靴鞋、衣物。如情况允许,可将救生衣和必需的衣物包扎好,用一小绳系于腰上,待游出险区再收回使用(注意:不可在潜泳的过程中穿救生衣)。

难船(平台)四周海面虽有油层但未着火时,遇险人员必须使头部,尤其是双眼高出水面,并应尽快游离有油海面。在换气呼吸时必须极为小心,千万勿使油水进入呼吸道或吸入肺腔(油滴会堵塞肺泡引起肺炎,严重损害呼吸功能),也勿使燃油进入口腹(会引起生命危险)。此外,决不能让眼睛沾到燃油(可能会导致或增加眼部刺激与痛苦,甚至导致失明)。

四、有危险生物出没时的求生知识

在热带或亚热带水域,随着水温的升高,人在水中存活的时间也明显延长,但来自鲨鱼及其他危险海洋生物的危害也会随之增大。

(一)鲨鱼出没的危险

鲨鱼是海洋中最可怕的生物之一。它生性凶残贪食,狡诈多疑,牙齿锋利,游泳速度快,嗅觉极为灵敏,能利用其嗅觉器官感受距离很远(数千米之外)由海流带来的浓度极稀的人汗、血腥气味,追踪、攻击落水者或其他生物。

据调查分析,海洋中约有250种鲨鱼,主动攻击人的有27种。鲨鱼攻击落水者,一般都在热带亚热带海区,北半球往往多发生于7月,南半球多发生于1月。大部分袭击都是发生在午后不久,而且与水深无关,既可发生在深海,也可发生在离岸不远的浅海,但水温低于22℃的海区至今还未发现过攻击人的事件。受鲨鱼攻击时不必惊慌，首先要保持沉着冷静，然后再采取其他行动。对付鲨鱼最好的办法是以避开为上策，具体做法如下：

（1）弃船时最好不要穿着浅色或容易反光的衣服，身上任何外露部分尽可能不要有反光物体，如手表、戒指或其他金属物。

（2）落水者应保护好身体，切勿受伤流血，若流血应立即止血。抛弃鱼类内脏时应分少量、多次抛得愈远愈好。近处有鲨鱼时也不要小便，以免鲨鱼凭其灵敏的嗅觉追踪而来。

（3）如发现鲨鱼临近，应保持冷静沉着，不要急于避开，以免急速行动引起水中周围压力声场的变化而招致鲨鱼的袭击。

（4）由于鲨鱼的侧线系统很敏感，落水者在水中与鲨鱼遭遇时，如受到攻击迅速拍打水面，这会形成一种强烈的刺激使其游离。如此法无效，则打击鲨鱼的腮鼻、眼等敏感部位，但此法不到万不得已，切勿使用。

（5）千万不可用刀或其他利器与鲨鱼搏斗，因为鲨鱼生性好斗，如伤而不死，它则缠着落水者不放。血腥味道还会招来其他鲨鱼。

（二）其他海洋生物的危险

除鲨鱼外，对人类构成危险的海洋生物还有魣鱼、虎鲸、鲀鱼、大魟、刺鲀、水母、海蛇等。

（1）魣鱼（图2-49）被认为比鲨鱼更贪婪、残忍和更危险，而虎鲸则是一种肉食性动物。此两种鱼都身躯庞大，对落水者具有潜在危险，有时还能将小艇、筏撞翻。

（2）鲉鱼（图2-50）个体不大，但却是世界上最有毒的鱼类，其毒腺长在鳍刺下面。若被鳍刺刺伤，毒液进入伤口会使人引起全身性的严重炎症、神经麻痹，以及剧痛和过敏性疼痛。此外还有刺鲀，它们大多颜色鲜艳。受到打击，身体就会变大，并从无数细孔中向四周伸出毒刺，一旦有千分之八到千分之十的毒液刺入人体就可使人致死。

图2-49 魣鱼　　　　　　　　图2-50 鲉鱼

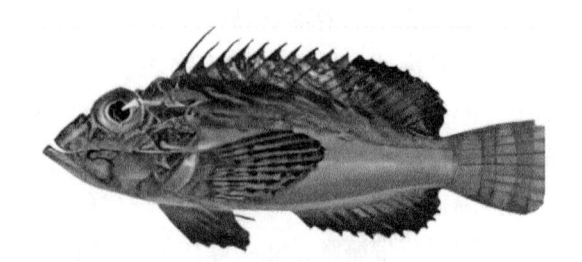

（3）水母类中有"僧帽"水母、"海黄蜂"水母等。其触须的刺丝可分泌一种毒素，能引起致命的荨麻疹热，使人疼痛难忍。

（4）大魟（图2-51）尾部有一坚硬刺，带有毒液。

（5）海蛇（图2-52）属毒蛇一类，全世界共有五十多种，它们都有剧毒，我国浙江、福建、台湾、广东、海南等省附近海域最常见。此外还有许多不引人注意的海底生物，其对人的威胁并不比别的海洋生物小，如长刺的海胆、锐利的珊瑚、缠绵的海藻等都能使人遭到伤害。

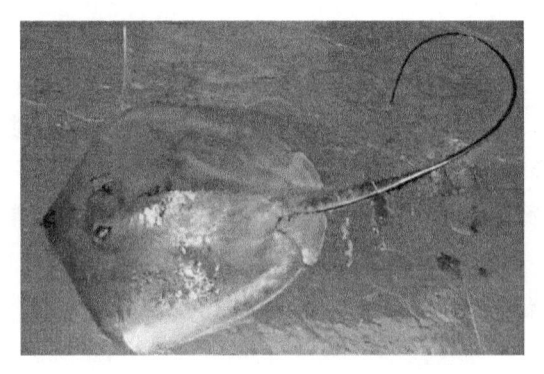

图2-51　大魟 　　　　　　　　图2-52　海蛇

第八节　荒岛生活及待救行动

一、接近岛屿和陆地的征兆

对于遇险者来说，通过发现各种征兆可以断定是否已经接近陆地或岛屿，如观测气象、观察虫鸟、波浪等。

（一）观察气象

观测接近陆地岛屿的天空可以发现对流的积状云，而且因海陆风的作用，云会向陆地方向浮动，如果在白天天空有些云类在浮动的话，在其移动方向很可能有陆地隐藏在水天背后。在热带海区，空中出现淡绿色的反光（光晕）其下方可能是环礁（珊瑚）区或近岸。

（二）观察虫鸟

可见到大量的鸟，说明陆地已近。鸟类常在黎明起飞，黄昏飞回。海鸟分近海及大洋两种，近海生活的海鸟通常飞离岸边不超过100n mile。

在晚间如遇蚊虫叮咬或遇飞蛾一类的昆虫则说明附近有陆地。

（三）观察波浪

如遇长浪平行推移，但碰到岛时就会拐弯绕过。长浪在岛外相遇就形成涡流，这一涡流可作为找寻陆地的目标方向，说明靠近陆地。发现海水颜色变浅，说明可能接近陆地，听到浪花拍岸的浪击声，也说明离陆地不远。

总之，判断和发现附近陆地、岛屿，除上述介绍的各种简单方法，还应进行全面的综合观察分析及凭借丰富的航海经验，而不能进行孤立或片面地主观臆断去寻找及发现陆地、岛屿。

二、登岛（陆）方法

发现并确定了岛屿之后，即可准备登陆，但要注意的问题是"绝不可因为看见陆地岛屿，以为一切危险都已消失"，即"已脱离危险境地，到达安全地方"。须知"如果一次不假思索的登陆行动遭到失败，可能反被拯救你的陆地所伤害，甚至丧命"。因此，准备登陆时必须注意以下各点：

（1）对岛上情况不明时，必须首先探明情况，切不可贸然行动，应探明的情况是：
① 是否有居民。
② 是否有动物或危害人类的动物。
③ 水源。
④ 植物。
⑤ 地形。

（2）根据从海上对岛屿沿岸的观察，从岛的下风方向选择安全登陆点。并应在白天高潮时实施登陆。在驶进登陆点时应在艇艏派瞭望人员边观测边前进，务必保证艇、筏和人员的安全。

（3）在向岸边接近前，应将艇、筏上每样物品都捆扎坚固，每个人员都不能脱掉救生衣。

（4）到达海滩后，不可一哄而上，将艇、筏弃之不顾，而应把人员分编两组，一组守艇、筏，另一组登岛探明情况。

（5）当探明该岛可以驻留时，除将艇、筏上的一切有用物资搬至岛上外，还应将艇、筏移至岸上，以备使用。

三、岛屿求生方法与措施

登上荒岛后重要的是首先如何解决生活问题，为维持生存，最基本的是首先解决淡水，没有淡水则难以维持生存的时间。

（一）水源

寻找水源的方法：

（1）可察看野兽的足迹，注意汇集的方向。

（2）青草茂盛及某些喜欢生长在潮湿地方的植物如桐树、杨柳树等附近可能有地下水。

（3）在干燥地区观察兽群走向也可协助寻找水源。

（二）自然水源

自然水源主要有雨水、露水、溪流和地下水。雨水较为清洁，但缺乏矿物质。露水的收集数量较少，但可多次收集。地下水主要指岩洞或在近海或环状珊瑚岛区域附近的地下水，其水源可能接近地表，可挖掘食用。在山沟干溪砂砾之下，有时也可发现地下水，如用耳贴于地上可听到流水声，在溪床稍微平坦处挖掘可能会有水流出。

对于各种手段取得的淡水，如有可能应经煮沸消毒或过滤后再饮用。饮用水消毒的方法有如下几种：

（1）煮沸消毒，起码时间在 3min，处于高海拔时再延长 1min。

（2）用漂白粉（片）液进行消毒，一桶水加二片或 10l 漂白粉片（液）。

（3）用 2.5% 碘溶液八滴，放于一桶水内，经过 8~10min 即可饮用。

（三）食物

在荒岛上仅靠艇、筏所配备的食物是有限的，因此，在寻找淡水的同时也应同时寻找和收集食物，在岛上的食物来源主要是利用捕捉鸟兽补充食物。捕捉的方法可用捕网或在野兽经常出没的地方设置陷阱。动物听、嗅、视觉比较敏感，因此一定要注意自身的保护，免遭袭击。除此之外，还可利用现成的钓鱼工具钓鱼。但是在热带浅水区应注意有些鱼是有毒的，对于一些没有正常鱼鳞而带有刺、硬壳的鱼可能有毒，因此一定要注意判断是否有毒。除应具有日常生活经验外，还可采取"直观判断法"。其法是指观察鱼的外表并分析判断，如有怀疑宁可放弃而不可盲目食用。鱼肉含有一定的盐分，与鸟肉同属高蛋白食物，对此应有所注意。

寻找食物的一般原则：

（1）进入森林内行动要慢，注意观察，发现动物并设法猎取。

（2）行进中避免发出响声，以免惊动野兽，注意选择行进路线。

（3）出猎宜采用迎风或斜风行走，切勿朝弱光处走，避免无法看清目标。

（4）进入情况不明区域时，应先了解清楚再进入，如有望远镜应预先观察清楚。

（5）寻找野兽踪迹，注意选择隐蔽位置等待猎物。

（四）住宿与待救

在荒岛上的住宿和待救是争取尽早获救的一个重要行动。如果住宿地点选择不当，将对获救造成极为不利的局面。因此，同样应予以认真考虑。住宿地点选择得当可便于行动，节省体力，减少困难和危险。

对住宿地点选择应考虑到便于行动，要求目标明显，容易被发现，以及能防止野兽袭击。在构造形式上就要根据季节、地区、气候等因素而决定，例如夏季应保持干爽或用树皮、棕叶等掩盖，以防雨水，同时在住地周围挖掘排水沟。也可利用救生艇、筏做住宿点，但应加以固定。

安排好住宿点之后，应同时建立轮流值班瞭望制度，保持24h有人当班瞭望。瞭望要利用一切有效手段对海空观察以及时发现过往的船舶和飞机，并能及时发出易于察觉的求救信号。例如点燃烟火，发射烟火信号等。

第九节　接受救援

一、船舶救援

（1）通常前来救援的船舶是采用在救生艇、筏的上风处靠近，将船横向迎风浪停住，使艇、筏处于较平稳的海面，利用风压，向艇、筏接近。此时海面上的艇、筏也应主动驶至大船的下风海面待救。

（2）当救援船舶驶近时，艇、筏应将海锚收起，以免缠绕来船的螺旋桨。

（3）在恶劣的天气下，前来救援的大型船舶横向迎风浪前进时，改变航向很困难，尤其是向上风改向，有时用满舵、慢速，甚至半速进车，几乎都没有效果，因此海上遇险的艇、筏与漂浮的落水者应尽量不要横在大船的船艏方向上。

（4）协助艇、筏的遇险者或海上的漂浮者攀登大船的最有效办法是：

① 在大船舷侧垂入20cm左右网孔的网罩，其下端尽可能垂入海中，让遇险者抓住，这种网罩应尽可能多地放置在舷边。

② 抓住网罩的遇险者，由于已处于筋疲力尽的状态，不可能完全靠自力攀登上船，因此，作为辅助手段，可将救生圈系在牢固的绳索上，大量投放在海面上，让遇险者将救生圈套在自己的两腋下，一方面增加浮力，争取充裕的时间，同时在攀登上船时，大船甲板上的救助人员可同时提拉绳索，协助攀登。

③ 当救生圈数量不足时，也可多用些绳索在端部打圆套结做成安全索，投于海面，由遇险者套在自己的两腋之下，再按上述方法进行攀登。应注意身体虚弱的遇险者，仅凭自己的体力是不行的，往往遇险者会抓住安全索后，因体力不支而脱手被风浪冲离大船而漂走。

（5）落水者在接受救助船救捞时，应尽可能互相靠拢，集体行动被救的可能性更大，且能节省救助时间。在冷水中救助的快慢，关系到生与死。

（6）海上风大浪高使救助船无法与待救船靠近，或无法使救助船、筏靠近，或无法使救助船派出的救生艇接近遇难的大船时，为使海面相对平衡，可采用撒出镇浪油的办法，有时能收到很好的效果。

（7）救助船舶撤离难船上的遇险者时，使用抛缆设备将救生钢索传递给难船并可用救生椅等设备帮助遇险者通过救生钢索换乘到救助船舶上来。

二、直升机救援

利用直升机进行海难救助，是目前国际上海难救助普遍使用的一种有效的救助手段。它具有灵活方便，效果好的特点。现分述如下：

（一）基本知识

（1）直升机可执行的救援任务：
① 向遇难船舶供应援助物资和装备。
② 从难船上撤离遇险者或伤病员。
③ 从艇、筏上搭救遇险者。
④ 从海上救捞落水者。

（2）直升机进行救援时，通常在遇险者上方悬空，然后利用伸出机舱门外的悬臂顶端的升降机将遇险者（伤病员优先）从难船、艇、筏或海水中吊升到直升机上。在向遇难船舶（平台）供应援助物资和装备时，通常在难船开阔甲板吊运区上方悬空，然后利用升降机将物资装备吊落在甲板上，难船（平台）上人员只需将挂钩迅速解脱即可。

（3）直升机进行吊升的悬空高度一般是距甲板（艇筏）27m左右，吊运区周围至少在15m内无障碍物，因直升机的升降设备和舱口是在右方，因此除特殊情况外，直升机的吊升作业均从船的左舷进入吊运区。

（4）直升机的活动半径。

在无风的情况下，其最大半径范围150～200km，如风力过强，天气不好，负载过重，则其活动半径将随之递减。被救助之船舶如在其活动半径之外，应按救援机构指定之会合地点改变航向。如在半径之内，则应直接向直升机基地航行，以便迅速与其会合，尽早获救。

（5）直升机的远程救助。

当严重的海难发生在直升机活动半径以外时，也可增派空中加油飞机伴随前往失事海域进行救援。

（二）各种专用吊升设备的使用方法

直升机使用升降机吊放人员时，在吊索的端部都装有专用的吊升设备：

（1）救难吊环。

最常用的一种救难设备，它的特点是能较快地吊放人员（不适用于吊放伤病员）。这种吊环的形式常用的有马颈圈形和环索形。使用马颈圈形吊环时，应将吊环由背后穿过两腋下，且双手在胸前握紧，切不可坐在吊环上。环索形的吊环可一次起吊两人。

（2）救难吊篮。

遇险者只要爬进篮内坐好，并握篮筐即可。

（3）救难担架。

该种担架专用于救助伤病人员，它与船上的担架不同，装有叉索和特殊吊钩，可与升降机和吊索迅速而安全地联结与松脱。

（4）救难吊网。

该吊网又分为网络形和锥形网笼两种。如锥形网笼有边开口，遇险者只需由开口处进入，坐好并握紧即可。吊篮最适于吊升水中的遇险者。

（5）救难吊座。

其形似一个三爪锚。锚爪部为扁平的座位，被吊升人员只要面对跨骑在一个或两个锚爪形座板上，并用双臂紧抱座杆即可，此设备也可一次同时吊升两人。

（三）直升机对救生艇、筏和落水者救援

（1）直升机在艇、筏的上方悬空时，由于受到直升机向下气流的冲击，艇、筏可能会倾覆。因此，艇、筏上人员应聚集在艇、筏之中央直至全部被吊升为止。

（2）所有被吊升人员均应穿着救生衣，对伤病员也不能例外，除非由此而使其病情恶化者才可免于穿着。

（3）吊升伤病员时切不可穿着宽松的衣物或未经捆扎牢固的毛毯等物，以免影响吊升或产生其他不良后果。

（4）一般情况下，对于吊升人员之附属物品不可单独吊升。因机具或其他物品松弛，可能使吊索纠缠或在空中大幅度摇动，甚至被旋翼吸入而造成灾难性事故。

（5）艇、筏上的人员为避免吊升设备的金属部分带有静电与人体产生放电现象，应先让其接地（接触海水）后才能紧抓吊升设备。

（6）为便于对直升机驾驶员指示救助现场的风向，艇、筏上应设法举旗并使其随风飘扬。也可用桨杆举起衣服使其随风飘扬。

（7）在直升机吊入人员时，飞机与艇、筏之间可用下列信号联络：

勿吊升——手臂伸开平放，手指紧握，拇指向下；吊升——手臂向上伸在水平之上，拇指向上。

（8）大型直升机常将其一至两名机组人员吊落于艇、筏上，以指挥和协助遇险者正确使用吊升设备。

（9）最后一名由直升机吊升离开救生筏的遇险者，在离筏前应将示位灯关闭。

（四）直升机直接对遇难船舶（平台）救援

直升机从事救难作业，虽然效果显著，但目前这种方式对被救助人员与直升机机组人员存在一定的危险性，因此，只有在危及生命和处于死亡威胁的严重海难中，才使用

这种救助方式。接受直升机救援的遇难船舶（平台）除执行第（三）点各条以外，还应完成下列工作：

（1）当救援机构通知难船派出直升机对其救援后，船机之间应建立直接的无线电通话，此时可用2182kHz，此波段可使飞机上自动测向仪找到难船方向。若船机之间无条件通话时，则应通过海岸电台转递交换，当直升机上装有测向仪时，难船可在商定的频率上连续发送无线电信号，直升机即可利用测向仪测定难船方向并向其靠近。

（2）难船与直升机之间的详细通信方法，可参阅《1996年国际信号规则》中通信明语部分，第一部分"遇险——紧急"中的"飞机——直升机"部分。

（3）难船应向直升机（或通过海岸电台）详细告知下列资料：难船的准确船位、时间、至会合地点的航向、航速；所在海区的天气、海况、风向、风速；如何从空中识别难船及难船所提供之识别方法，如：挂旗、橙色发烟信号、反光灯、白昼信号灯、日光反射镜、施放海水染色剂等。若是接运伤病人员则应告知详细的伤病及初步处理情况。难船人员通过无线电接受医生指导后，应按要求进行各项处理。如有可能，应先将伤病人员放在甲板上（但不可放在直升机的吊运区域内），伤病人员所盖毛毯要用绳带捆扎稳妥，以防直升机下冲气流将毛毯或其他覆盖物吹走。

（4）在甲板上准备好一吊运区，其要求如下：

① 选择一块在半径16m的范围内无任何妨碍物的空旷甲板，甲板上的吊杆、天遮、天线、旗杆、支索都应放倒扎紧，其他一切松动物体、器材、工具等都作清除或加固。

② 在吊运区中央标以白色"H"，以向直升机显示吊运区的位置。

③ 夜间应尽量将吊运区甲板照亮，同时将桅杆、烟囱、高大之上层建筑物等用灯光照明或在顶部装设红灯显示，防止与机身或旋翼发生碰撞，所有照明灯光都不应直接照射直升机，以免妨碍驾驶员的视觉。

④ 夜间还可以将探照灯开亮，垂直向上照射，形成光柱，以便向远方飞来的直升机显示本船的位置，当飞机临近时，再将灯关闭。

⑤ 若受到现场具体条件限制，不能在预先准备的吊运区进行吊升，或船上无法提供更合适的空间时，若海面情况允许，也可将人员转乘到救生艇上，用长度、强度足够的系艇缆绳将艇吊放至海面再由直升机在救生艇上方进行外悬空吊升作业。此时要防止直升机的下冲气流对艇的作用，人员应集中在艇的中央直至吊升完毕。

⑥ 吊升区应远离船上的易燃、易爆物或溢漏出易燃物的场所，以免因静电放电产生火花而引起火灾或爆炸。

（5）若直升机在难船上降落，则在着落区附近配备便于扑灭油火的提携式灭火器。此外，消防泵也应启动，并将消防水龙带接好。

（6）当直升机按常规接近求救船舶时，船长应操纵本船，使左船首以20°～30°顶风航进。如船机间已建立了通信联络，则船舶操纵应按机长指示进行。

（7）直升机放下的升降索及吊升专用设备在未接地之前，船上人员切勿用手接触或抓握吊升设备的金属部分，以防静电放电作用。若在吊升设备上系有引导拉索时，则此绳索不带静电，可及时抓住，以免与该船上的其他物体纠缠在一起。

（8）伤病人员或遇险人员登上吊升设备的行动应尽量迅速，并注意安全。被吊升人员应按规定的要求使用吊升设备，一旦离开甲板悬空时，可能会有旋转摆动，或擦碰其他较低的障碍物，为防止发生危险，甲板上的人员可拉稳引导索但不要站在吊升设备下方，同时注意防止引导索缠在自己身上或甲板上。

思 考 题

1. 海上求生的定义。
2. 海上求生的基本要素有哪些？
3. 弃船（平台）求生后早期会出现哪些险情？表现症状都有哪些？
4. 救生设备种类及基本要求是什么？
5. 救生设备的配备要求是什么？
6. 人工岛风险都有哪些？
7. 人工岛救生设施的布置都有哪些要求。
8. 应急演习的程序及要求是什么？
9. T卡的使用方法及注意事项是什么？
10. 各类应变信号都有哪些？
11. 弃船后所采取的各类行动的内容及注意事项是什么？
12. 应急通信设备及救生信号的使用方法是什么？
13. 四类危险环境中的预防措施及求生方法是什么？
14. 求生过程中的饮水和饮食的要求及注意事项是什么？
15. 接近陆地的判断方法是什么？
16. 岛屿求生的方法与措施是什么？
17. 船舶和直升机救援的方法及注意事项是什么？

第三章　海上平台消防

第一节　消防基本知识

一、燃烧实质

燃烧，实质上是一种放热、发光的剧烈化学反应。放热、发光和剧烈的化学反应（氧化反应）是燃烧的特征，三个特征必须同时存在，缺一不可，否则就不是燃烧。

如木材在空气中燃烧变成二氧化碳和水蒸气是燃烧。发光的灯泡，尽管它有放热和发光，但没有剧烈的化学反应存在，因此不是燃烧；把生石灰（CaO）放入水（H_2O）中一起反应，尽管它们之间发生了剧烈的化学反应生成了熟石灰 $[Ca(OH)_2]$，并放出大量的热，但在发生化学反应的同时不发光，故也不属于燃烧。

二、燃烧条件

（一）燃烧的必要条件

燃烧不是随便发生的，而是要具备一定的条件。人们从实践中发现，任何物质发生燃烧必须同时具备三个基本条件（或叫三要素），缺一不可。即必须具备：可燃物、助燃物和着火源三个条件。通常称发生燃烧的三要素为燃烧三角，如图 3-1 所示。

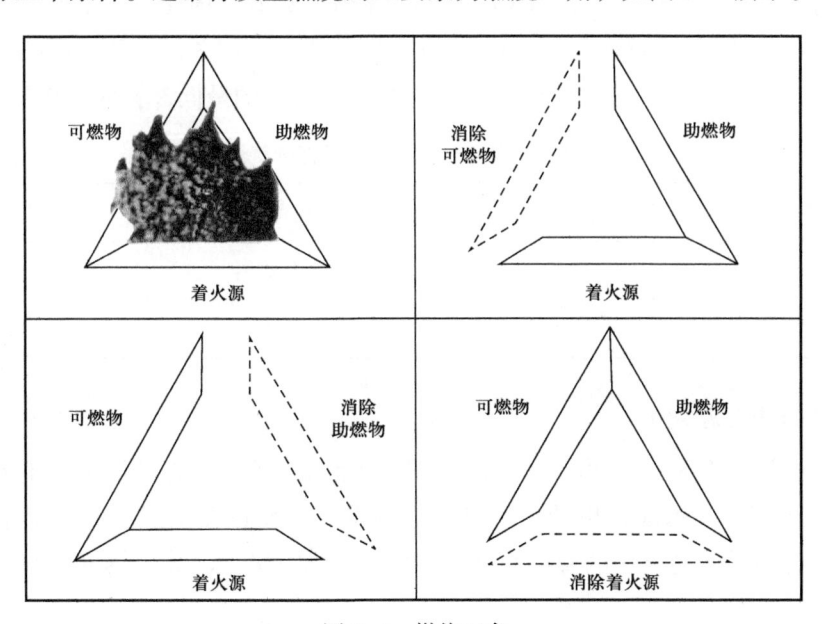

图 3-1　燃烧三角

1. 可燃物

凡能与空气中氧或其他氧化剂起剧烈化学反应的物质都称为可燃物。如固体有木材、纸张、塑料、钾、钠、镁、铝粉等，液体有汽油、煤油、柴油、酒精等，气体有氢气、乙炔、石油液化气等。

2. 助燃物

凡能帮助和支持燃烧的物质都叫助燃物。如空气中的氧及其他氧化剂等。助燃物的含量低于一定限度时，燃烧便不能发生。通常空气中的氧含量约是21%，如果空气中的氧含量低于13%，火便会因氧气不足而发生阴燃；若低于9%，火便熄灭。

3. 着火源

凡能引起可燃物质燃烧的热能源都叫着火源。最常见的有明火焰、火星、电火花、赤热体、聚焦日光及化学反应能等。

（二）燃烧的充分条件

1. 一定浓度的可燃物

要使可燃物质发生燃烧，可燃物质与助燃物必须具有一定的数量比例。如果可燃气体或可燃蒸气在空气中的数量（含量）不多，燃烧就不一定发生。如在常温下，用火柴去点燃汽油和柴油时，汽油会立即发生燃烧，而柴油却不会燃烧。这是因为柴油在常温下蒸发气体数量不多，还没有达到燃烧的浓度。

2. 一定比例的助燃物

要使可燃物质发生燃烧，必须供给足够的氧气。否则，即使发生了燃烧，由于供氧减少，燃烧也会减弱，甚至熄灭。例如将燃烧着的煤炭炉门关严，使周围的空气不能进入炉内，经过较短时间后，炉火便会熄灭。某些物质燃烧的最低含氧量见表3-1。

表3-1 几种物质燃烧的最低含氧量

物质名称	含氧量，%	物质名称	含氧量，%
汽油	14.4	煤油	15.0
乙醇	15.0	氢气	5.9

3. 一定的着火源能量

要发生燃烧，着火源必须具有一定的温度和足够的热量，否则燃烧也不能发生。如燃着的一根火柴，或烟囱冒出的火星可以点燃柴草、刨花和纸张，但它却不能点燃一块木块，这说明尽管这火星的温度高达约600℃，但因缺乏足够的热量，而无法使木块燃烧。

4.燃烧的三个条件相互作用

燃烧不仅需要同时具备可燃物、助燃物和着火源,并且满足相互之间的数量比例,同时还必须使燃烧的三要素相互结合作用在一起,否则燃烧也不能发生。例如:在教室里既有桌、椅等可燃物,又有助燃物(空气中含21%的氧气),也有着火源(电源),构成了燃烧的三要素,但并没有发生燃烧现象,这是因为它们没有相互结合、相互作用的缘故。

三、燃烧历程

自然界里的一切物质,在一定的温度和压力下都以一定状态(固体、液态和气态)而存在。固体、液体和气体就是物质的三种状态,这三种状态的物质燃烧的过程是不同的。固体和液体物质发生燃烧,需要经过熔化、蒸发、分解等过程生成气体,然后与氧化剂作用发生燃烧。而气体可燃物质在常温下就处在气相之中,不需要经过蒸发,可直接燃烧。因此,加强对海上石油设施上易燃易爆物品的管理显得特别重要,也是杜绝人为因素造成火灾爆炸的重要措施。不同状态物质燃烧历程如图3-2所示。

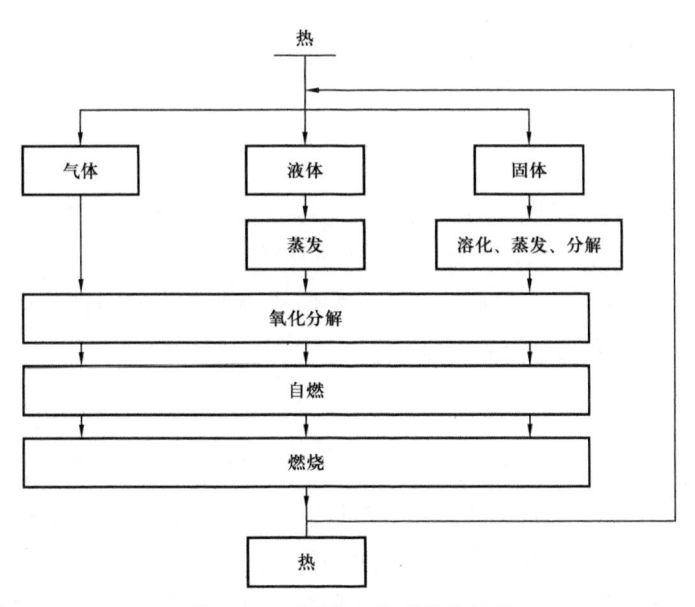

图3-2 不同状态物质燃烧历程

四、燃烧类型

根据燃烧所表现的不同形式,燃烧可以分为闪燃、着火、自燃和爆炸四种类型。

(一)闪燃

在一定温度下,易燃和可燃液体产生的蒸气与空气混合后,达到一定浓度时,遇火源产生一闪即灭的燃烧现象称闪燃。液体发生闪燃的最低温度叫闪点。闪燃往往是着火的先兆,液体的闪点越低,火灾的危险性就越大。常见液体类可燃物闪点见表3-2。

表 3-2 常见液体的闪点

液体名称	闪点，℃
石油	20～100
乙醚	−45
汽油	−50～−20
丙酮	−10
苯	10～15
甲苯	6～30
乙醇	14
松节油	32
煤油	28
柴油	50～90

（二）着火

可燃物质在空气中受着火源的作用而发生持续燃烧的现象，叫作着火。物质着火需要一定的温度。可燃物质开始持续燃烧所需要的最低温度，叫燃点（又称着火点）。可燃物质燃点越低，越容易着火。根据可燃物质的燃点高低，可以鉴别其火灾危险程度，以便在防火和灭火工作中采取相应的措施。

（三）自燃

可燃物质在空气中没有外来着火源的作用，靠自然或外热而发生的燃烧叫自燃。根据热的来源不同，自燃可分本身自燃和受热自燃。本身自燃就是由于物质内部自行发热而发生的燃烧现象。受热自燃就是物质被加热到一定温度时发生的燃烧现象。使可燃物质发生自燃的最低温度叫作自燃点。物质的自燃点越低，发生火灾的危险性越大。海上石油设施常见可燃物质的自燃点见表 3-3。

表 3-3 海上石油设施常见可燃物质的自燃点

物质名称	自燃点，℃	物质名称	自燃点，℃
柴油	350～380	油田伴生气	650～750
汽油	255～530	干性天然气	500～700
煤油	240～290	木材	400～500

（四）爆炸

爆炸是物质在瞬间以机械功的形式释放出大量气体和能量的现象。爆炸通常可分为物理爆炸和化学爆炸两种。

1. 物理爆炸

主要是由于气体或蒸气迅速膨胀，压力急剧增加，并大大超过容器所能承受的极限压力，而造成容器爆裂。例如气体钢瓶、液化气瓶和锅炉等爆炸就是物理爆炸。

2. 化学爆炸

是因爆炸性物质本身发生了化学反应，产生出大量的气体和高温而形成爆炸。

3. 爆炸极限

可燃气体、蒸气或粉尘与空气混合的混合物，必须在一定浓度范围内，遇到火源才能发生爆炸。这种能够发生爆炸的浓度范围，叫作爆炸极限。这个浓度的最低值叫作爆炸下限，最高值叫作爆炸上限。爆炸浓度范围越大，发生爆炸的危险性就越大。

几种常见的易燃易爆物质在空气中的爆炸极限见表 3-4。

表 3-4　几种常见的易燃易爆物质在空气中的爆炸极限

物质名称	爆炸极限，% 下限	爆炸极限，% 上限	物质名称	爆炸极限，% 下限	爆炸极限，% 上限
汽油	1.1	7.6	天然气	5（4）	15
柴油	1.6	6.6	乙炔	2.5	80
原油	1.0	10.0	氢气	4	75
液化石油气	2.0	10（15）	硫化氢	4.3	46

五、火灾的危险产物及其危害

火灾的危险产物，是指物质在燃烧的过程中生成的气体、蒸汽、固体及伴生的现象（包括火焰、光线、热量及能量的释放），并不单纯地指燃烧后所生成的可见物质，而每一种产物都能相应构成不同程度的财产损失和人员伤亡，必须引起足够的重视。

（一）火焰

人体如果直接与火焰接触，会导致全身或部分皮肤烧伤和呼吸道的严重损伤。可燃物质在燃烧时，其火焰的温度一般都在 500℃ 以上。因此，在扑救火灾时，消防员必须穿戴具有一定隔热作用的消防衣、消防靴、手套和防火头盔等，否则就必须与火焰保持一定的安全距离，以防皮肤烧伤的危险。为防止呼吸道烧伤，可以佩戴空气呼吸器。但必须注意空气呼吸器并不能防止炽热的火焰对人体的伤害。

（二）高温辐射热

燃烧的火焰能够极快地产生超过93℃，在封闭的空间，其辐射热温度能够建立高达427℃以上的高温。在这样的温度下，即使穿着防护衣和佩戴空气呼吸器对人体的保护也无济于事。这一温度已大大超过了50℃人体所能容忍的温度。热辐射的高温会导致轻则烧伤重则死亡的危险结果。

（三）有毒物质

可燃物质在燃烧过程中产生的有毒有害气体主要包括二氧化碳、一氧化碳、二氧化硫、氯化氢、硫化氢、一氧化氮和二氧化氮等。

1. 二氧化碳（CO_2）

二氧化碳是可燃物质完全燃烧的产物。二氧化碳是无色、不燃、溶于水，对空气的相对密度为1.52的有害气体。二氧化碳对呼吸系统会发生障碍作用。在空气中高于正常含量的二氧化碳就会减少肺对氧的吸收量。如果呼吸系统中的二氧化碳浓度过大，人体吸收的氧气不足，就会出现快而深的呼吸。这种特征信号表明呼吸系统没有得到足够的氧气。

2. 一氧化碳（CO）

一氧化碳是最危险的剧烈有毒气体，其为可燃物质不完全燃烧的产物。它无色无味，难溶于水，对空气的相对密度为0.967。当空气中含有一氧化碳而吸入呼吸系统时，血液先吸收一氧化碳再吸收氧气，这样就会导致大脑和人体其他器官严重缺氧。当空气中的一氧化碳含量为0.5%时，约经30min就有死亡危险；当一氧化碳的浓度为1.3%时，吸入两三口后就会失去知觉，几分钟后便会中毒死亡。

3. 二氧化硫（SO_2）

含硫的物质燃烧时，会有二氧化硫气体的生成。它无色、有刺激性气味，对空气的相对密度为2.2，能刺激眼睛和呼吸道。当空气中含量达0.05%时，短时间内有生命危险。

4. 硫化氢（H_2S）

用水扑救硫和硫化物火灾时，会产生硫化氢气体。低浓度时，硫化氢气体有强烈的臭鸡蛋味，无色、可燃，对空气的相对密度为1.19。人长时间接触硫化氢，会导致硫化氢中毒。当空气中含量高于0.02%时，强烈刺激眼睛、鼻子和呼吸器官；当含量为0.05%~0.07%时，约经1h，严重中毒；当含量为0.1%~0.3%时，使人致死。

（四）烟雾

烟雾是可燃物质燃烧时生成的可见产物，它是由碳和其他未燃烧的微粒物质组成。对人体的呼吸道有较大的妨碍作用，会刺激人的眼睛、鼻子、咽喉和肺。消防人员暴露在稀薄的烟雾中一段时间，或在浓烟中短时间后都会引起不舒服的感觉。在浓烟较大的地方进行火灾扑救或救护人员时，必须佩戴空气呼吸器进行保护。

六、火灾的蔓延

火灾发生、发展的整个过程始终伴随着热传播，热传播是影响火灾发展的决定性因素。热传播有三种途径，即热传导、热对流和热辐射。

（一）热传导

热量通过物体从温度较高的一端传递到温度较低另一端的现象，叫作热传导。这种传导的方式，主要依靠物质彼此接触的微粒能量交换来实现的。例如当用铁条等金属通火炉时，时间一长捏铁条的手就会感到发烫，这就是热传导。一般金属物质较非金属物质导热性强，如钢材比木材强350倍，铝比木材强1000倍。

（二）热对流

依靠热微粒的流动或流体对流的形式来传播热能的现象，叫作热对流。

热空气要上升，冷空气随即补充热空气上升的空间。如机舱底层着火时，热气流往往通过通往机舱的各扇门、天窗等而向高层流动，当高热气流接触到可燃物时，可燃物就有可能被点燃，火势也就向高层蔓延开来。

（三）热辐射

以热射线传播热量的现象，叫作热辐射。

这种热射线以电磁波的形式向周围传播热能，它不受介质的影响。这种热射线是肉眼看不见的，但人们可以感到它的存在与强度大小。放射热量的物体，其辐射强度和该物体绝对温度的四次方成正比（即燃烧物温度越高，辐射强度越大）。被辐射物的受热量与其距放射物体距离的平方成反比（即距离越近受热越多；距离越远受热越少）。发生火灾时，火焰温度通常在1000℃以上，而木材、竹竿、稻草等物的自燃点一般很低，有的只需200℃，如果离火焰不远，辐射传播的热量可使它们自燃燃烧。

综上所述，火灾的蔓延主要是由热传导、热对流和热辐射三种热传播的形式而引起的，而热的传播以热传导和热辐射对火灾的蔓延影响较大。

第二节　火灾分类及灭火方法

一、火灾分类

火灾是指在时间和空间上失去控制的燃烧所造成的灾害。了解各类火灾的燃烧特性，对于成功有效地扑救火灾起着极其重要的作用。因为不同种类的火灾，燃烧特性不同，其所采用的灭火方法和灭火手段不同。所以，了解火灾的类别和其燃烧特征，对于海上石油作业的消防工作有重要意义。根据 GB 4968《火灾分类》，按照物质燃烧的特征可把火灾分为以下六类。

（一）A 类火灾

普通可燃固体物质着火称为 A 类火灾，如木材、棉花、绳索、衣服和煤炭火灾等。

这类火灾的燃烧特点是不仅在物体表面燃烧，而且能深入内部，常常会死灰复燃。对 A 类火灾可用水、泡沫、干粉等灭火剂扑救，最佳灭火剂是用水。

（二）B 类火灾

可燃液体和可熔化的固体物质着火称为 B 类火灾，如汽油、原油、油漆、酒精、沥青等。

燃烧特点是表面液体蒸发燃烧，燃烧速度快，易扩散蔓延，易引起爆炸。对可燃液体发生的火灾，通常使用泡沫灭火剂具有较好的灭火效果；另外可用二氧化碳、干粉灭火剂扑救。如果可能，必须尽快关阀断源。

（三）C 类火灾

C 类火灾是指可燃气体火灾，如液化石油气、天然气及各种可燃性气体所引起的火灾。

这类火灾的燃烧特点是火焰温度高，速度快，爆炸危险性大。对 C 类火灾，通常使用二氧化碳、干粉灭火剂扑救。如果可能，必须尽快关阀断源，冷却降温。

（四）D 类火灾

可燃金属引起的火灾称为 D 类火灾，如钾、钠、镁、锂等所引起的火灾。

这类火灾的特点是燃烧温度极高，不能用水扑救。对此类火灾必须使用专用灭火剂进行扑救，如特种石墨干粉和 7150 灭火剂或砂土。

（五）E 类火灾

E 类火灾是指电气火灾。电气火灾是指所有通电设备发生的火灾，如电机、电气设备等着火。

其灭火的原则是，首先切断电源，然后用二氧化碳和干粉等灭火剂扑救。如无法断电，则应采用不导电的灭火剂进行扑救，如二氧化碳和干粉灭火剂，并保持相应距离。对电子设备及宝贵的电气设备最好用二氧化碳灭火剂扑救。

（六）F 类火灾

F 类火灾是指烹饪器具内的烹饪物（如动植物油脂）火灾。该火灾应选择泡沫灭火剂。

二、灭火方法

根据物质燃烧原理，灭火的基本方法就是破坏燃烧必须具备的条件，使燃烧反应终止，从而达到扑灭火灾的目的。

（一）隔离法

如果不存在可燃物质，火肯定燃烧不起来。隔离法就是将可燃物与燃烧物体隔离，停止燃料供给，使燃烧终止的方法。如迅速将燃烧物转移到安全地点或投入海中，或移走或隔离火场附近的易燃、易爆物质，或关闭可燃气体或可燃液体的阀门等，都是采取隔离方法进行的灭火措施。

（二）窒息法

窒息法就是将燃烧物与空气隔绝，或采用适当措施停止或减少空气中的氧气供给，使火因缺氧而熄灭的灭火方法。如用泡沫覆盖燃烧液体的表面；用难燃、不燃的物质直接覆盖燃烧物表面；向燃烧的舱室、容器灌入惰性气体及二氧化碳；关闭通向火场的门窗及通风口等都属于窒息法。

（三）冷却法

冷却法是将燃烧物的温度降低，使燃烧物温度低于燃烧物质的着火点，火因失去热量而熄灭的灭火方法。如用水、二氧化碳等直接喷洒在燃烧物上来降温灭火；又可用水对火源附近的可燃物进行喷射，降低温度，阻止火灾的蔓延。

（四）抑制法（又称化学中断法）

抑制法就是使用化学灭火剂渗入到燃烧反应中去，使助燃的游离基消失，或产生稳定的或活动性很低的游离基，使燃烧反应终止的灭火方法。目前，常用的化学中断灭火剂有七氟丙烷和干粉灭火剂。化学中断法虽然能迅速、高效地扑灭火灾，但必须提防死灰复燃的危险。

第三节 防火防爆

"隐患险于明火，防范胜于救灾，责任重于泰山"。为了保证海上石油设施免遭火灾危害，确保人员生命和财产安全。必须坚持"预防为主，防消结合"的消防工作方针。积极做好火灾预防工作，避免或减少火灾爆炸事故的发生。

一、平台危险区域的划分

为保障平台生产和操作人员的安全，平台在设计上充分考虑了安全问题，在进行平面布置时，考虑了风向、介质和设备（含容器）的危险性等因素，并用防火墙将不同性质和功能的设备分开。根据平台上设备布置的情况，将平台划分为不同的火区，作为火灾探测/消防的依据，为操作人员规划了全平台逃生路线，可在危险发生时，操作人员迅速到达平台较安全一侧，登上救生艇逃生。

（一）火区划分

按照平台各部分不同功能及设备布置情况，划分不同的火区，主要考虑以下几点因素：

（1）介质种类。

（2）设备的布置和间距。

（3）防火分隔。

（4）隔板和排放管系。

（5）探测与消防联系。

（6）同类探测器的布置数量。

（7）对探测器的故障易于发现、测试和维修。

（8）易于布置通风系统。

（9）最大火区的消防水量在合理的消防泵选择范围内。

火区划分是平台探测及消防设计的基础。在这个基础上，考虑平台井口区、油气生产工艺区、公用区、生活区等各部分危险性的程度，在平台层位及平面布局安排设计时，将平台分为几大类火区，以实现对危险状况的监测与控制。危险性的程度不同，其监测及控制方式也有所不同。

（二）危险区划分

一般根据各个区域处理、储存烃类物质设施的数量和类型、建筑物状况和空间及通风条件来划分危险区。据《海上固定平台安全规则》（国经贸安全〔2000〕944号）第3.3.6条危险区分类，平台危险区分为以下三类：

1. 0类危险区

0类危险区是指在正常操作条件下，连续地出现达到引燃或爆炸浓度的可燃性气体或蒸气的区域。如石油和天然气产品储罐、贮舱、分离器等内部空间或爆炸混合气体持续或长期存在的处所，以及与上述相类似的处所。

2. Ⅰ类危险区

Ⅰ类危险区是指在正常操作条件下，断续地或周期性地出现达到引燃或爆炸浓度的可燃性气体或蒸气区域。

海上石油设施上属于Ⅰ类危险区的区域有：

（1）安装有油、气处理和其储存等装置及其系统的封闭处所，以及该类处所通风出口边缘起向上和周围1.5m、向下3m内的区域。

（2）直接邻近于井口危险区、石油和天然气产品的储油罐、分离器的封闭处所，以及油气容易积聚而通风不良的部位，或与Ⅱ类危险区相通的不通风处所。

3. Ⅱ类危险区

Ⅱ类危险区是指在正常操作条件下，不大可能出现达到引燃或爆炸浓度的可燃性气体或蒸气，但在不正常操作条件下，有可能出现达到引燃或爆炸浓度的可燃性气体或蒸气的区域。

海上石油设施上属于Ⅱ类危险区的区域有：

（1）以井口油气源为中心，向上和周围5m、向下直至甲板的区域。

（2）以Ⅰ类危险区边界起向上和向周围延伸1.5m、向下延伸3m以内的区域。

（3）装有用作操作、处理、运输石油和天然气产品的设备及其管道，且可能会泄漏的封闭处所。

（4）安装在露天的石油和天然气产品储存罐、分离器，离外壳3m以内的空间。

（5）来自Ⅱ类危险区封闭处所的通风出口边缘起向上和周围1.5m、向下3m以内的区域。

（6）装在露天部位用于操作、处理、运送石油和天然气产品的设备及其管道，以油气可能漏泄源为中心、半径为3m的区域。

二、火灾原因及预防措施

要防止火灾爆炸事故的发生，就必须根据物质燃烧和爆炸的原理，采取各种有效的安全技术措施，预防、控制和消除燃爆条件。在海上石油作业过程中引起火灾的原因和预防措施主要有以下几个方面。

（一）明火或暗火引起的火灾

明火，系指有火焰的火，如生活上炊事用火，人们吸烟时火柴、打火机或其他点燃的明火。暗火系指阴燃而没有火焰的燃烧，如烟头、炭火星等。

此类火灾多属于炊事用火操作不慎，管理不严，安全意识淡漠。如人们粗心大意随便丢弃划着的火柴、烟头及其他火种，醉酒后吸烟或躺在床上吸烟致床上用品着火等。

预防方法：严格海上石油作业中的管理，对人员进行安全教育，不要随便乱丢烟头、火柴。设置专用吸烟室，厨房炊事用火要严格操作规程，加强管理，人员离开时，要关好开关熄灭火种。

（二）热表面引起的火灾

各种油品、溶剂溅落在蒸汽管、内燃机排烟管，锅炉外壳上，以及电热器具靠近可燃物等引起火灾。

预防方法：高温表面要加强防护，凡电热器具等热表面的工具，切勿接触可燃物。

往油箱、油柜加油时，要防止溢漏，注意动力设备的回转部位的润滑，防止摩擦生热，引起火灾。

（三）火星引起的火灾

火星具有较高的温度，可引燃可燃物，还会引起石油气体或其他可燃气体的爆炸。火星有烟囱里飞出的、物质撞击摩擦产生的和气割电焊作业时产生的等。

预防方法：要确保内燃机、锅炉的燃烧正常并经常观察排烟的颜色和有无火星出现。防止摩擦和撞击而产生火星，炊事用火要保证炉灶燃烧的正常并定期清扫烟囱。

（四）电气设备引起的火灾

电气火灾比较常见，其主要原因有：电气线路短路（碰线），电气设备设计安装错误，随意加大电网负荷，电线残旧日久失修，乱拉乱接电器，导线连接不紧、虚松不实等。

预防方法：严禁随意增加电网负荷（增加用电器具或设备），及时更换绝缘能力降低的残旧破损电线。电线与电线、电线与开关、保险丝连接处，应接紧接牢防止松动，以免产生过大接触电阻。严禁用铜铁丝代替保险丝，确保线路过载时能立即切断电源，防止事故。

（五）自燃火灾

浸过或沾有油脂的棉纱、破布、木屑、棉麻等物，存放在闷热通风不良的地方或火源附近，便可引起自燃火灾。此外某些性质相互抵触的化学物品装配不当也可发生自燃。

预防方法：凡浸过或沾有油脂的破布、棉纱、木屑、棉麻及黄磷、金属钠等物切勿接近火源（热源），存放处所应保持阴凉和良好的通风、防止受热、蓄热自燃。相互抵触的化学物品应妥善管理，加强防范，严格规章制度，杜绝自燃火灾。

（六）静电引起的火灾

静电产生的途径主要是通过物质的相互摩擦和感应而产生的。它发展到危险状态要经历三个基本过程：第一电荷分离，第二电荷储集，第三火花放电。静电火花引起火灾和爆炸的条件可归纳为以下四点：

（1）有产生静电的来源。

（2）静电得以积累，并达到足以引起放电火花的静电电压。

（3）静电火花能量达到爆炸介质的最小引爆能量。

（4）静电放电火花周围有爆炸介质存在。

从静电火花引起火灾和爆炸的条件可以看出，防止和消除静电的根本措施为控制静电的产生和积累，以及防止爆炸介质的形成和存在。为防止静电引起的火灾，可采取以下控制措施。

1. 防止形成危险性混合物

静电引起爆炸或火灾的条件之一是有燃烧、爆炸性混合物存在。

2. 工艺控制

工艺控制是指从工艺上采取相应的措施，用以限制和避免静电的产生和储集。它包括：

（1）控制流速。

（2）控制流量。

实验证明，流速越快、流量越大和流程越长，管内输入的油液电荷越多。因此，应适当地控制石油输送量，这是防止静电产生的有效方法。

3. 接地线、搭接线

安装接地线和搭接线的目的是导除静电，以免积聚较高的电位，因此，要正确地设计和使用接地线和搭接线。

4. 增湿

带电介质在自然环境中放置，所带静电会自行逸散。在工艺条件许可时，可以安装空调设备、高湿度空气静消除器、加湿器，也可用蒸汽或洒水、挂湿布片等办法来提高空气的绝对湿度，达到消除静电的目的。

5. 化学防静电剂

防静电剂也叫作防静电添加剂，它具有较好的导电性与较强的吸湿性。因此在容易产生静电的高绝缘材料中，加入防静电剂之后能降低材料的体积电阻或表面电阻，加速静电泄漏，消除静电危险。

6. 防止人体带电

人体带电的途径主要是由于自身活动、接触其他带电体和感应引起人体带电。因此，为解决人体带电对石油生产与贮运的危害，必须严格做好以下几点。

（1）人体接地。

在特殊危险场所（一般指 0 类危险区和 I 类危险区）的操作人员，为了避免由于人体带电而造成的灾害，一般情况下操作人员应先接触设置在安全区内的金属接地装置，以消除人体电位，然后再操作。

（2）穿防静电鞋。

防静电鞋的电阻值为 $1\times10^5 \sim 1\times10^8\Omega$，目的是将人体接地以消除人体静电，同时，它还能防止人体万一触到带电的低压线而发生触电事故。因此，在特殊危险场所的操作人员，必须穿着防静电鞋并且应定期检查，确保其性能。

（3）穿防静电工作服。

穿防静电工作服不仅可以降低人体电位，同时可以避免服装带高电位所引起的灾害，A级防静电工作服的带电量必须小于0.2μC/件，B级防静电工作服的带电量为0.2～0.6μC/件。

（4）危险场所严禁脱衣服。

在危险区域且介质最小点燃能量小的场所工作时，不准脱衣服，因为在脱衣服时，人体和衣服上产生的静电可达到数千伏的高电位，极易形成火花放电而点燃可燃性气体或发生爆炸事故。

（七）井喷引起的火灾

井喷时，地层中喷出的高压油气流体携带着地层的沙砾喷出地面，沙砾与井内管柱、井口装置、地面设备等发生摩擦产生火花，可迅速点燃油气，形成火灾爆炸。预防方法：

（1）优化钻井井控设计。井身结构的设计必须保证井眼压力平衡，保证钻下部高压地层时所用的较高密度钻井液产生的液柱压力不会压漏上部裸露的层段。

（2）按规范配置和安装井控装置。防喷器组由环形防喷器和闸板防喷器组成，闸板防喷器的闸板关闭尺寸应与所用钻杆或者管柱的尺寸相符。防喷器的额定工作压力不得低于钻井设计压力。

（3）对井控设备试压，确保试压合格。

（4）加强人员井控技能培训，提高溢流监测和处理能力。

（5）钻井装置应以井口为中心，按不同区域危险性，划分为三个等级的危险区域。危险区域所有电气设备设施必须保证达到防爆要求，一类、二类区域密闭舱室或不具备通风条件的空间应安装正压设备或强力排风扇等。

第四节　消 防 设 备

一、灭火器

灭火器是用来扑救初期火灾的灭火器具，其结构简单，轻便灵活，操作方便，因此使用十分普遍。灭火器分为手提式和移动式（推车式）灭火器两类。两者的主要区别是容量不同，都适用于扑救初起的小型火灾。目前，海上石油设施常用的灭火器主要有空气泡沫灭火器、二氧化碳灭火器和干粉灭火器等。

（一）手提式灭火器

1. 泡沫灭火器

泡沫灭火器又称机械泡沫灭火器。它主要用来扑救油类及部分液体初期火灾，也可用于扑救固体类初期火灾。

1）结构

由筒体、器头、开启机构及喷枪等组成，如图 3-3 所示。

2）主要性能

容量：3～9L；射程：4～6m；有效喷射时间：15～40s。

3）使用方法

检查灭火器后，提灭火器迅速赶到火场，选择上风方向，拔出保险销，一手握住喷枪，另一手压下手柄，让喷枪对准燃烧最猛烈处或液体容器边壁喷射，并逐渐向前移动，直至将火扑灭。

4）注意事项

使用中保持直立，不能扑救电气和可燃金属火灾，扑救液体火灾不能直射液体中心。扑救水溶性液体火灾应采用抗溶性泡沫灭火器。

5）维修保养

注意防冻，避免受潮和曝晒，定期检查和保养，一经开启则必须重新充装并试压。泡沫灭火器有效期为五年，一般两年后应每年送检一次。

2. 干粉灭火器

干粉灭火器是一种高效灭火器。根据干粉成分不同分为：ABC 干粉灭火器和 BC 干粉灭火器。ABC 干粉灭火器主要用来扑救可燃固体、可燃液体、可燃气体和电气设备的火灾。BC 干粉灭火器主要用来扑救可燃液体、可燃气体和电气设备的火灾。

1）结构

干粉灭火器由筒体、瓶头开启装置和喷嘴等部件构成，如图 3-4 所示。

图 3-3　泡沫灭火器　　　　图 3-4　干粉灭火器

2）规格和性能参数

手提式干粉灭火器有2~10kg多种规格；有效喷射距离3~5m；使用温度范围为-10~55℃。

3）使用方法

检查灭火器后，提灭火器迅速赶到火场，将灭火器上下翻转几次，使筒内干粉松动。选择上风有利地形，拔出保险销，一手抓住喷筒，一手按下压把，让喷筒对准火焰根部左右横扫并快速向前推进，直至将火扑灭。若是使用外置胆瓶式干粉灭火器，则应先启动驱动气瓶，然后一手抓住喷筒，一手按下喷枪手柄，使干粉喷出，并让喷枪对准火焰根部左右横扫并快速向前推进，直至将火扑灭，如图3-5所示。

4）注意事项

（1）使用干粉灭火器前应上下翻转几次，以将粉桶内的干粉抖松。

（2）扑救油池火灾时，不要冲击油面，以防飞溅。

（3）喷嘴应对准火焰根部，来回摆动横扫火焰区，并由近而远向前推进。

（4）扑救室内火灾时，应防止人员窒息。

（5）对A类火灾要防止复燃；不宜扑救高精密电子仪器及贵重设备火灾。

图3-5 干粉灭火器使用方法

5）维护保养

（1）防潮、防曝晒，存放温度-22~55℃。

（2）每年将干粉抽查一次，防止干粉受潮结块。二氧化碳钢瓶每年称重一次，若气瓶重量减少1/10，应更换。

（3）灭火器满五年或每次充填前，应进行1.5倍设计压力水压试验，以后每两年进行一次，合格后方可使用。

3. 二氧化碳灭火器

二氧化碳灭火器主要适用于扑救可燃液体、气体和电气设备的初期火灾。特别适用于扑救电子计算机、精密仪器、贵重设备及档案资料的初期火灾，扑救A类火灾时应防止复燃。

1）结构

主要由钢瓶、瓶头阀和喷筒等组成，如图3-6所示。

2）规格和性能参数

规格：2~7kg，有效喷射距离：1.5~2m。

图3-6 二氧化碳灭火器

3）使用方法

检查灭火器后，提灭火器到火场，选择上风位置，拔下保险销，一手握住手柄，另一手按下压把，让喷筒对准火焰根部来回扫射，直至将火扑灭，如图3-7所示。

4）注意事项

（1）使用灭火器时应保持直立。

（2）不要用手握住喷筒，防止冻伤，轻拿轻放。

（3）扑救室内火灾时应防止窒息。在封闭的舱室施放二氧化碳，必须佩戴空气呼吸器以防自身窒息。

图3-7　二氧化碳灭火器使用方法

（4）扑救普通的非带电火灾一般距离为1.5m左右，扑救电气火灾不要靠得太近（特别是高压电气火灾），喷射目标应该对着电气设备的火源。发生电气火灾，必须尽快切断电源以免触电或产生火灾重燃的危险。

（5）对气体火灾和室外火灾，灭火器效果较差。不能与水同时使用。

（6）二氧化碳灭火器一经用后，即使没有完全用空，都必须重新进行装填。

5）维护保养

每三个月检查保养一次；每年称重一次，重量减少10%以上应维修或更换；环境温度不得超过42℃，以免安全膜破裂；每三年对钢瓶进行一次水压检查，以确保安全。

（二）推车式灭火器

1. 推车式干粉灭火器

推车式干粉灭火器分为储压式和储气瓶式两种。它是由轮架、贮存干粉灭火剂的贮药罐、二氧化碳储气瓶、橡胶软管和喷枪等组成，如图3-8所示。

推车式干粉灭火器一般由两人操作。使用方法是，当火灾发生时将灭火器迅速推到火灾现场附近，一人将灭火器放稳，然后拔出保险销，迅速打开开启机构或二氧化碳钢瓶；另一人则取下喷枪，迅速将橡胶软管展开，然后一手握住喷枪枪管，另一手打开喷枪控制阀，干粉便从喷嘴喷出。将喷嘴对准火焰根部左右横扫，并向前推进，直至将火扑灭。

推车式干粉灭火器的保养与手提式干粉灭火器基本相同，但推车式干粉灭火器的干粉贮罐每隔三年还需进行$25kg/m^2$的水压试验以确保安全。

图3-8　推车式干粉灭火器

2. 推车式二氧化碳灭火器

推车式二氧化碳灭火器是由轮架、CO_2气瓶、瓶头阀、喷管与控制阀等组成，如图3-9所示。

推车式二氧化碳灭火器一般由两人操作。使用时先将灭火器迅速推到火灾现场附近，一人拔出保险销，然后逆时针方向旋转手轮至最大位置，另一人则取下喷筒，迅速将喷射软管展开，然后双手握住喷筒根部手柄，将喷筒对准火焰根部左右横扫，并向前推进，直至将火扑灭。

推车式二氧化碳火器使用注意事项及维护保养可参考手提式二氧化碳灭火器。

图3-9 推车式二氧化碳灭火器

（三）可携式泡沫发生器

可携式泡沫发生器包括一只能用消防水带连接于消防管系的吸入式空气泡沫管枪，和一只至少能装20L泡沫液的可携式容器和一只备用容器。

可携式泡沫发生器产生的是低膨胀（指发泡倍数低）泡沫，一般设置在FPSO等特种处所的甲板上的水带箱内，发生火灾时，该装置能用消防栓供水，放出泡沫。

（四）水成膜灭火器

水成膜灭火器在灭火过程中其泡沫层析出的水分能在燃料表面形成水膜，隔离可燃物与空气的接触并有卓越的流动性从而快速压倒火势，扑灭火灾。同时它具有较长的封闭性能和抗火焰回烧的优点。

水成膜灭火器产生水膜是由于它含有氟碳表面活性剂，能降低泡沫溶液的表面张力使其浮在燃料表面上。该水膜的有效性直接与燃料的表面张力有关，对表面张力较高的燃料，如柴油和航空煤油，则其效果要比表面张力较低的燃料，如环己烷和汽油要好一些。

总之，水成膜灭火器可应用于一般无吸气装置的消防水枪和水喷淋设备上，但是为了要获得较好的发泡倍数和析液时间，对一切泡沫液均应采用有吸气装置的泡沫管枪和泡沫发生装置。

二、火灾探测与报警

（一）火灾监测与报警设备

为保证及时发现火灾和火灾隐患，并确保火灾警报能迅速发出，海上石油设施上安设了多种火灾探测装置和报警装置。

火灾探测装置包括：红外线探测仪、感温式火灾探测仪、感烟式火灾探测仪、感光式火灾探测仪。几种常见的火灾探测仪如图3-10所示。

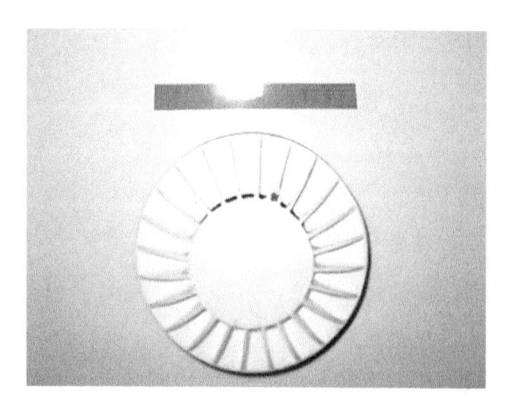

红外线火灾探测仪　　　　　　　　　室内感烟火灾探测仪

图 3-10　火灾探测仪

火灾探测仪能够与中央控制室相连接，发现火灾信号后迅速将信号传递到中央控制室，实现迅速报警。火灾报警装置有自动报警系统和手动报警系统。自动报警系统与火灾探测器联动，火灾探测仪发出火灾信号后，自动报警系统开始报警。手动报警装置按需要安装在海上设施的有关部位，当人员发现火灾后，通过手动方式启动报警器，实现报警。

（二）手动及人员呼救报警

当火灾出现的时候，作为最先发现火情的人员需要在最短的时间内发出火灾警报，这就需要懂得如何利用设施上的报警设备与身边的器材，在最短的时间内将火情通知最多的人。

1. 火灾报警器

在海上石油设施上大量装备了手动火灾报警器，当海上石油作业人员发现火灾的时候，可以迅速地启动手动报警器，发出火灾警报，如图 3-11、图 3-12 所示。

图 3-11　火灾报警器（a）　　　　　　　图 3-12　火灾报警器（b）

2. 人员呼救报警

1）电话报警

当海上作业人员发现火情时可以迅速拨打海上石油设施上的内部电话，对全平台广播或者告知中央控制室的值班人员。

2）对讲机报警

发现火情的人员，身边如果有对讲机，可以使用对讲设备迅速告知更多的人员。

3）人员呼叫

如果发现火情的人员身边没有专门的报警设备时，大声呼叫也是一个好的方法，但是呼叫的同时不要忘记去寻找专门的报警装置。

人员报警时应将火灾的发生部位、火势的大小、燃烧物的性质等尽可能多的信息传递出去。

三、固定灭火系统

为保证对海上石油设施火灾进行迅速、有效的扑救，根据设施各个部位的特点，配备有不同形式的灭火系统，根据使用灭火剂种类不同，可分为以下几类。

（一）消防水系统

消防水系统主要由消防泵、稳压泵、增压泵、消防总管和环网、自动喷淋系统与消防站等组成，主要适用于扑救生活区火灾，冷却及储油装置和工艺系统。

平台至少须配备两台由不同动力驱动的消防泵。对于柴油机驱动的消防泵，应设就地驱动和遥控驱动装置。每台泵的压力应保证从任何两个口径为19mm的水枪喷水时，相应消防栓能保持0.35MPa的压力，若安装泡沫系统，则应使泡沫系统保持0.7MPa的压力。

消防站：每层甲板应在较为安全的地点至少设置两个消防软管站，每一消防软管站应配备一条直径为38mm或50mm，长度不大于20m的消防软管。每一消防软管应配一喷水、喷雾两用的消防水枪，消防水枪的标准口径为13mm、16mm、19mm三种。消防水枪、消防软管应存放在同一部位的专用消防箱内。

（二）自动喷水系统

自动喷水系统虽然在船上没有广泛应用，但在一些较为先进的船舶生活区舱室、通道拐弯处和公共场所等人员常到的地方，常装有自动喷水系统。自动喷水系统可以用来扑救这些区域舱室的小火灾，但其最主要的作用和目的是用来保护船体结构、限制火灾蔓延并控制热的生成。同时，它也用来保护人们在这些地方的逃生通道。

自动喷水系统由管子、阀门、喷水头、水泵和水供应装置组成。

(三)泡沫灭火系统

泡沫灭火系统主要由炮式喷射器、泡沫喷枪、泡沫比例混合器、控制阀和泡沫罐组成,主要适用于扑救油舱、油罐、机舱、直升机平台、FPSO 甲板等区域的火灾。

泡沫用于有大量碳氢化合物积聚的火灾区,它能在碳氢化合物的表面迅速扩散,并生成一层极薄的膜覆盖在碳氢化合物的表面,以减少碳氢化合物的蒸发,断绝其与空气的接触,达到灭火的目的。保护区域内泡沫混合液量按一次灭火最大量确定,执行相应的规范。

当压力水通过装置的混合器时,可使水与泡沫液按比例自动混合,并输出混合液,供空气泡沫发生器或空气泡沫枪扑灭火灾。泡沫发生器结构如图 3-13 所示。

图 3-13 泡沫发生器和泡沫炮

被输送的压力水经管道流入泡沫液储罐,将罐内的泡沫液压出,泡沫液通过泡沫液管道进入压力比例混合器,在混合器中与水按规定比例形成混合液,混合液流出混合器,再通过混合液管道,被送入泡沫产生设备,喷射泡沫进行灭火。

(四)二氧化碳灭火系统

二氧化碳灭火系统主要由自动报警系统、灭火剂储瓶、瓶头阀、启动阀、电磁阀、选择阀、单向阀、压力信号器、框架、喷嘴管道系统等设备组成,主要适用于扑救密闭舱室和油舱的火灾。

二氧化碳系统启动可以通过感温、感烟探测器由控制系统来启动,也可以由控制盘及被保护房间外的手动按钮和瓶上的手动按柄启动。当被保护的区域发生了火灾,感烟或感温探测器最先捕捉到火警信息,输给报警控制设备,发出火灾报警信号与灭火指令。灭火指令和火灾报警亦可由人目测后人为发出。火灾指令下达至灭火系统启动有一延迟过程,一般设计为 30s,这段时间供工作人员安全撤离。

二氧化碳灭火系统的空气调节系统供电与二氧化碳灭火系统联锁,当二氧化碳释放时,通风系统将关闭。有以下三种控制方式。

1. 自动控制

将报警灭火控制盘上的控制方式选择键拨到"自动"位置时，灭火系统处于自动控制状态，当保护区发生火情，火灾探测器发出火灾信号，报警灭火控制盘即发出声、光报警信号，同时发出联动指令，关闭联锁设备；经过一段延时时间，发出灭火指令，打开电磁阀，释放启动气体；启动气体通过启动管道打开相应的选择阀和瓶头阀，释放灭火剂，实施灭火。

2. 电气手动控制

将报警灭火控制盘上控制方式选择键拨到"手动"位置时，灭火系统处于手动控制状态，当保护区发生火情，可按下手动控制盒或控制盘上启动按钮即可按规定程序启动灭火系统释放灭火剂，实施灭火。在自动控制状态，仍可实现电气手动控制。

3. 机械应急手动控制

当保护区发生火情，控制盘不能发出灭火指令时，应通知有关人员撤离现场，关闭联动设备，然后拔出相应电磁阀上的安全插销，压下手柄即可打开电磁阀，释放启动气体，即可打开选择阀、瓶头阀，释放灭火剂实施灭火。如此时遇上电磁阀维修或启动钢瓶启动气体不能工作时，可打开相应的选择阀手柄，敞开压臂，打开选择阀，然后，用瓶头阀上的手动手柄打开瓶头阀，释放灭火剂，实施灭火。

当发出火灾警报，在延时时间内发现有异常情况，不需启动灭火系统进行灭火时，可按下手动控制盒或控制盘上的紧急停止按钮，即可阻止控制盘灭火指令的发出。二氧化碳灭火系统既可用于扑灭带电设备火灾，也可用于扑灭可燃液体火灾。

（五）干粉灭火系统

平台上适合于采用干粉灭火系统保护的处所，采用干粉灭火系统。干粉灭火系统能在30s内将干粉灭火剂释放到保护处所。其释放装置有自动和手动两种方式，可用于扑灭天然气、石油液化气等可燃气体或一般带电设备的火灾。

干粉灭火剂是一种干燥的、易于流动的微细固体粉末，装在容器中要借助于灭火设备中的气体（一般为二氧化碳或氮气）压力将其以粉雾的方式喷洒出来进行灭火。其分为普通干粉灭火剂和多用干粉灭火剂，后者还可扑灭固体火灾。

（六）湿式化学灭火系统

该系统一般设在生活楼的厨房内，用来专门扑灭厨房内炉灶处油脂类物质引起的火灾。

该系统使用的灭火剂是一种钾盐水溶液，它与燃烧的油脂类物质形成一种泡沫状物质，将油脂与空气隔开以达到灭火的目的。这种灭火剂是一种无毒物质，腐蚀性很小，灭火后的残留物很容易清洗。

当厨房发生火灾时，易熔塞熔化，湿式灭火剂喷出灭火。该系统也可手动启动系统释放灭火剂。

（七）直升机甲板消防设备

根据《民用直升机海上平台运行规定》（中国民用航空总局令 1997 年第 67 号）的要求，在直升机甲板附近配备和存放有下列消防设施，如图 3-14 所示。

（1）总容量不少于 45kg 的干粉灭火器。

（2）总容量不少于 18kg 的二氧化碳灭火器或等效设备。

（3）对于有消防水供给设施的平台，在直升机甲板的两侧各设置一个消防软管站和泡沫两用炮式喷射器，以保证上述设备在任何情况下，足以喷射到直升机甲板的任何部位。

图 3-14　直升机甲板消防系统

（4）一套固定式泡沫灭火系统，其能力为不少于 6L/（min·m^2），喷射的泡沫液时间至少 5min，其防护面积为以直升机总长为直径的圆面积。

四、消防人员的装备

为了保证消防人员在火灾扑救过程中的生命安全，海上石油设施上应按照规范要求配备相应的消防装备：

（1）平台和平台群中的生活平台应至少配备四套装有消防人员装备的消防备品柜。

（2）消防备品柜中的消防人员个人装备包括：消防防护服、消防靴、消防手套、头盔、有绝缘手柄的消防斧及可连续使用 3h 手提式安全灯。

（3）自持式呼吸器（SCBA）一套。每一呼吸器应有足够长度和强度的耐火救生绳一根，此绳应能用弹条卡钩系在呼吸器的背带上，或系在每一条分开的腰带上，使在拉拽救生绳时防止呼吸器脱开。

（一）呼吸保护器的概念

呼吸保护器是为消防员、救灾人员及相关人员在有毒、有害气体，粉尘等环境中作业时必须佩戴的一种安全防护器具。特别是消防人员要在高温、浓烟、有毒气体、缺氧的火灾现场中进行侦察火源、扑救火灾、抢救人员等危险性大且艰巨的任务，因此必须采取有效的呼吸保护措施，才能确保消防人员的人身安全。

（二）呼吸保护器的种类及应用

随着社会的发展、科学的进步，呼吸保护器开发研究越来越引起了人们的高度重视，新一代呼吸保护器更具先进性、实用性、安全性。形状各异的呼吸保护器可按不同的方法进行分类，一般情况下按其供气方式和使用环境可分为：过滤式面具（防尘面具、防毒面具）、自给式呼吸器和长管式呼吸器三种类型，见表 3-5。

表 3-5 呼吸保护器的种类

呼吸保护器	过滤式面具	防尘面具
		防毒面具
	自给式呼吸器	氧气呼吸器
		空气呼吸器
	长管式呼吸器	大容量贮气瓶组带增压泵
		空气压缩机带小贮气瓶

各种呼吸保护器的使用是有条件的，在使用时必须根据不同的情况选择相适应的呼吸保护器，否则就起不到呼吸保护作用。

1. 过滤式防毒面具

由于过滤式防毒面具的结构简单，重量较轻，携带使用均很方便，因而在生产、贮存或使用已知品种的化工产品或军用毒气的许多场所，应用较为广泛。但其在消防作业中使用却存在以下几个限制：

（1）不适用于严重缺氧的场所。

为保证人体的正常呼吸，要求滤毒后的空气中的含氧量不得低于18%（体积分数）。在长时间熏烧（阴燃）的火场中，尤其是在着火区的封闭空间内，因燃烧耗氧量较大，燃烧产物（含烟气）和惰性气体的含量亦较大，严重缺氧，即使过滤式防毒面具的滤毒效果再好，但经滤净后的空气，仍不能保证人体的正常呼吸。

（2）不适用于烟毒浓度较高的场所。

通常，过滤式防毒面具只能用于有毒气体的浓度不大于2%（体积分数）的场所，因此它不适用于烟毒浓度很高的火场。

（3）不适用于烟毒成分复杂的场所。

过滤式防毒面具对有毒气体的选择性很强，按其国家产品标准的规定，计有七种滤毒罐（盒），一种罐只能滤除一种或几种有毒气体。然而，现代工业与民用的各类建筑中，其工艺设备、内装修用品及生产、使用或贮存的各类可燃物多种多样，一旦失火其燃烧产物也是千变万化的。在烟毒成分繁多的复杂火场和火灾紧急状况下，消防员根本来不及事先判定烟毒成分，更无法选配适用的滤毒罐。而且，这些滤毒罐对通常火场中大量存在的 CO 的滤毒效率较低，不能达到保护人身安全的目的。因此，消防实战只能选用隔绝式呼吸保护器。

2. 空气呼吸器

空气呼吸器是消防实战中最适用的呼吸保护器，它具有以下特点：

（1）呼吸阻力较小，空气流量较大，呼吸舒畅；不需要太长时间的训练和适应，凡身体健康的消防员人人皆可佩戴使用，长期使用后对人体呼吸生理没有不良影响，也无其他副作用。

（2）消防员可完全不依赖环境气体也能维持正常呼吸，安全可靠，还可根据佩戴者的肺活量和劳动强度的不同与变化，随时调节进气量，对消防员的各种体质、肺活量、脸型及劳动强度的适用面广。

（3）气源广泛，充气方便。

（4）人体佩戴舒适，操作使用和维护保养均简便。

（5）适用范围广泛，可在浓烟、毒气、粉尘及严重缺氧的环境及火场中使用。

（6）供气调节阀和呼气阀均具有单向阀的功能，可使呼吸过程中供人体吸入的新鲜空气和由人体呼出的废气均分别按一定的吸—呼周期而沿固定的方向各自流动，不会倒流或混流。

（7）全面罩的通话器能使佩戴者与他人进行较清晰的通话。

（8）使用时间受到限制，根据气瓶大小、工作压力高低，所使用的时间也不尽相同。

3. 长管式呼吸器

长管式呼吸的供气系统就像一个网络，通常有一个供气源（一个贮藏系统或一个压缩机、气罐和一个过滤系统）。这个气源的气体可经过压力调节后，通过一个防毒面具供佩戴者使用。长管式呼吸器通常建在那些对系统的移动性要求不是很高的地方。虽然该系统很有效，但因其软管的长度而严格地限制了使用者的活动范围。

长管式呼吸器的供气系统可长期从一个中心气源向多个防毒面具提供空气，但该系统包括一个软管，所以可移动性差，对使用者的活动范围有严格的限制，所以它主要适用于密闭空间中。如果所使用呼吸器的供气软管被折断或割断，或者空气供应因某种原因被截断，随身携带的小储气瓶（逃生器）将提供气体，使人员有足够的时间撤离出危险地带，储气瓶供气的标准时间为 5～15min 不等。

4. 应急逃生呼吸器

应急逃生呼吸器包括面罩与空气供给装置（一般最少可用 10min 或可自循环），使用时将应急逃生呼吸器取出，将面罩戴在头上便可以使用。在现有的海上石油设施上应急逃生呼吸器多装备在泵舱中，以备应急逃生之用。

火灾会扩散到一些没有预计到的地方，在这些地方，如机舱等，存在着大量的可燃气体，一旦发生火灾会迅速蔓延。在这种情况下，逃生者在到达安全地点前就有可能吸入有毒气体及烟雾。为了使逃生者在从火场到安全地点期间可以安全呼吸，国际海事组织决定于 2002 年 6 月 30 日前建设的船舶应在不晚于 2002 年 7 月 1 日以后第一次检验时配备"应急逃生呼吸器"。

（三）正压式空气呼吸器

在海上石油工业中，最普遍使用的呼吸保护器是正压式空气呼吸器，其主要原因在于其可携带性和可独立使用。它可以带到任何地方，并在任何恶劣环境下使用。正压式空气呼吸器是一种舒适、安全性高的呼吸器，特别适用于火灾扑救及人员救护。

目前有许多种不同类型的正压式呼吸器，而且这些呼吸器都可以在有硫化氢气体存在的环境中使用。在石油行业中，基本上都使用正压式呼吸器，因为在使用当中，不论是吸气还是呼气，总有一定的正压力存在于面罩中。

正压式呼吸器可用于防止被污染的大气向内渗入到面罩中，一旦在面罩的密封部位发生渗漏，面罩中的气体将向外排出，从而防止了大气渗入面罩内。为了能正确地使用正压式空气呼吸器，使用者必须事先了解各个组成部分。市面存在多种不同类型的呼吸器，但所有正压式呼吸器都有同样的功能和作用，并且都由下列几部分组成，如图 3-15 所示。

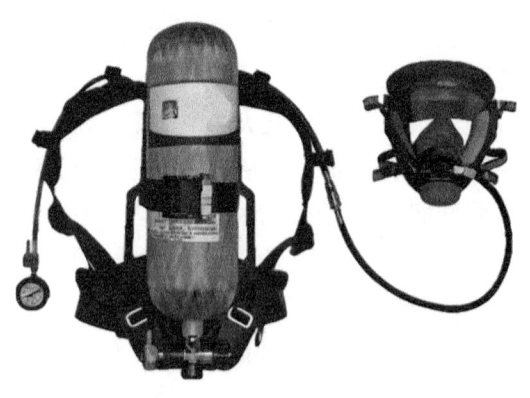

图 3-15　正压式空气呼吸器

1. 复合气瓶

碳纤维复合材料气瓶是由铝合金内胆、外用碳纤维、玻璃纤维和环氧树脂层等材料制成。主要缠绕层为细丝碳纤维，外层采的玻璃纤维和环氧树脂层数层，以增加抗冲击及耐磨性。其容量有 4～12L 等几种规格，常用为 6.8L，理论供气时间为 50min 左右，具有防火、防静电、耐高压的特性，其充装压力为 30MPa，检验压力 45MPa，爆破压力 75MPa，使用寿命 15 年。碳纤维复合材料气瓶的好处是爆炸只能出现裂缝，不会炸成碎块伤人。

使用期间应将气瓶阀完全打开，这样可以使系统的效率达到最高。当气瓶中的气体压力下降到（5±0.5）MPa 时，报警器会发出尖锐的报警声，这是一个非常重要的信号，它指示出气瓶内只剩下 5～8min 的气量，使用者应尽快撤离到安全地点。

2. 面罩

面罩是由天然橡胶和硅橡胶混合材料制成。台柱状的面窗由聚碳酸酯材料注塑而成，表面涂有一层硬质涂层，具有耐划刻、耐撞击和透光性良好等特点。宽紧带可调节面罩松紧，面窗两侧的双重传声器可使佩戴者有清晰的通话效果。为保证面罩的气密性，使用者应该在安全的环境中做一些试验，从而选择适合自己脸型的面罩。

3. 供气阀

供气阀组件安装在面罩上向使用者提供压缩空气，当供气阀的流量高达 300L/min 时，仍然可以保持大于环境压力，以满足使用者的需要。供气阀内有一个供气调节阀门，由膜片控制开启，可根据使用者对吸气量的需求把空气供给使用者。

4. 减压器

减压器安装于背架上,通过手轮与气瓶阀口相连,它的用途是保证供气阀能正常工作。为保证正压稳定,一般采用恒压式减压器。当减压器受某种因素影响导致中压升高时,中压安全阀自动打开,可确保中压导气管和供气阀处于正常工作状态。

5. 背架

背架包括背架体、肩带、腰带、腰垫四部分。它的作用是支撑气瓶组件和减压器组件。背架体按照人机工程学原理设计,采用适合人体背部和臀部生理特征的形状,使空气呼吸器的重量主要作用于使用者臀部,增强使用者肩部的活动能力,降低疲劳程度。

(四)正压式空气呼吸器的使用

1. 使用前的检查

为了确保佩戴者的安全,在每次使用呼吸器前,一定要对所使用的空气呼吸器进行仔细检查,检查内容包括:

(1)检查压力。

佩戴前首先打开气瓶开关,会听到警报器发出短暂的音响;气瓶开关完全打开后,检查空气的贮存压力,一般应在 28~30MPa。

(2)检查密封性。

关闭气瓶阀,观察压力表的读数,在 1min 的时间内,压力下降不大于 2MPa,表明供气系统密封性良好。

(3)检查警报器。

供气系统气密完好后,轻轻按动供气阀膜片,观察压力表示值变化,当压力降至 4~6MPa 时,警报器汽笛发出音响,同时也是吹洗一次警报器通气管路。

(4)检查面罩。

检查全面罩气密性。将面罩束带翻折后贴于脸部,用手掌堵住前快速接头,深吸两到三口气,感觉面罩紧贴脸部,说明面罩气密性完好。

2. 空气呼吸器的佩戴

(1)使用时首先打开气瓶开关,检查气瓶的压力,使供给阀转换开关处于关闭状态。

(2)呼吸器背在人体身后,根据身材可调节肩带、腰带,并以合身牢靠、舒适为宜。

(3)戴上面罩后,自上而下调整束带,不要束得太紧。同时还要检查面罩气密性。

(4)佩戴好全面罩后,将供气阀与面罩的接头连接好(或将供气阀开关打开),然后可以使用。

3. 使用结束

(1)呼吸器使用结束后,应先将供气阀取下,然后将面罩脱下,调整颈带和束带,并将头网翻起以便保护好面罩。

（2）先打开腰带，再开肩带，将空气呼吸器卸下后，应把腰带和肩带调整到可用状态，以备下一次使用，然后将瓶头阀关紧，打开卸压阀，将管路中剩余的气体排空，并将卸压阀关闭。

4. 使用中注意事项

（1）使用中精神不必过度紧张，应保持正常呼吸，以免造成气体消耗量增大。

（2）注意观察压力表读数，特别是当压力快降至临界报警压力时，即为（5±0.5）MPa，更应该注意压力表的变化。

（3）警报器发出报警信号后或压力表读数已显示在（5±0.5）MPa时，应立即撤离作业现场，但精神不必紧张，发出警报后，通常仍能给佩戴者提供5～8min的使用时间。

（4）若因面罩位置错动，面罩内进入烟雾或毒气，则应将面罩迅速扶正，并让面罩与脸部稍留一点缝隙，让面罩内的烟雾或毒气排除，然后收紧面罩，也可通过大口呼气将有害气体排出。

（5）万一呼吸器供气不良或无气体供给时，请一定要记住，千万不要把面罩拉下，应尽快与队友取得联系，让其协助快速撤离到安全的地方。

5. 空气呼吸器的维护与保养

呼吸器在每天或每次使用后，应定期清洗，必要时应该随时进行清洗。经常使用的空气呼吸器在清洗时应加以检查，必要时更换磨损的部件或品质下降部件。应急使用的空气呼吸器应至少每月和每次使用后加以清洗和消毒并认真检查一次，另外应每周检查一次空气瓶储气压力。

1）使用后的维护保养

每次使用后应立即将空气呼吸器恢复到工作状态，以准备下一次使用。

（1）清除消防空气呼吸器表面的油污、灰尘，并检查有无损坏。

（2）用温度低于60℃的中性洗涤液，清洗面罩各部位，然后用清水擦洗、揩净。洗净后自然晾干或用温度为60℃以下的空气吹干。没用消毒液洗涤的应用酒精消毒。

（3）卸下供气调节阀，拆开紧环，打开壳体，对膜片进行仔细检查。如发现膜片损坏、变脆、变黏、变硬和变形等应立即更换。用中性洗涤液或消毒液清洗阀体，然后用清水清洗。没用消毒液清洗的，应用医用酒精消毒后晾干，或用温度为60℃以下的空气吹干。

（4）按使用说明书将供气调节阀装配好并调整到可工作状态。

（5）拆卸下的气瓶外表用中性洗涤液清洗干净。检查气瓶外表是否碰伤和划伤，按高压气瓶管理办法处理。如油漆脱落应及时修补，防止气瓶壁生锈，影响使用寿命。

（6）检查气瓶阀的密封结构是否完好，否则应更换密封圈等。双瓶式消防空气呼吸器还需检查三通接头上的密封圈是否完好，否则应更换密封圈。

（7）将气瓶充满新鲜和干燥的空气，然后按上文规定的方法组装和检查。

2）日常维护保养和保管

（1）气瓶应严格按 GB 5099《钢质无缝气瓶》和高压容器的使用规定进行管理，定期进行检查和试压。

（2）充满气体的气瓶禁止在强阳光下长时间曝晒，防止碰撞和表面刮伤。油漆脱落应及时修补，防止气瓶壁生锈。

（3）空气呼吸器不使用时，应放置在器材箱内。全面罩不能受压，橡胶件应避免受到阳光的曝晒和有害物质的侵蚀，应放在干燥、洁净的舱室内。

（4）面罩曲面目镜应防止受热变形，防止硬物摩擦。

（5）供气调节阀必须保持清洁，其膜片应每年更换一次，若空气呼吸器在毒气中使用过也应立即更换膜片。

3）定期检查

空气呼吸器不使用时，每月应检查一次。检查项目主要有：

（1）开启气瓶阀，观察压力表的读数，检查气瓶压力，不得低于气瓶最大工作压力 2MPa。

（2）关闭气瓶阀，观察压力表读数，在 1min 时间内压力下降不大于 2MPa，表明供气系统密封性能良好。

（3）检查警报器是否在规定压力范围内报警，若不在范围内应及时调整和修复。

（4）若发现管系密封不好，应及时逐段查漏，及时修复。

（5）若有零部件或配件损坏，应及时更换。

（6）检查后将气瓶充气至额定的压力。

（7）对较长时间未用或已有潮气的压缩空气瓶，应在充气之前先行干燥。可用干燥的压缩空气冲洗两次，每次冲洗空气量为该气瓶额定工作压力的 50%，然后缓慢放气，以防气瓶口结冰。

第五节　海上石油设施火灾扑救

海上石油作业火灾的产生也是由初起、发展、猛烈、熄灭四个阶段组成的。然而，各个阶段发展得快慢，不仅和燃烧物质的性质、数量、温度、风向等有关，而且和海上石油作业设施的结构、作业性质有密切关系。正是由于上述诸多因素的影响，使得火灾扑救工作更加复杂，所以应当引起海上石油作业人员的高度重视。

一、海上石油设施简介

海上设施分为固定设施和移动设施。固定的海上石油设施主要是人工岛、海上固定平台、滩海陆岸、陆岸终端、海底管道及电缆、单点系泊、浮式生产储油装置（FPSO）等海上设施。

（一）人工岛

人工岛指在浅滩海区域采用沉箱结构、泥沙吹填等方法建成的岛式油气生产基地，如图 3-16 所示。

图 3-16　人工岛

（二）海上固定平台

海上固定平台是用桩基、座底式基础或其他方法固定在海底，并具有一定稳定性和承载能力的海上结构物，如图 3-17 所示。

图 3-17　海上固定平台

（三）滩海陆岸

滩海陆岸指在滩海区域内，采用筑路或栈桥等方式与陆岸相连接，从事石油作业活动时修筑的滩海通井路、滩海陆岸井台及相关石油设施，如图 3-18 所示。

图 3-18　滩海陆岸

（四）陆岸终端

陆上终端是建造在陆地上用于接收、处理海上油气田开采出来的油、气、水或其混合物的初加工厂，如图 3-19 所示。

图 3-19　陆岸终端

（五）海底管道及电缆

海底管道是敷设在海底、连续输送单一或混合介质（油、气、水）的单层或多层管道。

海底电缆是将生产所需要的电力和各种控制信号准确有效地传输于海上石油设施之间的多根相互绝缘的导体外包绝缘和保护层制成的导线组。

（六）单点系泊

单点系泊（single point mooring）指允许系泊船舶随着风、浪、流作用方向的变化而绕单个系泊点自由回转的系泊方式。海上石油单点系泊特指设置在足够水深处的、供浮式生产储油装置系泊并实现自由回转的装置，如图 3-20 所示。

图 3-20 单点系泊

（七）浮式生产储油装置（FPSO）

浮式生产储油装置（floating production storage off landing）以船或驳船作为支承结构，具有油气处理、原油储存及外输功能的浮式装置。海上石油 FPSO 通常是一艘安装有生产分离设备、注水（气）设备、公用设备及生活模块等设施的具有储油和卸油功能的油轮，如图 3-21 所示。

图 3-21 浮式生产储油装置

海上石油作业设施指用于海上石油作业的海上移动式钻井船（平台）、物探船、铺管船、起重船（大型浮吊）、多功能支持船（例如固井船、酸化压裂船及多种作业支持船）等设施，如图 3-22 所示。

二、海上石油火灾特点

（1）油气共存、储量大，易燃易爆。

（2）热值高，传播速度快。

（3）海上石油设施面积小、结构复杂、舱多、通道狭窄，逃生困难。

（4）燃烧产物中有毒有害物质多，对人员生命造成直接威胁。

（5）燃烧类型广泛：很多情况下的火灾事故，往往是爆炸、着火等多种燃烧类型同时出现，不便于控制与扑灭。

图 3-22　海上石油作业设施

（6）火灾危害大：海上设施发生火灾事故时，着火和爆炸中产生的高温、冲击波、碎片会对人员生命和设施安全构成巨大威胁。

（7）扑救手段有限：人力物力有限，要求操作准确。距陆地较远，得不到迅速的消防援助。

三、应急消防组织及消防演习

海上石油设施上的消防组织分工与应急部署，应根据设施上的作业性质、作业人数、消防设备数量等因素来编制消防应急计划。

（一）消防组织分工

为了适应各类平台火灾以自救为主的需要，有效地扑灭各种类型的火灾，加强对平台上人员的灭火理论教育和灭火技能的训练是十分必要的。在此基础上，应对各有关人员实行统一编队分组，明确分工，以期在一旦发生火灾时做到有条不紊地实施各种灭火方案。组织的大小要根据平台上的人员多少来定，但在既定要求下应做到定人、定岗、定任务。

消防组织分工：

消防指挥的首要职责为：尽快到达火灾现场，研究火场现状及火灾性质，决定应用何种灭火设备、灭火方式，并负责指挥以下各专业组：

（1）消防组：直接担任现场灭火。

（2）隔离组：其任务是根据火场情况关闭门窗、舱口、孔道，切断火场电路，疏散靠近火区的易燃、易爆物品，阻止火势蔓延。

（3）救护组：任务是维持现场秩序，准备担架，救护伤员，准备急救箱并负责保护和准备救生艇等工作。

（4）通信组：任务是确保与外界通信畅通。

（二）消防演习制度

根据我国有关船舶应变部署制度的规定和海上石油设施的实际情况，消防演习每月举行一次。

定期进行消防演习是提高海上人员消防技能的有效方法，很多大的火灾事故都是因发现火警时采取错误行动所造成的。因此，演习时应假设某部位发生火警进行扑救工作，发生地点应经常改变，以便使各类人员都能熟悉各种情况，做到临危不乱、密切配合、听从指挥，达到预期的演习训练效果。

消防演习紧急信号：

在海上石油设施上发出火灾警报时平台状态报警灯的红灯闪烁，同时发出声音报警。

（1）船钟、警报器或汽笛鸣放短声1min。

（2）警报发出后，另以船钟或汽笛次数指明火灾区域（海上石油设施上则大多采用应急广播指出火灾区域）。

消防演习紧急信号发出后，所有船员（除值班者外）均应按消防部署在2min内迅速携带规定的消防器材，分别赶赴现场或指定地点。各队长应立即赶到现场；听取船长（平台上则是经理）命令，各队员在指定地点集合，听候调动，消防队下面的各组应在各自的岗位上待命。警报发出后5min应使消防泵出水。

消防演习解除警报为一长声（6s）或口头宣布，演习结束后，应将每次演习的起止时间、地点、演习内容和演习情况如实记录，见表3-6。

表 3-6 消防应急演练实施的基本过程

演练阶段	演练步骤
演练准备阶段	1. 确定演练日期
	2. 确定演练目标和演练范围
	3. 编写演练方案
	4. 确定演练现场规则
	5. 指定评价人员
	6. 安排后勤工作
	7. 准备和分发评价人员工作文件
	8. 培训评价人员
	9. 讲解演练方案与演练活动
演练实施阶段	10. 记录参演组织的演练表现
演练总结阶段	11. 评价人员访谈演练参与人员
	12. 汇报与协商
	13. 编写书面评价报告
	14. 演练参与人员自我评价
	15. 举行公开会议
	16. 通报不足项
	17. 编写演练总结报告
	18. 评价和报告补救措施
	19. 追踪整改项的纠正

四、典型海上石油设施火灾扑救

（一）甲板火灾扑救

在海上石油作业过程中，由于输油管破裂或油类溢出，酿成甲板溢油着火时，应采取以下措施进行扑救：

（1）停止输油，尽快关闭输油管路阀门。

（2）采用围堵、引流等方法，限制着火油品流窜，防止蔓延。

（3）对初期小火可用泡沫灭火器覆盖灭火。

（4）也可使用干粉灭火器灭火。从上风方向接近火源喷射，让喷嘴对准火源根部左右横扫，并向前推进，直至将火扑灭。

（5）扑救此类火灾时，如果火灾中有障碍物，应有两人同时进行。两人并排从上风方向接近，将干粉对准火焰根部，左右横扫并绕过障碍物向两边包抄，先灭掉地板火，然后灭上边的火。

（二）溢流火灾扑救

提灭火器从上风方向接近火源，一手按下压把，一手握住喷嘴，对准火源根部左右横扫，先灭地板火，然后顺斜架向上，直至将油桶火扑灭。

（三）油柜火灾扑救

提灭火器从上风方向接近火场，一手按下压把，让喷嘴对准火焰根部喷射。先将柜前地板火灭掉，然后从油柜一侧上下扫射至另一侧，并将后部余火灭掉。

（四）立交架滴漏火灾扑救

用干粉灭火器从上风方向接近火源，一手压下手柄，首先让喷筒对准最底层火焰根部扫射，然后由低向高扑灭余火，最后扑灭燃料滴漏处火焰。

（五）输油管线溢油火灾扑救

因输油管线爆裂、管垫损坏而漏油、跑油引起火灾时，如果可能应该首先关闭输油泵、阀门，停止向着火油管输油，切断油料来源。然后采用围堵、引流等方法，限制着火油品流窜，防止蔓延。在用水冷却油管和邻近油管及设备的同时，可从上风方向用干粉灭火器迅速扑灭火灾，并用泡沫覆盖。

（六）油舱火灾扑救

油舱爆炸不仅会伤害到人身，损伤船体和油舱结构，还会破坏输送泡沫、水或惰性气体的总管，给后续灭火带来困难。储油装置由于其结构上的特点，包含有许多单独的油舱，这些油舱是相邻的，以至于一个油舱失火可能很快蔓延到全部油舱。

在含有过浓混合气的油舱里，火只会在混合气和空气交接面的外面燃烧，即在油舱开口、油舱盖或油舱范围内的裂缝周围的一些地方燃烧，冒出的火焰如果是橙黄色带黑烟，这表示舱内为过浓混合气，火焰不会闪回进入油舱而发生爆炸。

如果从舱口冒出的是带有噼啪声的蓝红色几乎无烟的火焰，它表示油舱含有可燃混合气。如果火焰进入油舱，就很可能发生爆炸，在这种情况下，人员等应撤离油舱甲板。

尽管有危险和困难，采取适当的措施来控制油舱里燃烧是可能的，至少能防止蔓延到没有失火的油舱。

1. 最初的措施

关闭一切人员能接近的油舱开口，关闭放气管路的阀门。充分利用消防软管喷出的水雾，来保护人员能够接近油舱，以便关闭舱口盖或关闭阀门。

2. 使用泡沫

如果泡沫注入装满或将近装满的油舱，泡沫会有效地覆盖油面的大部分。如果油舱是空的，但有油底脚和油气，注入泡沫除非能盖满全部含油的表面，否则效果不大。要做到这点，最好用高倍数泡沫覆盖。

3. 使用惰性气体

在把惰性气体注入油舱之前，尽可能把甲板上的开口关闭，以防止危险浓度的油气从油舱排出，与已在甲板上的危险油气相混合。向关闭的油舱注入惰性气体不会产生危险的压力，因为它通常都是低压输送的。

4. 沸溢

对于某些原油和燃料油，油舱内的热波会从燃烧的油面向下传播到舱底。油的这种热波可能达到315℃。所以当热波到达舱底，积存在舱底的水就会沸腾起来，这就导致油舱产生水的严重喷发。热波的传播速度为1～2m/h，所以在装满的油舱里着火的初期阶段，无须担心这个问题。但是在接近卸空的油舱和污油水舱里，热波在燃烧开始后很快就会到达舱底。

发生"沸溢"之前，从舱口冒出的火焰一般先会比原来更旺和更亮，延续几分钟。对于油位很低的舱或污油水舱，应特别注意这些预兆，人员应及时隐蔽。在"沸溢"时从油舱喷发的燃烧的油，可用泡沫或水雾等适用的灭火方法把它扑灭。

5. 防止复燃

在油舱着火被扑灭以后，在全部热表面还没有冷却下来之前，仍然有复燃的危险。这可能会持续好几个小时。所以消防器具应按情况保持随时可用或继续使用，直到任何地方都不会有复燃的可能为止。

（七）机舱火灾扑救

机舱里的大火可能是因油料溢出或漏泄而引起。虽然手提式灭火器扑灭在地板上易于接近的火是有效的，但是却无法控制在地板下面的和双层底顶部的火。这种火最好是用固定式的泡沫灭火系统或水灭火系统来扑灭。在扑救机舱火灾时，灭火人员应该佩戴呼吸器。

如果用固定式泡沫系统或水灭火系统不能控制火灾，或没有安装这类灭火设备，人员应撤离机舱，如果备有二氧化碳就用它注入机舱来灭火。二氧化碳通常只能"一次使用"，也就是说，这种系统一旦启用，二氧化碳就会全部释放分配到失火的舱室，而无法保留供第二次使用，所以应使二氧化碳尽可能发挥灭火作用。为做到这一点，要关闭通往机舱的全部开口并停止机舱的通风风扇。

在释放二氧化碳之前，应发出警报通知人员撤离机舱。听到警报的消防人员应尽快撤离火场。当扑救完机舱火灾后，在还没有确认火已经熄灭和机舱已经冷却之前，不要打开机舱门。

（八）泵舱火灾扑救

当泵舱失火时，可用泡沫或水雾灭火。如果救火人员在舱里工作，即使火势比较小，也必须戴上空气呼吸器。如果火不能用手提式灭火器控制住，必须利用泡沫或二氧化碳等固定式的灭火装置进行扑救。不管使用哪种固定式灭火系统，泵舱门和其他开口都应关闭，通风机的风扇应停止。有的通风系统中的风扇，当灭火系统一旦启用，它就会自动停止运转。

如果在泵舱里没有安装固定式灭火系统，或者现有的灭火系统丧失作用，用手提式灭火器或消防软管无法控制火灾时，泵舱应封闭，所用的通风设备应关闭。只要泵舱保持密封，不让空气进入，火最终会熄灭。

灭火时，不仅要注意扑火，而且必须防止火势蔓延。全部油舱的开口应关闭，如有可能，泵舱前后的油舱应用惰性气体保护。泵舱附近的甲板和上层建筑，应该用固定式喷射器或消防软管喷洒水雾冷却。假如机舱前舱壁和泵舱相邻，应喷洒水雾冷却。当火被扑灭之后，在所有能起作用的部件还没有全部冷却之前，泵舱不可打开，以防止复燃。这个时间要延续几个小时，否则火可能会再燃烧起来。

在火灾扑灭后，人进入泵舱之前，泵舱应彻底通风，以驱散毒气和烟雾，保证泵舱内有足够的氧气。在使用窒息气体灭火之后，氧的含量问题尤其重要。

（九）人工岛火灾扑救

人工岛消防救援设施由众多系统构成，包括火灾报警系统、消防设备联动控制系统、消防灭火系统、救援与疏散系统、供水管网设施、相关配套系统。火灾发生时根据火灾规模及现场实际情况，各系统按预定紧急预案启动，进行火灾扑救及现场救援。

第六节 火场逃生

一、舱室内火灾的特点

不论是海上石油设施，还是民用建筑、工矿企业火灾，一般都具有以下特点，即：火灾发生的突发性、火情发展的多变性、人员处理火情的瞬时性。

（一）突发性

一般情况下，火灾的发生大多是随机和难以预料的，造成的危害给人的刺激是突然袭击式的、多方面的。人们要保护自身安全，就必须在没有任何精神准备的情况下，对眼前所发生的火灾做出相应的反应。一旦反应迟缓或判断失误，生命财产就会遭受重大损失。火灾的突发性是火灾中引起惊慌的重要原因。千变万化的灾害给遇险者的刺激是非常强烈的。

（二）多变性

火灾的多变性特点包含两个方面：一是指火灾之间的千差万别，引起火灾的原因多种多样，每次火灾的形成和发展过程都各不相同；二是指火灾在发展过程中瞬息万变，不易掌握。火灾的蔓延发展受到各种外界条件的影响和制约，与可燃物的种类、数量、起火单位的布局、通风状况、初期火灾的处置措施等有关。火灾的多变性，既有人们扑救的因素，也有火场可燃物的因素，同时与天气条件有着密切的联系。

火灾的多变性特点，要求人们更多地学习和了解消防常识，懂得火灾发展过程与燃烧特点，掌握自救逃生知识。一旦发生火灾，能运用所学知识，做到临危不乱、处险不惊，根据火灾的发展变化采取正确的逃生措施。

（三）瞬时性

大火来势迅猛，这是尽人皆知的浅显道理。由此，可以理解火灾瞬时性特点。实践证明，火灾中受害者所表现出的行为多属于被动的反应性行为。这是因为火灾的突发刺激，迫使受灾者瞬时做出反应。瞬时性的行为反应，包括逃生手段与个体的应变能力，这与每个人的知识素养是分不开的。行为结果反映了行为个体的文化素养和应变能力上的差距。往往瞬间的错误反应会铸成大错，造成终生的遗憾。

在火灾中，时间就是生命。无论是灭火、救人还是自救逃生，都必须争分夺秒，准确把握稍纵即逝的灭火战机，选择逃生时机，尽最大努力，争取把火灾扑灭于初期阶段。当被大火围困时，要沉着冷静，尽快地判明情况，采取安全有效的逃生方法，撤至安全地区。无数事实证明，失去了灭火战机会造成不堪设想的严重后果；不掌握逃生知识，错过了逃生时机，就可能葬身火海。

二、火场逃生方法

火场逃生的方法多种多样，由于火场的火势大小、被围困人员所处位置和使用的器材不同，所采取的逃生方法也不一样。火场逃生主要有以下方法。

（一）立即离开危险区域

一旦在火场上发现或意识到自己可能被烟火围困，生命受到威胁时，要立即放下手中的工作，争分夺秒，设法脱险，切不可延误逃生良机。脱险时，应尽量观察，判明火势情况，明确自己所处环境的危险程度，以便采取相应的逃生措施和方法。

（二）选择简便、安全的通道和疏散设施

选择逃生路线时，应根据火势情况，优先选择最简便、最安全的通道和疏散设施，如舱室着火时，首先选择疏散楼梯、普通楼梯。

（三）准备简易防护器材

逃生人员往往要经过充满烟雾的路线，才能离开危险区域。此时，如果浓烟呛得人透不过气来，可用湿毛巾、湿口罩捂住口鼻，无水时干毛巾、干口罩也可以。在穿过烟雾区时，即使感到呼吸困难，也不能将毛巾从口鼻上拿开，一旦拿开就有立即中毒的危险。在穿过烟雾区时，除用毛巾、口罩捂住口鼻，还应将身体尽量贴近地面或爬行穿过危险区。

如果门窗、通道、楼梯等已被烟火封锁，冲出危险区有危险时，可向头部、身上浇些冷水或用湿毛巾等将头部包好，用湿棉被、湿毯子将身体裹好或穿上阻燃的衣服，再冲出危险区。

（四）切勿跳海

当各通道全部被烟火封死时，应保持镇静。在火场逃生时，其他的人正在救火或者到救生艇甲板集合，一旦跳海逃生，很有可能其他的人员无法及时发现并解救，使你葬身大海。

（五）创造避难场所

在各种通道被切断，火势较大，一时又无人救援的情况下，在没有避难间的建筑里，被困人员应设法创造避难场所与浓烟烈火搏斗。当被困在房间里时，应关紧迎火的门窗，打开背火的门窗。但不能打碎玻璃，若窗外有烟进来时，还要关上窗子。如门窗缝隙或其他孔洞有烟进来时，应用湿毛巾、湿床单等物品堵住或挂上湿棉被等难燃或不燃物品，并不断向物品上和门窗上洒水，最后向地面洒水，淋湿房间的一切可燃物。要运用一切手段和措施与火搏斗，直到消防队到来，救助脱险。

避难间及场所是为救生而开辟的临时性避难的地方。因火场情况不断变化，避难场所也不会永远绝对安全，所以不要在有可能疏散的条件下不疏散而一味采取避难措施，因此失去逃生的机会。

避难间要选择在有水源和能同外界联系的房间。一方面有水源能进行降温、灭火、消烟以利避难人员生存，同时又能与外界及时联系。如房间有电话，要及时报警，如无电话，可用明显的标志向外报警，夜间要用发光体等向外报警。在海上石油设施上可以选择卫生间、洗脸间、洗澡间待救。求救方法可以选择敲击水管线呼救。

（六）火场逃生注意事项

每次火灾都有各自不同的特点，但是，火场逃生一定要迅速，动作越快越好，切不要为穿衣或寻找贵重物品而延误时间，要树立时间就是生命、逃生第一的思想。

逃生时要注意随手关闭通道上的门窗、防火风闸及通风设备，以阻止和延缓烟雾向逃离的通道流窜。通过浓烟区时，要尽可能以最低姿势或匍匐姿势快速前进，并用湿毛巾捂住口鼻。不要向狭窄的角落退避，如床下、墙角、桌子底下、大衣柜里等。

如果身上衣服着火,应迅速将衣服脱下,脱不下时应就地沿一个方向滚动,将火压灭。但应注意不要滚动过快,更不要身穿着火衣服跑动。衣服着火的人员不要大声呼喊,呼喊会使呼吸道严重烧伤,也不要用手去拍打着火的衣物。

火场中不要乘坐 FPSO 上的普通电梯,这是因为:

(1)发生火灾后,往往容易断电而造成电梯卡壳,给救援工作增加难度。

(2)电梯口通向舱室各层,火场上烟气涌入电梯通道极易形成烟囱效应,人在电梯里随时会被浓烟毒气熏呛而窒息。

思 考 题

1. 燃烧的三要素是什么?
2. 火灾发生、发展的整个过程中,热传播的途径有哪些?
3. 在我国火灾分为哪几类?
4. 灭火的基本方法有哪些?
5. 正压式空气呼吸器使用前的检查工作有哪些?

第四章 救生艇筏操纵

第一节 海上平台救生艇的配备

一、救生艇概述

在海上作业的所有海上石油天然气生产设施（以下简称平台）都必须按照《国际海上人命安全公约》《国际救生设备规则》[MSC48（66）]及《海上固定平台安全规则》（国经贸安全〔2000〕944号）等法律法规的要求配置各种救生设备，其中救生艇具有一定浮力、充足的稳性且能够搭乘一定数量遇险人员，是海上作业人员最主要的应急救生设备。救生艇在平台遇险的紧急情况下，能帮助人员脱险和救助落水人员，以保证作业人员的生命安全。此外，救生艇还用于海上应急演习和联络交通等。救生艇通过重力式吊艇架进行释放和回收，释放与回收过程可由驾驶员在艇内操作完成。目前，平台上普遍使用耐火型封闭式救生艇。

耐火型封闭式救生艇具有可自动复位、耐火、防毒气侵入等特殊结构及功能，在水面时能够保护其额定乘员经受持续油火包围该救生艇不少于8min，发动机正常运行不少于10min，并且艇内空气保持安全和适宜呼吸。

二、救生艇的基本要求

根据《国际海上人命安全公约》和《海上固定平台安全规则》（国经贸安全〔2000〕944号）的规定，各种平台所配备的救生设备，在整个海洋石油作业中，应符合下列基本要求：

（1）平台上一切救生设备均须处于立即可用状态。

（2）救生艇、救生筏及救生浮具的存放应符合下列要求：

① 能在最短的时间内降落。在气候正常的情况下，必须在10min内全部降落水中。

② 不得妨碍任何其他救生艇、救生筏、救生浮具的迅速操作和平台上人员在放艇地点的集合及登艇。

③ 要求救生艇及带有降落装置的救生筏，在满载全部人员和属具后，即使船舶有不利的纵倾，或在任何船舷一侧横倾15°的情况下也能顺利降落。

（3）应确保走廊、梯道和船（平台）上所有人员通向登艇地点的进出口及救生艇、筏或浮具的存放地点的照明正常。

（4）救生艇装置的存放处所应具有足够的甲板面积供乘员集合登乘救生艇。其存放处所应尽可能靠近起居和服务处所。

（5）从起居处所至救生艇装置的存放处至少应设有尽可能远离的两个通道，应急时能保证人员顺利登乘。

三、平台救生艇配备要求

根据《国际海上人命安全公约》和海洋石油《海上固定平台安全规则》（国经贸安全〔2000〕944号）的规定，平台上的救生艇应符合以下配备要求：

（1）平台配备的救生艇应能容纳其总人数，若平台总人数超过30人，所配备的救生艇不得少于两艘。

（2）每艘救生艇内应装有一台压缩燃烧式的发动机，确保随时可用状态且运行可靠。

（3）发动机在任何情况下能启动，并能在-8℃的气温时易于启动，还应能在纵横倾斜10°的情况下正常运转。

（4）备有足够油料，柴油机能在额定的功率下运转24h。

（5）救生艇在额定载荷情况下，其在静水航速至少为6kn。

（6）发动机所用燃料为柴油，并设有正车、空挡和倒车。

第二节 救生艇的分类、结构与性能

一、救生艇的分类

（一）按结构形式分类

根据救生艇的结构形式可分为敞开式救生艇和封闭式救生艇。

1. 敞开式救生艇

敞开式救生艇是一种没有固定顶篷装置的救生艇（图4-1）。其优点是上层比较宽敞，人员登乘无障碍，人员在艇内活动方便，而且操作简单。其缺点是没有支架和顶篷，人员暴露于自然环境中，遇4~5级以上风浪时，艇内人员就会受到海水侵袭，如果没有保暖防护品，寒冷天气下，艇员的生命将会受到威胁。天气炎热时，人员又会受到烈日曝晒，发生中暑等日射病。

2. 封闭式救生艇

封闭式救生艇是指艇上部有固定的顶盖的救生艇（图4-2）。其设有内外能开启和关闭的通道盖，使艇员能方便地出入艇内，该通道关闭时能保证水密性，具有良好的保温隔热性能；顶盖上设有顶窗来保证艇内光线充足；有的还具有自我扶正功能。因此，当今船舶越来越多地采用此类救生艇。当然，封闭式救生艇也有一些不便因素，如进出口较小，高大体壮的船员、旅客进出不便；艇内瞭望人员观察所的窗口小，不便于观察瞭望等。

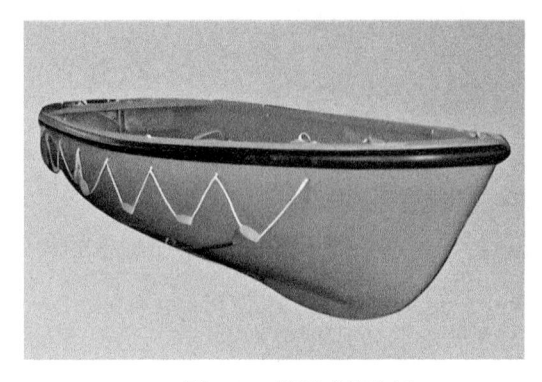

图 4-1 敞开式救生艇

图 4-2 封闭式救生艇

（二）按降落方式分类

根据救生艇的降落方式可分为悬吊式救生艇（图 4-3）和自由抛落式救生艇（图 4-4）。

图 4-3 悬吊式救生艇

图 4-4 自由抛落式救生艇

（三）按材质分类

救生艇按建造材料不同可分为镀锌钢救生艇、铝合金救生艇和玻璃钢救生艇三种。

1. 镀锌钢救生艇

镀锌钢救生艇是指用镀锌钢板焊接而成的救生艇。它具有强度高，防撞能力强和水密性好等优点。但艇本身重量大，相对净载重量减少，时间久了钢板易受腐蚀而影响其强度，另外海水腐蚀生锈造成保养困难，所以现在已较少使用。

2. 铝合金救生艇

铝合金救生艇是用铝合金做艇壳的救生艇，具有较高的强度和水密性，重量比钢制艇要轻一半左右，而且具有耐腐蚀、耐高温等优点，保养也比较容易，在一些油船上常采用此类救生艇。

3. 玻璃钢救生艇

玻璃钢救生艇是用玻璃纤维织成布，再用树脂胶黏合在艇壳板和其他内部结构上而制成的救生艇。它具有重量轻、强度高、耐用、不受海水腐蚀等优点，平时保养也比较容易。现在绝大部分救生艇都采用玻璃钢作为建造材料。

（四）按功能分类

救生艇按其具有的功能可分为具有自行扶正性能救生艇、具有自供气体系统救生艇、耐火耐高温救生艇、自由降落入水救生艇等四种救生艇。

1. 具有自行扶正性能的救生艇

有些封闭式救生艇具有自行扶正的功能。救生艇的稳性能保证救生艇在装载全部或部分乘员及属具，所有进出口都是水密关闭，而这些乘员都用安全带缚牢在各自的座位上时，能自行扶正。当艇体损坏而倾覆时，救生艇能自动地处于为乘员提供逃出水面的位置。对机器的要求，能在倾覆过程中任何位置运转，或在倾覆后自动停车并在艇转回正浮时易于启动，同时在倾覆过程中防止海水进入艇内。

2. 具有自供气体系统救生艇

有的封闭式救生艇为适应降落要求或所在船舶的特殊性，装置自供气体系统（如运载散发有毒蒸气或毒气货物的化学品液货船和气体运输船）。此系统靠艇内配备的压缩空气瓶来提供空气，一般配有4个钢瓶，在艇全部进口和开口均关闭的情况下航行时，使艇内空气的可用时间不少于10min，艇内的气压值不得低于艇外大气压，也不得超过大气压20hPa以上。

3. 耐火耐高温救生艇

耐火耐高温救生艇是指艇壳表面采用耐火材料制造的封闭式救生艇。此类救生艇主要装配在载运闪点低于60℃的货物的油船、化学品液货船、气体运输船上。其结构在水面时能保护其额定乘员经受持续油火包围不少于8min，并且艇内有自供气体系统。为了降低艇表面温度使艇内船员在火区高温影响下能承受得住，在艇外配有喷水装置。其组成有自吸式水泵、沿艇表面布置的洒水管。依靠艇机的动力带动水泵从海里抽水供应喷水系统，同时海底阀的布置应做到能防止从海面吸入易燃液体。

4. 自由降落入水救生艇

它具有自行扶正功能，有供多达74名艇员的装备，设有喷水系统和不少于15min供气系统。艇员在存放位置登艇后，系好安全带。艇长控制液压阀使自由降落"锁"与警报相连，发出警报后，再操纵液压手动泵打开自由降落"锁"。一旦锁被打开，艇靠重力沿滑道下滑，自由降落入水，然后便会浮出海面。在每舷有两个大的出入口，在顶盖上有逃生口或用于直升机救助用的设备。艇艏设有工作窗口,艇尾设有瞭望和操纵窗口。

(五)救生艇的共性与差异性

1. 救生艇的共同特点

所有救生艇均具备自航能力,具有可操纵控制,易集中点名,可做到无漏员和掉队者,是海上救生者最愿意乘坐、能够最大限度获得生存时间的海上救生设备。

2. 不同种类救生艇的特点

1)敞开式救生艇

此类艇若在海上遇到4级以上风浪时,艇上乘员会受到海水侵袭,如救生艇在海上漂流时间过长,乘员还会遭到夏季曝晒、冬季寒冷等死亡的威胁。

2)悬吊封闭式救生艇

目前的客轮、拖轮、油轮和钻采平台所普遍配备的封闭式救生艇几乎都是悬吊式艇。用悬吊的方式降落,通过吊艇架装置限制其降落速度,使之匀速降于水面。其降落时,具有下列特点:

(1)降落平稳、震动小,易于控制,即在任何高度位置均可停止降落。

(2)在特别恶劣的海况和船倾斜角度过大时能保证安全降落。

(3)结构简单,占用地方小,造价较便宜。

3. 自由抛落式救生艇

在应急情况下,抛落式救生艇的释放是根据物体做自由落体运动的原理,自由抛落于水中后离开大船。这种救生艇平时存放在艇架上,位于船舶尾部或平台上边沿的地方,高度一般为12~20m。施放时,乘员从艇尾部门登艇,面向艇尾部并系好安全带,其释放过程是利用艇自身的重力,使之沿着伸出船舷的滑轨斜向滑落并自由落入水中,它离开大船的前进速度相当快,一般达10kn以上。其降落时,具有下列特点:

(1)降落速度快、迅速。

(2)降落时不容易被风浪打回以致碰在大船上。

(3)大船沉没后,救生艇可自动浮出水面并自动启动其柴油机。

(4)无论在多恶劣的天气条件下或多危险的情况下,救生艇都能安全降落。

(5)在降落过程中会震动,乘员会感到不舒服或惊慌。因此,座位的防震措施要求严格,身体两侧和背后都设有保护软垫,并配用四点式安全带。另外,由于艇着水时与水冲击碰撞力较大,其艇壳强度和各种设备要求严格,造价较高。

二、封闭式救生艇的结构

救生艇几乎都是玻璃钢材料制成,即艇的整个艇体结构是由玻璃钢材料浇铸而成,主要由艇盖、船体、动力系统、吊艇系统、应急喷淋系统、应急供气系统和排污系统等七大部分组成。

（一）艇盖

主要用途是保护乘员避免暴露，使风浪不能打进艇内，当艇被风浪打翻的瞬间，密封艇盖还能起保护作用，使海水无法冲进艇内，主要包括以下几个部分：

（1）几个大的密封窗口，允许人员迅速进入艇内。

（2）艇前后密封窗口，便于用手脱、挂吊艇钩。

（3）瞭望窗口，其密封窗口盖为透明玻璃，艇舵手可通过玻璃口瞭望和观察前面的情况。

（4）反光带，便于辨认和被发现。

（二）船体

船体能确保救生艇具有足够的强度，与篷盖结为一体，构成艇体形状，它与以下各部位紧紧相连：

（1）救生索：它缠绕着整条艇一周，便于让落水者或受伤者攀扶。

（2）座位凳：用长凳沿着艇壳从船头到船尾，从一边到另一边摆满，这些长凳座位极大地减少了艇内的拥挤，所有的座位都设有安全带，如果艇自动扶正翻转时，乘员必须系安全带。

（3）座位舱：其内充满泡沫，能保证救生艇浮出水面，即使艇已充满水也不至于下沉，这些浮力舱位于座位凳之下。

（4）储存舱：储存在求生过程中所需的燃油、食品、药品和属具等。

（三）动力系统

动力系统给救生艇提供推动力，它主要由以下几部分组成：

（1）发动机：救生艇所用的发动机都是压缩点火的柴油机，负责发出动力，是整套机构的主要部分。

（2）推进轴离合器：是机构中的控制和变速部分，把柴油机曲轴的转速变成所需的转速加给推动器，并控制推进器正转、反转和停车。

（3）主轴系：位于离合器与螺旋桨之间，把柴油机产生的动力传给螺旋桨。

（4）螺旋桨：是救生艇前进和后退的推动力。

（四）吊艇系统

1. 吊艇钩机构

吊艇钩机构是救生艇的重要组成部分，该机构由释放钩、释放器和操纵软轴组成。救生艇安装了两台释放钩，驾驶员通过操纵驾驶台上的释放器可以使两台释放钩同时打开，保证救生艇可以安全脱钩。

吊艇钩有单钩和双钩两种，供吊艇索把救生艇吊起，以便于收放救生艇。目前常见的吊艇钩机构有以下几大类型：

（1）卸荷释放型。

降落救生艇时，只有等艇钩与吊艇索之间的拉力消失后，才能脱钩，极少采用。

（2）带荷释放型。

救生艇在水面和离水面任何高度位置都可迅速脱钩，其特点是能保证救生艇迅速脱钩释放，但有一定的危险性。

（3）水压联锁带荷释放型。

救生艇的释放机构安装了一套水压联锁保护装置，只有当救生艇释放在水中时，水进入静压进水口，进而压缩内部的空气，压缩空气沿紫铜管进入静压释放器，推动橡胶膜和活塞克服弹簧的弹力向上运动，从而推动静压释放软轴打开静锁紧杆，驾驶员才能操纵释放器打开释放钩。具有防止救生艇操作失误，而从较高的空中摔下的保险性能。

一旦水压联锁系统出现故障，在紧急情况下逃生时，可以操纵释放器打开释放钩。该操作仅限于紧急状况下用救生艇逃生时采用，救生艇离开水面3m范围之内高度释放为安全。

2. 吊艇架

救生艇的吊艇架是用来贮存和升降救生艇的机构。主要分为三类：一是船舶上所使用的移动式重力吊艇架；另两类是平台上所使用的固定式吊艇架（米兰达式吊艇架）和自由抛落式吊艇架。

（1）移动式重力吊艇架。

吊艇架由底座架和吊艇滑架两部分组成。底座架被牢固地安装在船体甲板上，配备有一个滑架作为滑道和降落轨道。在正常情况下，救生艇悬挂在附属滑架上。这种吊艇架的设计使得放艇动作迅速且安全可靠。当安装在船舶上时，通过利用救生艇自身的重力，吊艇架能够滑动至船舷外，便于进行救生艇的收放操作。

（2）固定式吊艇架（米兰达式吊艇架）。

一般安装在伸出海面的甲板上，即在收放救生艇过程中，吊臂固定连接在甲板上始终保持不动，靠收短或放长吊艇绳达到提升（回收）或降落救生艇的目的，乘员在救生艇的存放位置登艇。它具有放艇迅速、操作简单、快捷且安全可靠等优点。这种吊艇架主要安装在平台上。

（3）自由抛落式吊艇架。

该装置是以斜置的支架存放救生艇，位于船舶尾部或平台边沿的地方，高度为12～20m。施放时，乘员从艇尾部门登艇，面向艇尾部并系好安全带，然后松开固定装置，艇就滑落入水。其特点是造价高、救生艇入水快、产生较大的冲击力、易引起乘员身体不适。

3. 升降原理

（1）降艇原理。

打开吊艇架的自锁降艇刹把，靠艇自身的重力使艇向下降落并向下拉动吊艇索，经吊艇架机构限速，救生艇即匀速降落水面。

（2）升艇原理。

用动力驱动吊艇架机构以收回吊艇索，带动艇上升而最终回到存放位置。

（五）应急喷淋系统

应急喷淋系统的作用是喷出足够的水保护救生艇和全体乘员冲出高温烟火海域，主要由海水阀、海水泵、离合器、管线和喷水装置等组成。

（1）对海水泵的要求：

① 有自吸能力，可通过常开阀（海水阀）将水吸进后供给管线。

② 由柴油机带动。

③ 在柴油额定转速下，其供水量应达 800L/min 以上。

（2）要求喷水装置喷出的水能安全覆盖整条艇的暴露表面。

（3）海水泵的停或转动由离合器制动控制。

（4）操作要求：

① 艇必须浸泡在水中，才允许合上离合器及启用系统。

② 海水阀是常开阀，平时必须保持在全开位置上。

（六）应急供气系统

救生艇通过或逃出毒烟毒气的海面时，为防止毒烟毒气进入艇内侵害乘员，增设了应急供气系统。它也称为空气再生系统，可给救生艇提供新鲜空气，以增加艇内空气压力，防止外部毒烟毒气进入艇内。

（七）排污系统

救生艇的排污系统几乎都为手动排污装置，该系统主要由一个手动排污泵和一个一通阀组成，用手摇方法可将艇内和机舱的积水排出艇外。

此外，救生艇还设有一个自动排污艇底阀或排水塞，当艇悬吊在艇架位置时，应打开排水阀，以便排出艇内积水；在救生艇下水之前，要关上排水阀以避免海水进入艇内。某些救生艇的排水阀是个自动阀门，艇悬吊时阀门自动打开排水，艇着水后它能自动关闭。

三、封闭式救生艇性能

（一）一般性能

一般性能是敞开式救生艇和封闭式救生艇都具有的性能。

1. 救生艇的构造

1）救生艇的稳性

救生艇应有刚性艇体，其形状及尺度比例应使其在风浪中保持充裕的稳性，当50%定额的乘员从正常位置移至艇的中心线一侧时，救生艇应是稳定的，并且具有一个正的GM值，即能保持正浮状态。

2）救生艇的干舷

救生艇的干舷是水线量至救生艇可能变成浸水状态的最低开口处。救生艇在载足全部乘员及属具后应具有足够的干舷。救生艇的干舷至少为救生艇长度的1.5%或100mm，取其大者。

3）救生艇的浮力

救生艇应具有一定的剩余浮力（由设置在艇内的空气箱或其他不受海水、原油或石油产品不利影响的自然浮力材料提供），当艇内浸水和破漏通海时，仍足以将满载一切属具的救生艇浮起。

4）救生艇的强度

（1）对于金属艇体的救生艇，在其载重1.25倍的全部乘员及属具的总重量（对于其他救生艇为2倍的总重量）后不产生剩余变形。

（2）在载足全部乘员和属具，以及滑架和护材在位时，能经受碰撞速度至少3.5m/s的船舷冲击力，并能经受从至少3m高度投落水中。

（3）当船舶在平静水面中以5kn的速度前进时，救生艇能降落水中并被拖带。

2. 救生艇的乘员定额

（1）不得超过150人。

（2）救生艇所能容纳的乘员人数应等于下列各数中的较少者：

① 以正常姿势坐着时不至于妨碍推进装置或任何救生艇属具操作的人数，每个人的平均重量为75kg，全部艇员穿着救生衣。

② 倘若搁脚板已固定，有足够脚部活动空间而且上下座位之间垂直距离应不小于350mm。

（3）应在救生艇内明确地标出每个座位位置。

3. 救生艇标记

（1）在救生艇上应以经久的明显字迹标明其尺度和乘员定额。

（2）救生艇所属的船名及船籍港应以规定大小和粗细的字体标明于艇艏两侧。

（3）识别救生艇所从属船舶和救生艇号码的标志，应能从上空看清。

（4）救生艇的编号是右舷为单数，左舷为双数，由船首至船尾顺序编号。若不止一层甲板放置救生艇，则其顺序为自高层甲板至低层甲板。

4.救生艇推进装置

（1）机动救生艇应由压燃式发动机驱动。

（2）发动机应设有手动系统，或设有两个独立的可再次充电的电源的启动系统。应该有任何必要的辅助启动设施。发动机的罩壳、横座板或其他障碍物均不得妨碍启动系统。

（3）螺旋桨轴系的布置应可使螺旋桨从发动机脱开。应设有救生艇前进和后退的推进设施。

（4）排气管的布置应能防止水进入正常运转的发动机。

（5）所有救生艇的设计，应充分考虑在水中人员的安全和漂流物损坏推进系统的可能性。

（6）救生艇的发动机、传动装置和发动机的附件，应围蔽在阻燃罩壳或其他能提供类似保护的适当装置内。这些装置尚应保护人员不致意外地接触到热的和运动的部件，并保护发动机免于暴露在风雨和海浪中。

（7）救生艇发动机和附件的设计，应限制电磁波的辐射，使发动机运转时不干扰在救生艇内使用的无线电救生设备的操作。

（8）所有发动机启动用的、无线电用的和探照灯用的电池都应设有再充电的设备。无线电用的电池不应用作启动发动机的动力。应装有从船舶电源供电的救生艇电池再充电设施，电源电压不超过55V，并可在救生艇登乘位置断开。

（9）备有启动和操作发动机的防水须知，该须知应张贴在发动机启动控制附近明显处。

5.救生艇舾装件

舾装件是指装配在艇上，并与艇连接在一起随时可用的器材或物品。

（1）所有救生艇（除自由降落救生艇外）应在靠近艇内最低点处装设至少一个排水孔，每一排水孔应备有两个艇底塞，或采用可靠的自动排水阀，此阀是在艇离开水面时开启，艇在水面时自动关闭。配有一只封盖排水阀的盖子或塞子，以短绳、链条或其他方法系在救生艇内。排水孔位于救生艇内容易到达的位置，并有明显的标志。

（2）所有救生艇装有舵和舵柄。如设有遥控操舵机械装置，舵柄可为拆装式，并可靠地存放在舵柱附近。

（3）除在舵和螺旋桨附近部位外，在救生艇外面装设链环状可浮救生索，供落水人员攀附救生艇时用。

（4）救生艇内设置有水密柜或舱室，用于贮存细小属具、淡水和口粮。备有贮存所收集到的雨水的设施。

（5）救生艇的吊艇钩装置能在吊艇钩无负荷或艇满载 1.1 倍总重量的负荷时，同时脱开前后吊艇钩，其控制手柄有明显的标志（一般涂成红色）。

（6）救生艇内装设有一盏灯或其他光源，提供照明时间不少于 12h，供艇内人员能阅读救生须知和属具用法须知等。

（7）救生艇应设有反光带，其长度为 30mm，宽度为 50mm。在晴朗夜晚正常天气情况下，反光可见距离不小于 500m。

（8）每艘救生艇的布置，应为控制与操舵位置提供足够的向前、向后和向两舷的视域，以便安全地降放和操纵救生艇。

（9）不具备自行扶正功能的救生艇，在艇底部装设有供人员攀附救生艇的扶手。该扶手固连在救生艇上，并能在救生艇受到碰撞且足以把扶手从救生艇上打掉时，不损坏救生艇。

（10）每艘救生艇应装一个脱开装置，当拉紧时能够脱开前首缆。

（二）特殊性能

特殊性能是封闭式救生艇独有的、敞开式救生艇不具备的性能。封闭式救生艇具有以下特殊性能：

1. 防火

封闭式救生艇装设有喷淋系统。可喷出足够的水使艇表面形成一层水膜，把被火包围着的救生艇与大火隔开，以保护救生艇在较短时间内不会被烧毁。喷淋系统的降温能使封闭艇在 10min 内冲出燃烧温度高达 1000～1200℃的海面。

2. 防毒

封闭式救生艇装有应急供气系统，也叫空气再生系统。如救生艇被毒烟、毒气包围时，供气系统可为艇内的乘员和柴油机提供新鲜空气，并增加艇内的空气压力，从而防止毒气进入艇内，起到防毒作用。

3. 自动扶正

在恶劣海况下，封闭式救生艇即使被大浪打翻后也会很快自动扶正。为了确保其无误地扶正，要求乘员关好门窗、系好安全带并保持艇内各部位重力平衡。

4. 避免乘员暴露

封闭式救生艇还能有效地使乘员避免暴露在寒冷的风雨中和烈日的直接照射下。在救生艇内储存有淡水、食物、求救信号等救生属具。

四、封闭式救生艇的属具

封闭式救生艇的属具配备见表 4-1。

表4-1 封闭式救生艇的属具配备表

序号	名称	数量	用途
1	艇篙	2支	可用来挡开障碍物和钩回丢失物品或落水者
2	水桶	2只	作为一般生活使用
3	水瓢	1只	用以将艇内污水舀出艇外
4	海锚	1只	大风大浪时,用以使艇艏顶风顶浪,减轻摇摆,增强稳性,减少漂流
5	艇索	2条	各15m以上或从存艇位置到最轻载航海海水线两倍最低者(即水面到最高艇位距离两倍)
6	饮水量杯	1个	分配水、饮料用
7	防水电筒	1支	生活用和发送信号
8	水手刀	1把	艇上一般使用
9	救生火柴	1盒	防风火柴,贮于防水AA容器中
10	哨笛	1只	发送信号或引起对方注意
11	日光信号镜	1只	引起注意
12	钓鱼用具	1套	供钓鱼、捕鸟用
13	救生环	2套	用来抛给水里的生存者,帮助其登艇
14	救生信号图解说明	1张	供通信联络用
15	雷达反射器	1只	便于被雷达搜索发现
16	不锈钢罐头开启器	3把	供开启罐头食品用
17	火箭降落伞火焰信号	4支	供求救用
18	手持红色火焰信号	6支	供求救用
19	手册	1本	介绍如何正确使用救生艇有关事宜
20	太平斧	2把	应急用
21	探照灯	1具	照明用
22	手持灭火器	1只	适用于油火
23	自浮划桨	1套	用于手动推动救生艇,仅供在绝对必要的情况下使用
24	塑料清洁袋	1个/人	供清洁用
25	主机工具箱	1只	维修用
26	食品干粮	1份/人	供食用
27	淡水	3L/人	供饮用

续表

序号	名称	数量	用途
28	水密急救箱	1只	医疗用
29	晕船药	6片/人	晕船用
30	保温用具	2件以上或1件以上/每10人	
31	油布袋	1只	减轻摇摆
32	手摇泵	1只	排污
33	罗经	1只	指示航向

第三节 封闭式救生艇的操作方法

一、封闭式救生艇操作技术

封闭式救生艇按其吊放方式和装载人数可以划分为很多品种，但所有救生艇的操作技术基本一样，关键是操作的熟练程度及是否按程序进行操作。救生艇是海上求生中最好的救生设备，但如果操作不当也会造成重大伤亡事故。特别是在救生艇吊放和脱钩过程中，非常容易发生救生艇脱钩落入海中的事故。以下就是发生在海洋石油作业过程中的两起造成人员伤亡和财产损失的救生艇意外事故。

1980年5月30日，三亚港外"南海四号"平台12名员工，用救生艇下海训练兼送人去三亚购买副食品，坐在救生艇自动脱钩手柄前一名职工邓某擅自将脱钩手柄抬起，使救生艇从16m高的船舷坠落海中，造成一人死亡、九人重伤、两人轻伤的重大事故。

1983年5月24日晚上10：30左右，正在"南海二号"平台当班的一名员工付某，擅自离开工作岗位，爬到救生艇上，出于好奇，把自动脱钩手柄的保险销拔掉，抬起释放手柄，救生艇坠落海中，造成救生艇底部破裂报废、经济损失34000美元的重大事故。

（一）撤离救生艇注意事项

撤离救生艇注意事项如下：

（1）穿着救生衣，明确各自艇位。

（2）登艇、系好安全带。

（3）启动、降落、逃离。

（4）防止有害气体。

（5）救人。

（6）撤离。

（7）抛出海锚，等待救援。
（8）安排人员值班。

（二）打开救生艇舱口

在艇的内外都可用手锁紧装置开关所有舱口，每个把手外都贴有"开"和"关"的标牌，各舱口的具体操作如下：

（1）舱门：向尾部滑动，就可打开。
（2）首舱口盖：向后转动，就可打开。
（3）尾舱口盖：向前转动，就可打开。
（4）顶舱口盖：向前转动，就可打开。

（三）登艇

登艇主要是通过艇中部侧面的舱门来完成的，具体做法如图 4-5 所示。

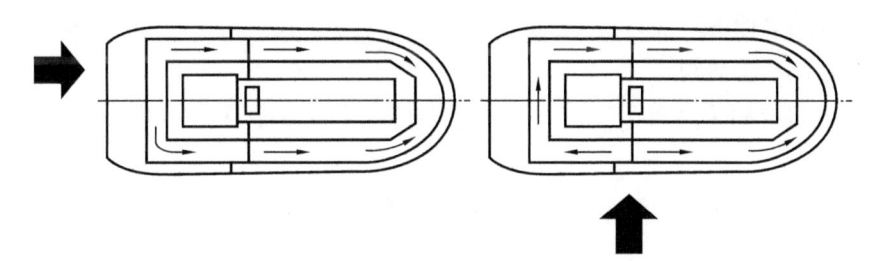

图 4-5　救生艇登艇路线图（箭头所指为登艇位置）

（1）穿上救生衣及戴上安全帽，迅速到集合地点。
（2）将把手转到"开"的位置，向尾部拖动舱门即可打开舱门。
（3）为尽快登艇，要求先登艇的人员坐到最里面的位置。
（4）其他艇员按照从里到外的顺序依次坐下，并系好安全带。
（5）登艇舱门处的座位，应留给最后的登艇者，他将负责关闭舱门，并固定舱门处的安全带。
（6）检查 T 卡，确保所有人员全部到齐。
（7）检查艇员重心是否分布均匀。

（四）安全带的使用

救生艇内每个座位处都标有黑色的座位标志，封闭式救生艇内每个座位上均有一副四点固定式单扣环安全带，艇员登艇后应系好安全带。如果救生艇在收放艇或航行的过程中，万一救生艇被翻转，只要每个乘员仍然保持在原来的位置固定不动，救生艇会自行扶正，且安全带会对乘员起到良好的保护作用。安全带的具体系法如下：

（1）先戴肩带，后系腰带。
（2）腰带固定后，拉紧右面的带子。

（五）驾驶员位置上可进行的操作

在驾驶座位上，除了可以进行艇的驾驶操作外，还能进行以下操作：

（1）主机供气的控制。

（2）控制吊艇钩释放。

（3）控制喷淋系统。

（4）控制应急供气系统。

（5）控制各灯开关，包括舱顶灯、标志灯、闪光灯和搜索灯。

（六）主机操作

救生艇的主机系统操作方法如下。

1. 启动前

（1）合上电源开关。

（2）打开熄火把手。

（3）打开油箱供油阀。

（4）将主机控制手柄置于空挡的位置，然后按下控制手柄上的按钮，再将控制手柄扳到高速位置。

（5）天气寒冷时向启动油管中注入一定的润滑油。

2. 启动

1）电启动

（1）在驾驶台有两组电瓶开关，把任一组开关转动到位置"ON"。

（2）确认主机控制手柄在空挡位置。

（3）将主开关旋转到"ON"位置。

（4）按下启动按钮，主机将被启动。

（5）如果主机启动失败是由于电瓶电量不足，换另一组电瓶重新启动主机。

2）弹簧启动（手摇启动）

（1）确认主机控制手柄在空挡位置。

（2）将弹簧开关置于"ON"位置。

（3）将扳手插入摇柄位置，反时针方向（90°）用力转动，直到转不动为止，将弹簧开关用力置于"OFF"位置，主机将被启动。

注意：无论用哪一种启动方式，主机控制手柄必须在空挡位置，在救生艇下水以前，主机空转不得超过 5min。

3. 运转

如果主机运转时，有一只或多只警示灯显示异常，应该立即停止主机运转，查找原因。主机运转正常以后，向前或向后推动主机控制手柄，使齿轮箱啮合。

4. 停车

（1）控制手柄置于空挡。

（2）拉出熄火把手，关掉仪表开关。

（3）关掉电源开关。

（七）脱钩方式

1. 正常脱钩

（1）确定救生艇在水面上。

（2）观察玻璃罩B，确认静压自锁指示拉杆C已经处于打开位置。

（3）将释放手柄从"E"拉到位置"F"，吊钩即被释放（图4-6）。

2. 应急脱钩

如果救生艇不能达到水面，或在水面上用正常脱钩失败时，可以进行应急释放。

（1）艇长下发进行应急释放指示。

（2）警告乘员必须系好安全带并抓牢。

（3）从释放手柄上拔出安全销"A"。

（4）除去防护罩"B"，在紧急状态下打碎破碎罩。

（5）用左手尽力拔出拉杆"C"，右手同时把释放手柄从位置"E"拉到位置"F"，吊钩即被释放。

警告：错误的操作将把救生艇跌落！

3. 吊钩释放手柄复位

（1）用左手按住按钮"D"。

（2）用右手把释放手柄从位置"F"推到位置"E"。

（3）释放按钮"D"，并把安全销"A"插好（图4-6）。

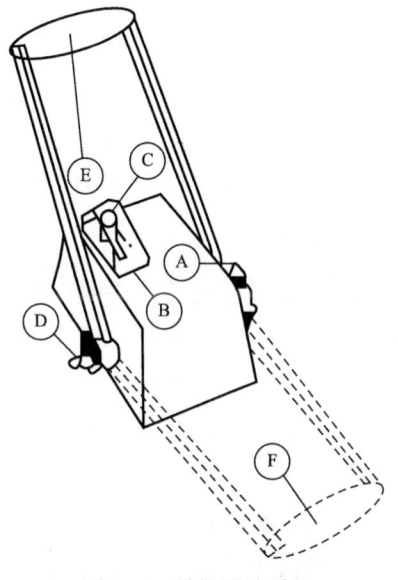

图4-6 吊钩释放手柄
A—安全销；B—玻璃罩；C—拉杆；D—按钮；E—释放手柄（关闭位置）；F—释放手柄（打开位置）

（八）备用桨划桨

救生艇在航行时，如果艇的推进系统发生故障时，可使用艇上备用桨划桨航行。要求动作要一致，划桨时桨叶入水深度为桨叶的2/3。

（九）封闭式救生艇操作流程图

封闭式救生艇操作流程如图4-7所示。

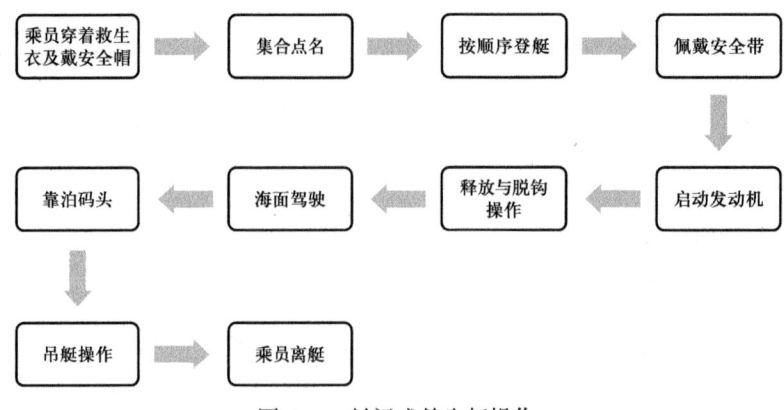

乘员穿着救生衣及戴安全帽 → 集合点名 → 按顺序登艇 → 佩戴安全带 → 启动发动机 → 释放与脱钩操作 → 海面驾驶 → 靠泊码头 → 吊艇操作 → 乘员离艇

图 4-7　封闭式救生艇操作

（十）恶劣海况驾驶技术

1. 大风浪天气

救生艇尽量避免在横浪中行驶，防止受波浪袭击发生倾覆危险，如遇大浪时，应使艇艏与浪呈 20°~30°角。

救生艇在纵浪中行驶时，如浪从艇尾来时，应注意控制航速和舵向，以防艇尾受风浪推移打横陷入横浪；如顶浪前进时，当艇艏陷入波谷还未上仰时刻，大浪从艇艏扑来，这样连续几次，艇将会发生危险。因此，艇在大风浪中航行时，艇艏不宜与大风浪相对抗，要采取艇艏侧或艇尾受浪。

大风浪中掉转艇艏要特别注意，要善于观察波浪的规律，当出现较弱波浪时和艇处于波谷时，应迅速掉头。

2. 风暴天气

当艇在海上受到风暴袭击产生剧烈摇摆而无法安全操作时，有可能发生倾覆的危险，此时可采用以下应急处理方法：

1）施放海锚

施放海锚目的是使艇艏顶风顶浪，增加艇的稳性和减少其漂流速度，以便保持艇位，等待救援。使用海锚时，首先用舵使救生艇艇艏顶风、顶浪，然后将海锚抛入海水中至适当距离，将海锚索固定在艇艏，收回索保持松弛状态。回收海锚时，将海锚收回索拉回即可。

2）撒镇浪油

撒镇浪油的目的是增加海水的表面张力，减少水对风的阻力，使风吹过来时，先吹动油膜，下面小质点所受的震动就较小，浪高相对减低，以增加救生艇的稳性。使用时将镇浪油倒入布油袋，并在布油袋四周刺上小孔，用绳系结好，投入海中，油便会分布于救生艇周围。应注意将镇浪油布放于救生艇的上风侧。

二、封闭式救生艇释放与回收技术

（一）释放操作

封闭式救生艇（固定式吊艇架）的一般释放操作程序：

（1）解开艇固定索。
（2）解脱充电电缆接头。
（3）准备放艇（打开起艇机罩，并摇动摇柄使吊艇张紧）。
（4）打开保险装置。
（5）放艇至登艇甲板，艇员依次登艇，系好安全带。
（6）启动主机。
（7）艇内手向下拉动放艇遥控绳。
（8）救生艇着水后，立即脱钩。
（9）驾驶员用艇篙将艇艉拉开，当艇艉离开码头30°～40°时，驾驶员操纵艇缓缓倒车驶离靠泊点。

（二）回收操作

封闭式救生艇（固定式吊艇架）的一般回收操作程序：

（1）选择适宜的靠泊方向，一般按30°～40°的角度靠泊。在距离泊点适当的距离停车，依靠艇余速缓缓靠上。
（2）艇内艏艉处各一人，检查吊艇钩是否处于正确位置，并准备挂钩。
（3）驾驶救生艇位于两吊艇绳之间，两钩位于两条吊艇绳之下，分别抓住两条吊艇绳，必要时可动用艇篙，接着挂钩，最好的方法是两钩同时挂上。
（4）在甲板按动提升按钮，将艇提上。
（5）艇离水后，熄灭柴油机。
（6）当艇提升到距离正确的存放位置20cm左右，由于限位开关的作用，会自动停止。
（7）乘员离艇。
（8）手摇提升艇至存放位置。
（9）关闭门窗。
（10）若有必要，可装上辅助吊艇绳并系上各安全艇索。

（三）应急逃生程序

封闭式救生艇（固定式吊艇架）的一般释放操作程序：

（1）在紧急情况下，所有人都应听从救生艇艇长的指挥。
（2）所有人到各自指定的救生甲板集中点名。

（3）打开登艇门窗。

（4）启动柴油机。

（5）乘员登艇，分散就座，系好安全带。

（6）关闭艇门窗。

（7）启动应急供气系统和应急喷淋系统。

（8）降落救生艇。

（9）根据海面情况，选择不同的脱钩方式。

（10）驾驶救生艇迅速逃离险区。

三、救助落水人员

从海里救人非常困难，对海里和艇内的人都存在潜在危险。必须进行严格的训练，才能够成功地进行救助。救人的一般程序如下：

（1）由艇长决定从艇的某一侧进行救人。

（2）位于救人的一侧靠近舱门的人员要移开，舱门内侧各留一个人。

（3）驾驶救生艇缓缓迎风行驶，注意判断艇艏距落水者的距离，接近（大约距离落水者1.5m）时，向落水者侧打满舵并倒车，使艇停止前进后，脱开齿轮箱，艇将借助风力自动向落水者靠拢。

（4）立即用救生索、艇篙或者其他的救助工具搭救落水者。

（5）通过舱门将人救入艇内，并利用艇的振动来减少救助用力，最好将落水者水平拉进艇内，以便保证落水者被拉入艇内时不受伤害。

（6）将人救入艇内后，马上关闭舱门，并向艇长报告。

（7）让被救上的人躺在艇内，并将其腿抬高，即使有知觉的人也要这样，落水者被救后易产生突发性的高血压，若让刚被救上的人站立甚至可能出现突然死亡。

四、海上待救

救生艇在逃生过程中，可利用自身配备的各种求救信号实施求救。

（一）降落伞火箭求救信号

降落伞火箭能将红色火焰射入300m以上的高空，发出2×10^4cd的红光，持续时间可达40s。一般在船舶驾驶室、救生艇上都备有降落伞火箭信号。使用方法见信号表皮的说明。

（二）手持红色火焰信号

手持红色火焰主要配在船舶驾驶室，救生艇也配备，施放时可发出光度约600cd，持续时间约为1min。使用方法见信号标的说明。

（三）烟雾信号

配置于救生艇上的烟雾信号能放出橙黄色浓烟，持续约 5min，能见范围达 5n mile 以上，供白天使用。施放时要用手持信号筒，在离开身体的下风方向打开盖并把盖子丢掉，然后用手拉点火环，信号开始冒烟。此时把信号筒丢在水里，它即自由浮出水面并放出橙黄色浓烟。使用方法按外壳上的说明图解进行。

（四）应急无线电示位标

船舶和钻采平台均备有应急无线电示位标，当船舶或平台遇难时，备有的无线电示位标可发射出 2182kHz、121.5MHz 和 243MHz 的遇险无线电波，显示出遇险人员的所在位置，收到信号的过往船舶和飞机可根据该位置前往救援。

示位标在水的作用下即脱开其夹壳，自动扶正漂浮于水面，并发射遇险无线电波。一般的示位标使用一只 7.5V 电池（使用期限两年），该电池可供它工作 100h 以上。

弃平台时，负责人员一定要把示位标带进救生艇，用一段绳子把它系在艇上，并让它连着绳子漂浮在海水中，此时示位标也可用手持着在母船甲板上工作。工作时应保持装置及其天线垂直向上，并在无阻塞的开阔甲板区域操作。其操作方法是：用手抓住示位标的底壳，把它从夹壳中拉出，然后摆至垂直向上方向，装置即开始发射无线电波，观察其红色指示灯，如果灯亮，说明它正在发射遇险无线电波。

五、撤离救生艇

从救生艇上撤离，可撤离到船舶或直升机上。

（一）撤离到船舶

从救生艇上撤离人员到船舶上有可能使人员受伤。如果救生艇和艇上人员均未受伤，一直待在艇内也是安全的。

在恶劣的天气时，应该考虑是否推迟人员撤离，以便撤离工作能顺利安全进行。撤离人员的工作需要纪律严明。如需撤离，应采取如下措施：

（1）必须安排一人指挥，任何人必须服从命令。

（2）千万不要站在艇顶。

（3）没有开始撤离时，不许打开门窗，任何时候不许将两侧舱门同时打开。

注意：当人员移向艇的撤离侧时，干舷和稳性降低了。

（二）撤离到直升机

人员从救生艇撤离时，关键在于遵守纪律，服从指挥。整个撤离过程由直升机飞行员控制。如果从直升机放下一位营救人员，他将负责救生艇上的一切事情，否则由艇长负责。如果与直升机间有无线电联系，撤离指令由直升机发出。一般首先提升受伤人员，在伤亡严重或通信不便的情况下，可先派一名未受伤人员到直升机，以安排担架等撤离工作。撤离时，应遵守以下程序：

（1）任何人员不得到艇顶部去，没有接到命令时，所有人员必须坐在艇内，应穿上救生衣或保温服。

注意：不使用担架时，必须脱掉保温服。

（2）只许打开一侧的舱门（根据指挥者的命令）。

（3）救生艇应迎着风浪，尽可能保持静止，应是直升机向艇靠近，不允许以艇靠近直升机。

（4）救生吊带通过一控制绳和重锤向下释放。

注意：重锤浸于海中后方可接触救生带，重锤必须一直浸在水中，控制绳决不允许系于艇上。

（5）当吊带放到舱口位置时，需要有人到舱门口抓住救生绳，把救生带拉入艇内。

注意：脱开齿轮箱，以免控制绳缠进推进器。

（6）被转移者坐在舱门处，另一人帮助按下列程序系上吊带：

① 拿住吊带，一只手臂穿过吊带，然后从头和肩部套过。

② 再将另一只手臂和肩套过。

③ 让吊带位于背部，保证吊带围在救生衣外。

④ 检查吊带和吊环是否缠结，束紧吊带。

（7）被撤离者站在舱门处，发出起吊信号。

（8）被撤离者在到达直升机以前，不得乱动。

第四节 救 生 筏

海上固定平台所配备的气胀式救生筏应能容纳其总人数的100%。平台群中的生活平台应配备能容纳其总人数的气胀式救生筏，平台群中的其他平台应按各自实际工作的最多人数和特点配备气胀式救生筏。

当平台上配有救生筏时，在出现险情时可避免海上作业人员落入水中，使他们在一定程度上避免了来自浸死、干渴死和冻死的直接威胁，从而达到延长生存时间直至获救的目的。救生筏是一种较简单但很实用的救生设备，但它不具备自航能力，必须依靠其他救生设备前来救援。

一、救生筏的分类、结构和一般要求

（一）救生筏的分类

根据结构形式救生筏分为刚性救生筏和气胀式救生筏两种。

1. 刚性救生筏

刚性救生筏的浮力应由认可的自然浮力材料提供。这些浮力材料应置于救生筏的周

边。其浮力材料应是阻燃的或用阻燃材料覆盖物加以保护的。其筏底应能防止海水进入并可有效支承乘员离开水面御寒。救生筏在倾覆时能自行或由一个人扶正。

2. 气胀式救生筏

气胀式救生筏是用橡胶与尼龙布等材料制成，它是用气体充胀成圆形或椭圆形带有顶篷的小筏。气胀式救生筏按施放方法的不同，一般分为抛投式和机械吊放式。

（1）抛投式救生筏。

当船舶遇险时，可由人力或借助其本身重力作用抛入海中，在极短的时间内依靠充气绳拉动充气瓶阀门使其充气成形的救生筏。

（2）机械吊放式救生筏。

主要供客船或科学考察船、教学船使用。先将筏从储藏舱室或甲板存放处取出悬挂在救生筏吊架上，拉动充气拉绳，使其在舷边充气成形。然后系妥胶布做的登乘平台，使船员和旅客从甲板上登乘救生筏，再将筏吊落至水面。这样使乘员避免了爬绳梯、跳水等困难。

（二）气胀式救生筏的结构

（1）上、下浮胎：是互相独立的两个气室，在上浮胎内有两个单向筏通向篷柱，上浮胎损坏时，篷柱仍能保持支撑状态。

（2）篷柱：与上浮胎连接用于支撑篷帐的圆柱形气室。

（3）篷帐：是用双层棉编防水胶布制成，粘贴在篷柱上，起防浪、避风、遮雨、防晒等作用。外表为橙黄色，以易于被发现。

（4）双层筏底：与下浮胎相连可保证筏体水密，同时在双层筏底中间的气室，起到防寒、隔热降温和增加筏体强度的作用。当天气寒冷时用手动风箱充气减少热量散失，当天气炎热时把筏底中气体放掉，利用筏底和海水直接接触来降低筏内温度。

（5）平衡袋和提拎带：平衡袋是设在筏下浮胎下面四角的橡皮袋，其上设有三个漏水孔，筏入水后平衡袋中充满海水，增加筏的稳性、阻力和平衡。当筏被拖带时，可用提拎带将平衡袋提起，使内部海水漏出来，以便减少在前进中的阻力，加快航速。

（6）充气钢瓶：内装 CO_2 和部分 N_2 的高压钢瓶，瓶上附有瓶头阀，只要用充气拉索将瓶头阀打开，即可自行充气。每只筏上装有钢瓶两只，分别给上、下浮胎与篷柱充气。瓶内装有部分 N_2 的主要原因是，在 −30℃ 时 CO_2 的液压降得很低且气化时易在瓶口出现"雪片"，使充气时间减慢；N_2 的存在使 CO_2 能在低温时使用并满足充气时间的要求。

（7）筏底扶正带：装在筏的底部，从钢瓶一侧向对边引伸，形成"V"形或"Y"形，当筏在翻覆状态时，可用它来扶正救生筏。

（8）海水电池是示位灯和筏内照明灯的电源，可供照明 12h 以上，一般位于上下浮胎之间。

（9）安全阀、排气阀：上下浮胎各有一个安全阀，若压力超过工作压力两倍时，安全阀自动开启排气，并发出尖叫声，直到达到工作压力为止。上下浮胎及篷柱内气压不足时，可以通过此阀进行补气。在筏底也有安全阀，可用于向筏底充气。排气阀可用于排出上下浮胎、篷柱内气体，一般进行年度检测时用其放掉筏内试验时充进的气体。

（10）内外扶手绳：筏外四周上下浮胎间设有扶手绳，供求生人员攀扶，筏内四周扶手绳供求生人员在摇摆时使用。

（11）示位灯和照明灯：示位灯在筏顶上，照明灯安装在筏内篷柱下。

（12）软梯或登筏平台：设置在进出口处下浮胎下面，供求生人员登筏用。登筏平台一般为气胀式。软梯的最下一阶位于救生筏的轻载水线之下不小于 0.4m 处。

（13）进出口和门帘：筏上有两个对称的进出口，并装有防浪御寒的两幅双层门帘。外幅门帘自上向下，内幅门帘自下向上分别扣在上浮胎和篷帐上。

（14）雨水沟：在篷帐中间突出在胶布面上的两条流水沟，位于筏的两侧，沟内有橡皮管通向筏内悬挂的积水袋，下雨时用来收集雨水。

（三）救生筏的一般要求

1. 救生筏的构造

（1）每只救生筏的构造，应能经受在一切海况下暴露漂浮达 30d。

（2）从 18m 高度投落下水后，救生筏及其属具能正常使用。

（3）在顶篷撑起和未撑起的情况下，漂浮的救生筏应能经受从筏底以上至少 4.5m 的高度反复多次蹬跳。

（4）救生筏及其舾装件的构造应使救生筏在载足全部乘员及属具并放下一只海锚后，在平静水中，能以 3kn 的速度被拖带。

（5）救生筏应设有保护乘员免受暴露的顶篷，顶篷在救生筏降落后和到达水面时能自动撑起。其内部颜色不应使乘员感到不舒适，容纳八人以上的救生筏至少应有两个对称的进口，当进口关闭时，顶篷应能通入足够乘员所需的空气；顶篷上至少有一个瞭望窗，还应有收集雨水的装置。

2. 救生筏的乘员定额和重量

（1）乘员定额不得少于 6 人。

（2）救生筏及其容器和属具的总重量不超过 185kg。吊架降落救生筏除外。

3. 救生筏的舾装件

（1）沿救生筏外围及内侧牢固地装设链环状把手索。

（2）设一根首缆，其长度应不少于 10m 加上从存放到最轻载航水线距离或 15m（两者取其大者）。

（3）救生筏顶篷上应装设人工控制灯。救生筏内部应装设一个至少能连续动作12h的人工控制灯，灯光应为白色。当顶篷竖好以后，灯能自动点亮并能提供足够亮度供乘员阅读救生与设备须知。电池形式不应因存放位置的潮气或湿度而变质。

4. 吊架降落救生筏

（1）除符合以上要求外，当救生筏载足全部乘员及其属具后，能经受碰撞速度不小于3.5m/s碰撞船舷的水平撞击力；从不小于3m的高度处投落水中，不得有影响其性能的损坏。

（2）客船上的吊架降落救生筏的布置应使救生筏的全部乘员迅速地登上救生筏。

（3）货船上的吊架降落救生筏的布置应使救生筏的全部乘员能在发出登筏指令后不超过3min登上救生筏。

5. 救生筏自由漂浮装置

（1）首缆系统。它既能保证救生艇与船舶之间有效连续，又能保证救生筏与船舶有效地脱开，不致被下沉中的难船拖沉。

（2）薄弱环。不致被从救生筏容器中拉出首缆所需的力拉断。它有足够强度使救生筏充气，在强力为（2.2±0.4）kN以上断开。

（3）静水压力释放器。在水深不超过4m处，能自动释放救生筏。设有泄水孔，防止平时水分聚积在静水压力室内。当海浪拍击其装置时，应不会脱开。连接首缆的部件的强度应不小于对首缆所要求的强度。在其外部永久地标明其型号与出厂号。

（四）气胀式救生筏的要求

在符合救生筏的一半要求基础上，还应符合如下要求。

1. 气胀式救生筏的构造

（1）主浮力舱应分成不少于两个独立的隔舱，每个隔舱通过各自的止回充气阀充气。浮力舱的布置应在任一隔舱损坏或充气失败时，完整的隔舱应能以救生筏整个周围都是正的干舷来支持该筏的额定的乘员。

（2）救生筏的筏底应不透水，并应充分绝热以御寒冷，可采用一个或几个隔舱都能由乘员充气或自动充气，并能由乘员放气并再充气的设施，也可采用不依靠充气的其他设施。

（3）救生筏的充气应由一个人就可完成。救生筏应使用无毒气体充气。环境温度为18~20℃时在1min，环境为-30℃在3min内完全充足。充气后，救生筏载足全部乘员和属具后应保持其形状不变。

（4）每个充气隔舱应能经受至少等于三倍工作压力的压力，无论是使用安全阀还是限制供气的方法，均应防止其压力超过两倍工作压力。

（5）救生筏内部应有帮助水中的人员将自己从登筏梯拉进救生筏的设施。

2. 气胀救生筏的乘员定额

气胀救生筏所能容纳的乘员人数应等于下列各数中的较小者：

（1）充气后，其主浮胎的容量（m³）除以 0.096 后所得到的最大整数。

（2）救生筏量至浮胎的最内边的水平横剖面面积（m²）除以 0.372 后所得的最大整数。

（3）可足够舒适地坐下并有足够的头顶空间，而且不妨碍操作任何救生筏属具的人数，这些人的质量以 75kg 计，并且全部穿着救生衣。

3. 气胀式救生筏的稳性

（1）当充气胀满并且顶篷撑到最高位置而漂浮时，在风浪中应当稳定。

（2）在风浪中及在平静水面上，当救生筏处于翻覆位置时，均能由一人扶正。

（3）救生筏载足全部乘员和属具后在平静水面能以 3kn 航速被拖带。

4. 气胀救生筏的容器

（1）气胀救生筏应包装在该容器内，其结构保证在所能遇到的海上各种条件下，能经久耐用；内装救生筏及其属具时，具有充裕的固有浮力，如船舶沉没时，能从内部拉出首缆并开动充气装置。

（2）救生筏在其容器内的包装，应尽可能确保救生筏从容器中脱开后，在水面充气时处于正浮状态。

（3）容器上应标明：制造厂名或商标、出厂号码、认可机关名称和乘员定额、SOLAS、内装急救袋的型号、最近一次检修日期、首缆长度、水线以上最大允许可存放高度、降落须知等。

5. 气胀救生筏上的标志

救生筏上应标明：

（1）制造厂名或商标。

（2）出厂号码。

（3）制造日期。

（4）认可机关名称。

（5）最近一次检修的检修站名称和地点。

（6）每个出口处上面写明乘员定额，字高不小于 100mm，字色与救生筏颜色有明显的差异。

6. 吊架降落气胀救生筏

（1）除以上要求外，当其悬挂在吊钩或吊筏索上时，还应能经受下列负荷：

① 在环境温度下，救生筏温度定在（20±3）℃，且所有安全阀关闭情况下，全部乘员和属具质量的 4 倍。

② 在环境温度下，救生筏温度定在 -30℃，且所有安全阀打开情况下，全部乘员和

属具质量的 1.1 倍。

（2）必须使用降落设备降落救生筏的刚性容器，应加以系固，以防止该容器或其他部件在救生筏充气和降落下水过程中及以后坠落下海。

二、救生筏的属具

（一）救生筏属具

（1）系有不少于 30m 长浮索的可浮救生环一个。

（2）装有可浮柄的非折叠式小刀一把，系以短绳并存放在顶棚外面靠近首缆与救生筏系连处的袋子内，另外，乘员定额为 13 人或以上的救生筏应加配一把不必是非折叠式的小刀。

（3）乘员定额不超过 12 人的救生筏配可浮水瓢一只，乘员定额为 13 人或以上的救生筏配有可浮水瓢两只。

（4）海绵两块。

（5）海锚两只，每只配有耐震锚索及收锚索各一根，一只备用，另一只固定地系在救生筏上，其系固方法应使海锚在救生筏充气或到水面时，总是使救生筏以非常稳定的方式顶风。每只海锚及其锚索和收锚索应具有足以适于一切海况的强度。海锚及锚索的每端都应设有旋转环。永久地固定在吊架降落救生筏上和安装在客船救生筏上的海锚只供人工布放，所有其他的救生筏应配备当筏充气时能自动布放的海锚。

（6）可浮划桨两只。

（7）开罐头刀三把。

（8）使用后能置于紧密关闭的防水箱内的急救药包一套。

（9）哨笛或等效的音响号具一只。

（10）火箭降落伞火焰信号四只。

（11）手持火焰信号六只。

（12）漂浮烟雾信号两只。

（13）防水手电一只，连同备用电池 1 副及备用灯泡一只，装在同一防水容器内。

（14）雷达反射器一具，除非在救生筏内存放有一只救生艇筏用雷达应答器。

（15）日光信号镜一面，连同与船舶和飞机通信法须知。

（16）印在防水硬纸上，或装在防水容器内的救生信号图解说明表一张。

（17）钓鱼用具一套。

（18）总数为救生筏额定乘员每个人不少于 10000kJ 的口粮，口粮应保存在气密包装内并收存于水密容器中。

（19）水密容器数个，内装总量为救生筏额定乘员每个人 1.5L 的淡水，其中每个人所需的 0.5L 淡水量可用 2d 内能生产等量淡水的海水除盐器来代替。

（20）防锈饮料杯一个。

（21）救生筏额定乘员每个人配足够用48h的防晕船药和清洁袋一个。

（22）救生须知。

（23）紧急行动须知。

（24）足供10%的救生筏额定乘员使用的保温用具或两件，取其大者。

（二）气胀救生筏的附加属具

（1）修补浮力分隔舱破损的修补工具一套。

（2）充气泵或充气器1具。

（3）配备在气胀救生筏内的小刀或剪刀，应使用安全型。

三、救生筏的安装固定和使用检查

（一）救生筏的存放

（1）救生筏及其存放装置，不会影响存放在其他任何位置的救生设备的使用。

（2）在安全和可行的情况下，救生筏的存放位置应尽可能靠近水面。除需抛出船外降落的救生筏外，其他救生艇筏应存于如下位置，即：在登乘位置上的救生艇筏，当满载船舶在不利纵倾至10°情况下向任何一舷横倾达20°，或横倾到船舶露天甲板的边缘浸入水中的角度时，救生筏距离水线应不少于2m。

（3）处在即可使用状态，使两名艇员能在少于5min内完成登乘和降落准备工作。

（4）存放在安全并有遮蔽的地方，并加保护，免受火灾和爆炸引起的损害。尤其是油船上的救生艇筏，不应存放在货油舱、污油舱或其他含有爆炸性或危险性货物舱的上方。

（二）救生筏的固定

平时固定放在平台甲板边筏架上，确保首缆系牢在船舶牢固处，并应将筏内引出的充气拉索系在筏架上的静水压力释放器上。

（三）救生筏的检查和保养

（1）每只救生筏检修间隔期不超过12个月，凡外观良好者可被船检局同意延期到17个月。

（2）检修时，要到被许可的检修站进行检修，内容包括：外表质量检查；对首缆、存放筒、绳塞等检查；对筏体质量检查；充气试验，安全阀等检查；对充气钢瓶、撞针、充气拉绳的检查；对艉装件及属具检查。发现损坏、霉变、过期等要进行修理、更换。一般筏体使用年限为10~15年，超过一定年限，可能不符合SOLAS公约，应予报废更换。

（3）筏检修后，要水平安放在存放架上，有箭头或其他标记应按标示存放，切勿将存放筒上的加强筋搁在筏架构件上。应除去存放筒上的打包带（此打包带是防止运输时存放筒开裂而使用的）。固定存放筒绳索要松紧适度。

（4）快速脱钩、固定绳索、首缆、卸扣、存放筒封条、绳塞等要每月检查一次。

（5）切勿在存放筒外表涂漆或加盖进行保护。

（6）净水压力释放器每12个月检查一次，也可由船检部门同意延期至17个月。

（四）救生筏的使用

（1）使用救生筏时，解开捆绑绳索并将筏架上的保险销子拔掉。

① 用手动方式将静水压力释放器的手动释放装置打开，筏即可投放，使用救生筏时，应将静水压力释放器脱钩装置松脱，使筏自动滑入水中或将筏投入水中（切记不要解开系在筏架上的拉绳）。

② 自动释放是由静水压力释放器在难船下沉到一定深度后自动释放。

（2）释放人员将救生筏抛入海里（图4-8）。

（3）拉住首缆，当充气拉索受力时便自动充胀救生筏（图4-9），等待救生筏充气释放完成后，人员从软梯或跳入海中登筏（图4-10）。

（4）人员登筏结束后，使用救生筏上的安全刀割断缆绳，逃离危险区（图4-11）。

图4-8 释放人员释放救生筏

图4-9 救生筏自动充胀

图4-10 人员从软梯登筏

图4-11 割断缆绳逃离危险区

（五）救生筏的操作技术和注意事项

1. 气胀式救生筏的自动释放过程

（1）当平台下沉到一定深度（2～4m），海水压力将释放器橡胶膜片内压，弹簧压缩，芯轴内移，吊钩受力绕轴转动，使保险钩同时旋转，钩环脱落，使救生筏固定缆绳松开，而筏因其本身浮力作用开始上升，同时导致首缆从筏筒中相应被拉出。

（2）当平台继续下沉，首缆绳（或充电拉绳）继续从筏的存放筒拉出到一定长度时，启动充气拉绳，拉破 CO_2 充气钢瓶的膜片，使 CO_2 气体向筏的上下浮胎充胀，将存放筒胀开，救生筏充气成型。

（3）首缆断开；在救生筏首缆与筏架间装有强度较弱的薄弱环（易断绳），由于平台继续下沉，筏成型后的漂浮力大大超过首缆上易断绳的强度而被挣断，从而使救生筏脱离平台，自由漂浮在海面上（图4-12）。

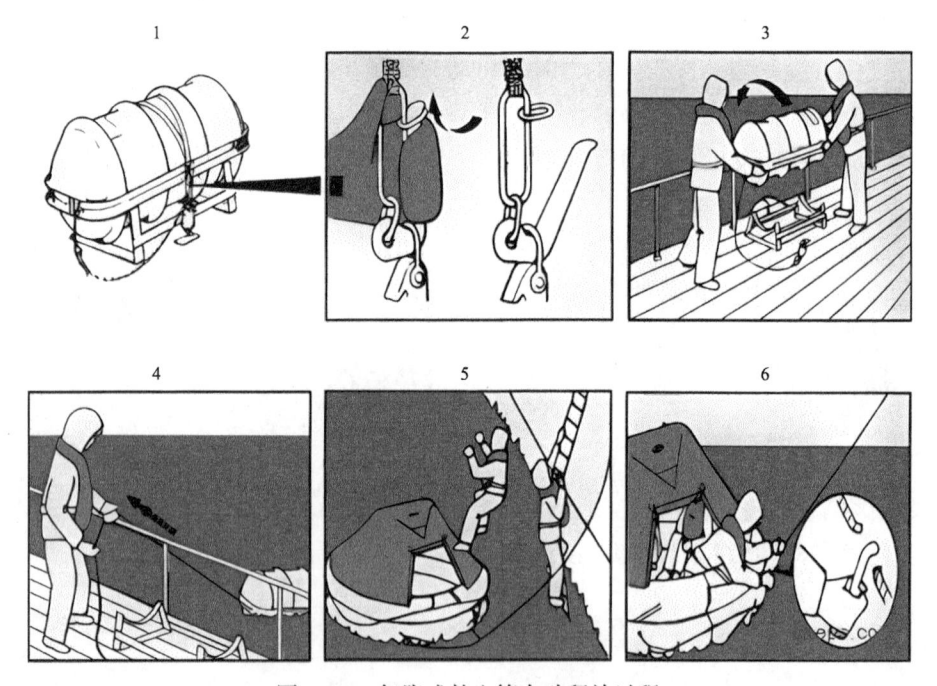

图4-12 气胀式救生筏自动释放过程

2. 救生筏注意事项

（1）当救生筏随风漂流过急，可将海锚投入水中，降低漂流速度。

（2）为了避免风浪侵袭，应将首尾进出口处的门放下，这时应通过筏顶篷上的瞭望窗加强值班瞭望。

（3）筏内有积水时，从修理袋中取出水瓢和吸水海绵将水排出。

（4）白天，利用反光镜借助阳光发送信号；夜间，利用手电筒发出摩尔斯信号。

（5）下雨时，利用饮用完的水瓶和一切能盛水的器具，收集从帐篷上的雨水沟流下的水，通过导管将收集到的雨水储存起来，以备饮用。

3. 登筏程序

（1）登筏时注意身上携带的物品和金属制品，防止损坏筏体。

（2）释放完成后，人员从软梯或跳入海中登筏，登筏使用绳索和绳梯，但注意尽可能不要弄湿身体；如果干舷低时，也可从船上直接跳到筏上，但应注意防止砸伤筏内人员或掉入水中。

（3）人员登筏结束后，使用救生筏上的安全刀割断缆绳，逃离危险区。

第五节 救 助 艇

一、救助艇的种类和性能要求

救助艇是指为救助遇险人员及集结救生艇筏而设计的，船舶上必须配备救助艇。

（一）救助艇的种类

1. 刚性救助艇

刚性救助艇是由刚性材料构成的救助艇。

2. 充气式救助艇

充气式救助艇是指由橡胶材料形成五个或两个体积大致相等的独立浮力胎，并且配备舷外发动机的救助艇。

3. 刚性充气混合式救助艇

刚性充气混合式救助艇是艇体材料既有刚性材料又有橡胶材料的救助艇。

（二）救助艇的一般要求

（1）必须符合对救生艇的一般要求。

（2）其长度应不小于3.8m，且不大于8.5m。

（3）应至少能乘载五个坐下的人员和一个躺下的人员。

（4）刚性与充气混合结构的救助艇，应符合其适用的要求，并通过主管机关认可。

（5）除具有足够舷弧的救助艇外，救助艇应设有不少于15%艇长的延伸艇艏盖。

（6）救助艇应能以航速6kn进行操纵，并保持此航速至少4h（救助艇的航速可以超过6kn）。

（7）救助艇在海浪中应具有足够的机动性和操作性，以便能从水中拯救人员，集结救生筏，并能以至少2kn航速拖带船舶所配备的、载足全部乘员及属具或相当重量的最大救生筏。

（8）救助艇若装设舷外发动机，舵与舵柄可以是该机的组成部分。救助艇还可以装设具有认可燃油系统的汽油驱动舷外发动机，但燃油柜应具备特殊的防火和防爆保护性能。

（9）拖带装置应永久地安装在救助艇上，其强度应足够集结或拖带船舶所配备的、载足全部乘员及属具或相当重量的最大救生筏。

（10）救助艇应设有存放小属具的风雨密封贮存处。

（三）充气救助艇的附加要求

（1）当被悬挂在吊艇钩或吊艇索时，充气式救助艇在构造上应做到：

① 其强度和刚性应足以使救助艇在载足全部乘员和属具的情况下，能降落及回收。

② 在环境温度为（20±3）℃，不使用所有安全阀的情况下，其强度应足以经受其全部乘员及属具总质量负荷的4倍。

③ 在环境温度为 –30℃，使用所有安全阀的情况下，其强度应足以经受起全部乘员及属具总质量负荷的1.1倍。

（2）充气式救助艇的构造，应能经受下列暴露：

① 在海上，存放在船舶的开敞甲板时。

② 在一切海况下漂浮30d。

（3）充气式救助艇应由至少五个约为等体积的独立隔舱分隔的单独浮力胎，或由两个均不超过60%总体积的独立浮力胎提供浮力。浮力胎的布置应保证在任一隔舱损坏时，未损坏的隔舱仍能支持该救助艇的额定乘员，即每个乘员体重以75kg计，坐在正常的位置上，并且在下列条件下救助艇整个周围为正的干舷：

① 前部浮力舱放气。

② 在一切海况下漂浮30d。

③ 一舷的全部浮力舱和首舱放气。

（4）形成充气式救助艇边界的浮力胎充气后应为每个救助艇额定乘员提供不少于0.17m³的体积。

（5）每个浮力舱应设有一个供人力充气用的止回阀和放气设备。还应设有一个安全释放阀，除非主管机关确信此阀为不必要的。

（6）充气式救助艇的艇底外面易受磨损部位，应加设主管机关认可的防擦板条。

（7）如装艇尾板，该艇尾板嵌入救助艇的长度应不超过其总长的20%。

（8）应设有合适的加强片，以便系牢艇艏缆和艇尾缆，以及艇内外两面的链环状救生索。

（9）充气救助艇均应保持充满气状态。

二、救助艇的配备与属具

（一）救助艇的配备

（1）500t（总吨）及以上的客船应在船舶每舷至少配备一艘救助艇。

（2）500t（总吨）以下的客船应至少配备一艘救助艇。

（3）货船应至少配备一艘救助艇。

（4）如果救生艇也符合救助艇的要求，则可将此救生艇作为救助艇。

（二）救助艇的属具

1. 每艘救助艇的正常属具

每艘救助艇的正常属具应包括：

（1）足够数量的可浮桨或手划桨，以供在平静海面划桨前进。每支桨应配齐桨架、桨叉或等效装置。桨架或桨叉应以短绳或链条系于艇上。

（2）可浮水瓢一只。

（3）内装有涂有发光剂或具有适当照明装置的有效罗经的罗经柜一具。

（4）海锚一个和配有足够强度锚索的手锚索一条，其长度不少于10m。

（5）足够长度和强度的手缆一根，附连于脱开装置，并设置在救助艇的前端。

（6）长度不少于50m的可浮索一根，该绳索的强度足以满足至少以2kn航速拖带船舶所配备的、载足全部乘员及属具或相当重量的最大救生筏。

（7）防水手电筒一个，连同备用电池一副及备用灯泡一只，装在防水容器内。

（8）哨笛或等效的音响号具一只。

（9）急救药包一套，置于用后可盖紧的水密箱内。

（10）系有长度不少于30m浮索的可浮救生环两个。

（11）探照灯一盏，其水平和垂直扇面至少为6°，所测得的光强为2500cd，连续工作不少于3h。

（12）有效的雷达反射器一具。

（13）足供10%救助艇额定乘员使用的保温用具或两件，取其大者。

（14）适用于扑灭油火的便携式灭火器一具。

2. 刚性救助艇的正常属具

除按正常救助艇第（1）至（14）条要求外，每艘刚性救助艇的正常属具还应包括：

（1）带钩艇篙一支。

（2）水桶一只。

（3）小刀或太平斧一把。

3. 充气救助艇的标准属具

除按正常救助艇第（1）至第（14）条要求外，每艘充气救助艇的标准属具应有：

（1）可浮安全小刀一把。

（2）海绵两块。

（3）有效的手动充气器或充气泵一具。

（4）装在适当容器内的修补破损的修补工具一套。

（5）安全艇篙一支。

三、救助艇的存放、检查和保养

（一）救助艇的存放

（1）处在即可使用状态且能在 5min 内降落水面。

（2）存放在便于降落及回收的位置。

（3）救助艇及其存放装置均不会影响存放在其他任何位置的救生设备的使用。

（4）如救助艇兼作救生艇，应符合救生艇存放的各项要求。

（二）救助艇的检查和保养

由于救助艇是一种重要的救生设备，具有其他救生设备不可替代的性能，因此应定期对其进行各项检查和维护保养。

（1）应按救助艇的维护保养须知制订维护保养表，并相应地进行维护保养。

（2）每周应对救助艇及降落设备进行目视检查，以确保立即可用，只要环境温度在启动发动机所规定的最低温度以上，每周应对救助艇的发动机进行正车和倒车运转，总时间不少于 3min。舷外挂机的救助艇每周也应进行以上试验，但是当该挂机的性能不允许该挂机在其推进器离水的情况下运转 3min 时，则应按出厂手册说明的周期进行运转。

（3）每月应按检查保养表中要求检查救助艇，包括救生属具，以确保完整无缺并处于良好状态。

（4）降落所用的吊艇索的两索端应相互调头，间隔不超过三十个月，由于吊艇索变质而有必要时，或在不超过 5 年的间隔期中，应予换新，取较早者。

（5）所有充气救助艇的修理和维护保养，应按照制造商的说明书进行。可以在船上进行应急修理，但应在认可检修站完成其永久性修理。

第六节 应急处理

虽然海上逃生设备随时都处在可用状态，但为了以防万一，在此有必要学习和掌握救生艇在应急情况下所采用的应急处理方法。

一、迅速驾艇远离遇险平台

乘员应在登艇前穿好救生衣,如可能可带一些毛毯、淡水、食物进入筏内。待遇险人员登艇并顺利吊放至水面后,迅速驾艇离开即将沉没的遇险平台。救生艇应在距平台一定距离(约2km)的区域集结待救,避免遇险平台沉没时将艇吸入水中,并防止沉没时可能引发的火灾、爆炸将艇烧毁。如果救生艇发动机出现故障,无法启动,也必须使用配备的桨迅速划行离开(图4-13)。

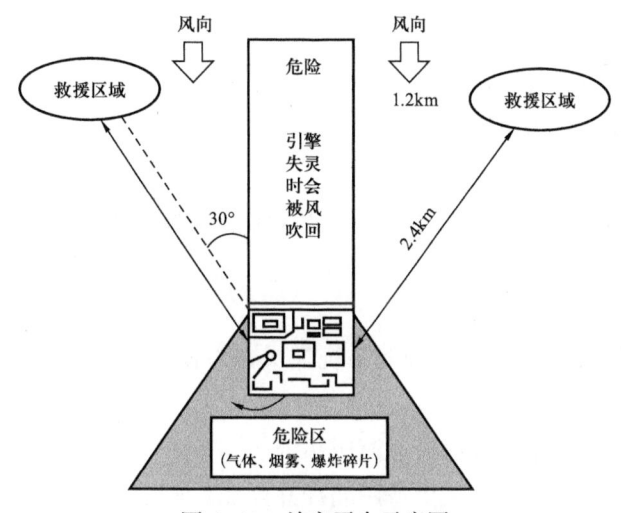

图 4-13 放弃平台示意图

二、应急启动

封闭式救生艇之所以有自航能力,是因为它配置了一台柴油机,为救生艇提供推动力,确保遇险人员迅速地逃离危险区。

若柴油机不能正常启动,应尽快查明原因及寻找其他解决办法,常见的有以下几种:

(1)油门没有加到位,可调整油门的位置。
(2)摇动速度不够快。
(3)机油温度过低可加热,应急时可用劲摇动。
(4)高压油泵油管有空气,排放管系的空气。

三、应急喷淋系统

全封闭式救生艇内安装有应急喷淋系统,此系统可保护处于海面火区中的救生艇及其乘员。该系统的运转能确保艇在火区温度高达1000～1200℃的情况下安全地逃离,且艇内温度低于100℃;但该系统要与应急系统配合使用。

为了确保艇在高温油火中安全通过,必须保证喷淋系统的正常运转,若此系统不出水,应查明原因,常见原因如下:

（1）进水阀门没打开。
（2）海水泵密封圈漏气。
（3）进水管口堵塞。

四、应急供气系统

救生艇在危险气体区域时，应立即打开应急供气系统。此系统可保证艇内安全气压至少维持 10min。使用时，注意不能让艇内气压比外部气压低，以保证外部有毒气体不能进入艇内。若供气系统失灵不供气，且存在毒气威胁时，人员应沉着冷静，让熟悉该系统的人员检查，具体方法如下：
（1）检查低压阀门是否打开。
（2）高压气瓶阀门是否已旋开。
（3）如果以上两者都无误，很可能是平衡阀（节流阀）被堵塞。

五、应急舵

救生艇采用液压操舵，若液压操舵系统失灵，可使用备用舵杆直接操舵，操作步骤如下：
（1）将阀手柄转至水平位置以旁通液压系统。
（2）按艇长的命令，一艇员装上备用舵杆并操舵。

若推进系统无法工作，可使用配备的桨划桨行驶。救生艇一般每舷配有两只划桨，后桨叉在舱门口，前桨叉通常用水密盖关闭。当用两对桨划行时，由后桨手发口令，也可由驾驶员用口令指挥。

划桨动作要正确，桨入水深度为桨叶的 2/3 较适宜。顶风划桨时，向前推桨叶时应保持与水平面平行，以减少风的阻力；如遇大浪，应注意桨叶处在浪谷时不要用力拉桨，避免拉空桨，使人翻倒。多桨划艇时，前后桨手的动作要整齐一致，以避免桨叶相碰。

六、伤员保护

由于救生艇上的空间小，无足够设备抢救重伤员，所以应尽量在现场救护受伤人员。登艇时，受伤人员应首先被移进艇内，担架应向前放在座位上，用带缠好，若座位空间太小，可将担架放在未受伤人员的腿上，并注意采取以下措施：
（1）若可能，应将受伤人员背向艇侧放于座位上（减少放艇时的冲击）。
（2）昏迷状态的人，必须放在担架上或座位上。
（3）所有人员包括受伤人员在放艇或航行时，必须束紧安全带。
（4）对所有落水者都应按体温过低处理。
（5）对受伤人员应精心护理：保证伤员呼吸畅通；检查脉搏，必要时进行人工呼吸；阻止任何流血，尽可能抬高出血部位，用干净绷带包扎，以防感染。

思 考 题

1. 救生艇存放的基本要求有哪些？
2. 救生艇的分类有哪些？救生艇的一般性能有哪些？
3. 封闭式救生艇的操纵方法是什么？撤离救生艇应该注意什么？
4. 撤离救生艇登艇时应该注意什么？
5. 救生艇的主机系统操作方法是什么？
6. 救生艇脱钩方式有哪两种？两种脱钩方式如何操作？
7. 封闭式救生艇操作流程是什么？
8. 封闭式救生艇释放程序是什么？
9. 气胀式救生筏的一般要求有哪些？
10. 救生筏的正确操纵方式是什么？操纵时应该注意什么？
11. 登艇后应急逃生应该注意什么？

第五章 海上急救

第一节 概 述

海上石油作业设施一旦发生事故伤害和人员突发危险性急症时,如果不能得到及时有效的医疗救助,可能会影响伤病员的生命。对海上作业人员进行海上急救培训,可使他们掌握急救基本知识与技能,提高面对伤害时的自救和互救能力,以便在医疗救助到达之前,最大限度地保证并延长伤病员生命,减少伤亡。这对于实现"以人为本"的 HSE 基本理念,保证海上石油生产安全具有重要意义。

一、人体概述

人体是由许多细胞组成。许多形状相仿、作用相同的细胞构成各种组织;几种组织结合在一起,执行一定的功能,叫作器官;几种功能接近的器官联合起来,担负某种任务,叫作系统;这种结构单位按照一定的规律组成一个复杂而完整的人体。

整个人体分为头、颈、躯干和四肢四大部分,人体表面覆盖着皮肤,皮肤以内是肌肉和骨骼。在头部和躯干部,由皮肤、肌肉和骨骼围成两个大的腔:颅腔和体腔,腔内有很多重要的器官。

(一)头部

头部与颈部相接,头部包括颅和面两部分,颅内有脑、血管及脑膜;面部有视器、位听器、口鼻等器官,鼻腔与口腔是呼吸、消化道的起始部位。视器、位听器及口、鼻黏膜中的味器和嗅器属于特殊感觉器。

(二)颈部

位于头部、胸部和上肢之间。颈部肌肉分为颈浅群,舌骨上、下肌群,颈深肌群。颈部可使头颈灵活运动,并参与呼吸吞咽和发音等。颈部正中有呼吸道和消化管的颈段,颈部两侧有纵向行走的大血管和神经;在颈部后方,有骨性的颈椎结构。颈部根部不仅有斜行于颈部和上肢之间的血管和神经,还包括胸膜顶和肺尖,它们从胸腔延伸至颈部。

(三)胸部

位于颈部与腹部之间。其上部两侧借上肢带与上肢相连。此部以胸廓为支架,表面覆盖皮肤、筋膜、肌肉、血管、神经等软组织,内面衬以胸内筋膜,它们一起构成胸壁。胸壁与膈共同围成胸腔。胸腔两侧部容纳肺和胸膜囊,中间为纵隔,有心及出入心的大血管，食管和气管等，纵隔向上经胸部上口通颈部，向下借膈与腹腔分隔。

（四）腹部

位于胸部与盆部之间，包括腹壁、腹膜与腹腔脏器和血管神经等。

（五）上肢

人类上肢运动灵活、骨骼轻巧，关节囊薄而松弛，无坚韧的侧副韧带，肌肉数多，肌形较小而细长。

（六）下肢

下肢与上肢比较，其功能除行走运动外，还可使身体直立，支持体重，故下肢的骨骼比上肢粗大，骨连接的构造较为复杂，关节的辅助结构较上肢者多而坚韧，其稳固性大于灵活性，下肢的肌肉亦较发达。

二、海上急救基本知识

（一）海上急救定义

海上急救是指海上作业人员因为意外伤害或急症，在未获得医疗救助之前，为了维持伤病者生命、减轻痛苦采取的现场救助措施。

（二）海上急救目的

（1）抢救和延续伤病者生命。
（2）改善病情，减轻伤病者痛苦。
（3）防止病情恶化，预防并发症和后遗症发生。
（4）促进伤病员康复。

（三）海上急救原则

（1）观察现场环境，消除危险因素，做好自我保护。
（2）建立早期通路。在进行现场急救的同时，尽快找平台上的值班医生。
（3）将患者脱离危险区。
（4）分清轻重缓急，果断实施急救，先复苏、后固定，先止血、后包扎，先重伤、后轻伤。
（5）尽快寻求医疗机构。

（四）人体四大生理指标

人体的四大生理指标是体温、呼吸、脉搏、血压，健康成年人在正常情况下的四大生理指标的主要情况如下：

（1）体温：是指机体的温度。人体具有相对恒定的体温，这是保证体内新陈代谢顺利进行的必要条件之一，因体内各种酶的活性都需要适宜的温度。人体有三个部位可测量体温，即口腔、腋下、肛门。体温表分口表和肛表两种，前者头细，后者头粗。它们均可用于腋下测量。

（2）呼吸：呼吸运动的频率随着年龄和性别而不同，成人在平静时的呼吸频率约为每分钟16～18次，儿童约20次，一般女性比男性多1～2次。

（3）脉搏：动脉血管的搏动称为脉搏，节律整齐，强度相等。通常触摸脉搏在尺动脉与桡动脉上触摸，还可以在颈总动脉上触摸，因颈总动脉是全身动脉最敏感的动脉。正常人的脉搏每分钟60～100次。低于60次的称为心动过缓，高于100次的叫作心动过速。脉搏与心跳的比例为1∶1。

（4）血压：血管内血液对血管壁的侧压力称为血压。动脉内最高的压力称为收缩压；心室舒张时，动脉内最低的压力称为舒张压。收缩压与舒张压之差称为脉差。血压用血压计间接测得，用kPa（mmHg）表示（表5-1）。

表5-1 血压正常值与血压计测量值的关系

血压	单位	正常值	标准压差	换算值
收缩压（高压）	kPa（mmHg）	12～18.66kPa（90～140mmHg）	≤30mmHg	1kPa=7.5mmHg
舒张压（低压）		8～12kPa（60～90mmHg）		

（五）生存链

在海上作业环境下，对于伤员和急症病人的救治有一系列的抢救步骤，其中任何一步被延误或梗阻，抢救就不能成功，生命可能因此丧失。这些步骤，急救专家用"生存链"这一术语来命名，并且强调指出，"生存链"的实施成功与否，关键取决于海上作业人员的意识、知识和技能。

"生存链"是由四个环节组成，必须及早实施。"生存链"的内涵是四个"早期"：早期通路（紧急呼救）、早期心肺复苏（CPR）、早期心脏除颤、早期高级心肺复苏（图5-1）。

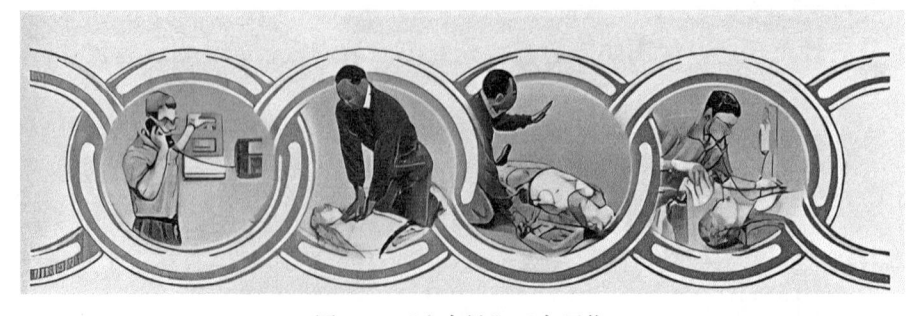

图5-1 "生存链"四个环节

（1）早期通路：在病人发病的现场，"第一目击者"发现后，立即通知最近的救援机构，准确地报告病人的基本情况和所在地点，以便专业急救机构获得急救信息后，及时赶到现场，对病人施以急救。

（2）早期心肺复苏：与此同时，对垂危病人呼吸心跳刚刚停止者，应在现场立即实施基础的心肺复苏术——胸外心脏按压与人工呼吸，即通常用英文字母表示的BLS。

（3）早期心脏除颤：心脏的正常跳动是按照一定规律的收缩与舒张，当心脏发生心室纤维性颤动时，心肌处在杂乱无间的蠕动状态，心脏失去了排出血液维持循环的功能，很快心脏会陷入完全停止。经验和研究证明，在现场立即实施心脏除颤是猝死病人获救的关键。

（4）早期高级心肺复苏：前三个早期，可以由"第一目击者"即非专业的急救人员进行或与专业人员共同进行，从而使危重病人获得初步重要救护，而早期高级心肺复苏则需在良好基础上及时继续进行医学上的全面救治。

（六）伤员的判断

判断病人病情的轻重是十分必要的，如果盲目处理，不但对伤病员无济于事，而且往往贻误时机，后患无穷。

（1）神志：昏迷、精神萎靡者、全身衰弱者。

（2）呼吸：浅快、极度缓慢、不规则或停止。

（3）心率或心律：显著过速、过缓，心律不规则或心跳停止。

（4）瞳孔：散大或缩小、两侧不等大，对光反射迟钝或消失。

（5）体温：发高烧，体温达39℃以上。

对上述情况的病人，必须迅速实施抢救，并密切观察呼吸、心跳和血压等生命体征的变化。

第二节　海上常用急救技术

一、止血

血液是维持生命的重要物质，成年人血容量占体重的7%～8%，即4000～5000mL。一次失血10%（500mL）对人体无明显影响，一次急性出血量达30%（1500mL）时，可能休克。若失血50%（2500mL），生命就可能有危险。因此，对出血伤员，必须迅速采取有效措施制止出血。止血是防止休克，挽救创伤病人生命的重要措施。有效地止血能赢得抢救的宝贵时间。

（一）出血类型

外伤出血由于不同的血管破裂，出血性质也不同。出血分为动脉出血、静脉出血、毛细血管出血三种。

——动脉出血：呈喷射状，出血速度快，危险性大。出血的颜色为鲜红色。
——静脉出血：呈流出状，危险性相对较小。出血的颜色暗红色。
——毛细血管出血：从创面渗出，危险性最小。出血的颜色鲜红色。

（二）失血症状

无论是外出血还是内出血，失血量较多时，伤病员脸色苍白、冷汗淋漓、手脚发凉、呼吸急迫，心慌气短，往往情况迅速恶化。

检查时，可发现血压降低以至测不到，心跳快速而微弱，脉搏细快以至摸不到。

（三）止血方法

1. 加压包扎止血法

加压包扎止血法是最常用的有效止血方法，适于全身各部位出血，此法是用棉花、纱布等做成软垫放在伤口上，再用绷带或三角巾等加压包扎达到止血目的，包扎后抬高患肢，然后固定即可。如果仍未能止血，可再加棉垫再行包扎，不要拆去原来的敷料（图5-2）。

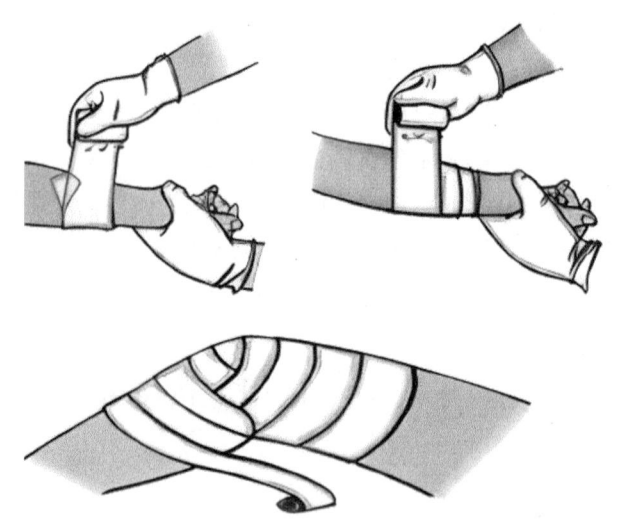

图5-2 加压包扎止血法

2. 指压止血法

用拇指压住出血的血管上方（近心端），使血管被压闭住，以断血流。此法要求急救人员熟识各血管的指压点，而且只是短时适用，时间不宜过久。

1）颈总动脉压迫止血法

常用在头、颈部大出血而采用其他止血方法无效时使用。方法是在气管外侧，胸锁乳突肌前缘，将伤侧颈动脉向后压于第五颈椎上。但禁止双侧同时压迫（图5-3）。

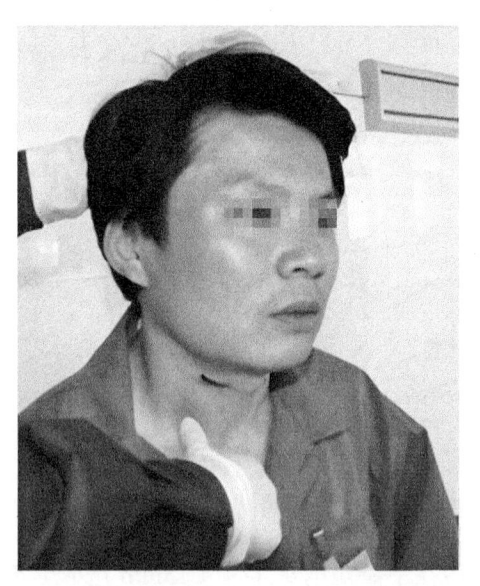

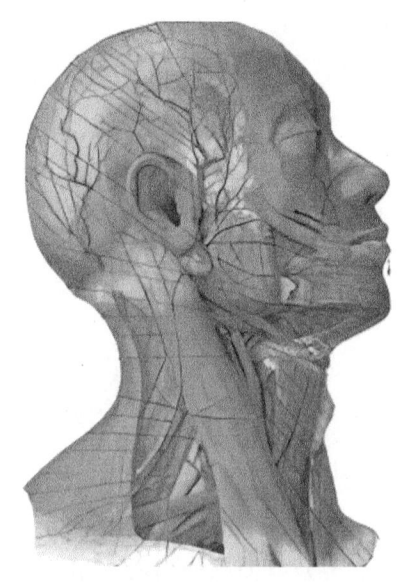

图 5-3 颈总动脉压迫止血法

2）颞动脉压迫止血法

用于头顶及颞部动脉出血。方法是用拇指或食指在耳前正对下颌关节处用力压迫（图 5-4）。

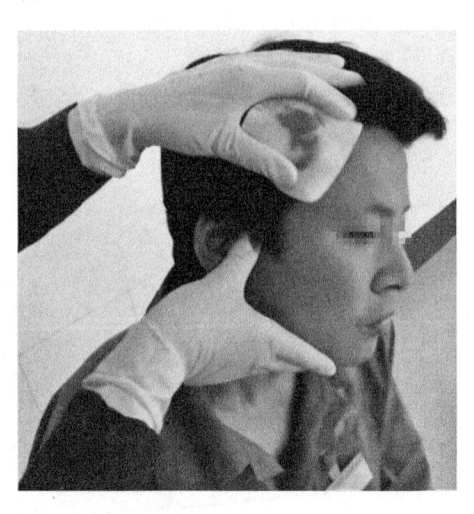

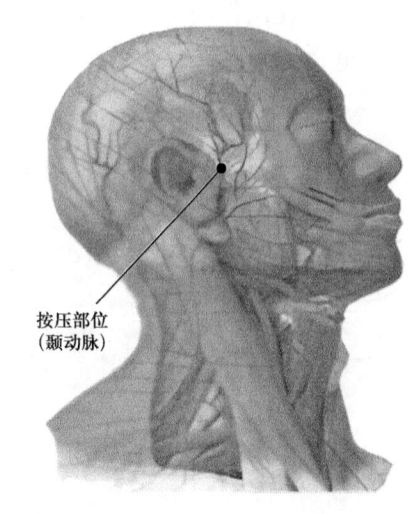

图 5-4 颞动脉压迫止血法

3）锁骨下动脉压迫止血法

用于腋窝、肩部及上肢出血。方法是用拇指在锁骨上凹摸到动脉跳动处，其余四指放在病人颈后，以拇指向下内方压向第一肋骨（图 5-5）。

4）肱动脉压迫止血法

用于手、前臂及上臂下部的出血。方法是在病人上臂的前面或后面，用拇指或四指压迫上臂内侧动脉血管（图 5-6）。

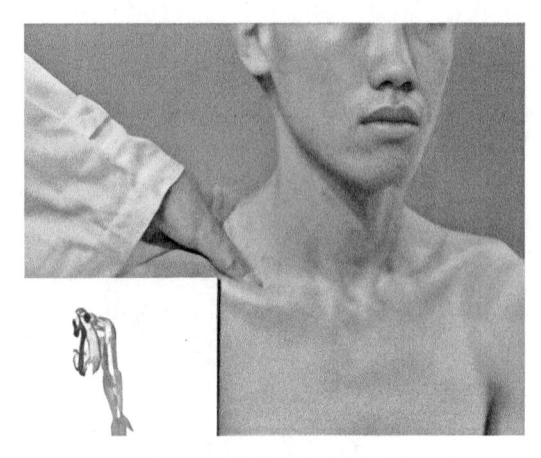

图 5-5　锁骨下动脉压迫止血法　　　　　图 5-6　肱动脉压迫止血法

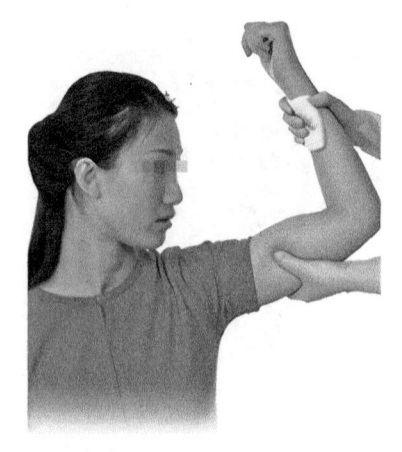

5）颌外动脉压迫止血法

用于肋部及颜面部的出血。用拇指或食指在下颌角前约半寸（15mm）外，将动脉血管压于下颌骨上（图 5-7）。

3. 止血带止血法

在绝大部分情况下的出血，用上述方法都是较有效的。止血带止血法只有在万不得已时方可使用，此法作用可靠。但因完全阻断了受伤肢体的血流，如使用不当可致肢体坏死，甚至危及生命（图 5-8）。

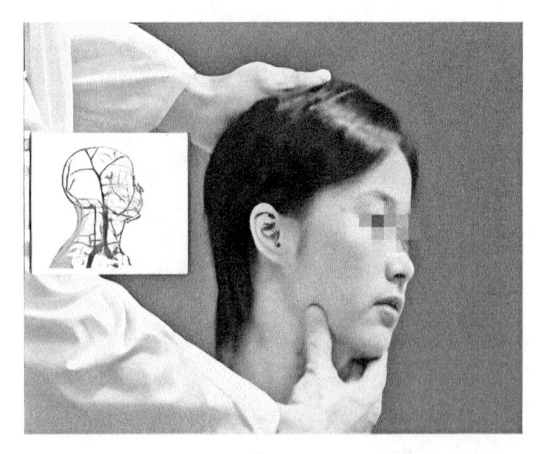

图 5-7　颌外动脉压迫止血法　　　　　图 5-8　止血带止血法

止血带可选用弹力橡皮管或三角巾、布带等。上肢止血，可扎在臂上三分之一处，禁止扎在中段，以免损伤桡神经。下肢扎在大腿中部。尽量使静脉血回流。在扎止血带部位，选用敷料或衣服等物垫好，止血带松紧要适当，以出血停止为度。过紧会使皮肤、神经、血管损伤，过松达不到止血目的。扎止血带后要标明标记，写明扎止血带的时间。

使用止血带注意事项：

（1）对受严重挤压伤的肢体，禁止使用止血带。

（2）伤口远端肢体严重缺血时，不能使用止血带。

（3）用止血带后，远端肢体如发生青紫，苍白或继续出血，应立即压迫伤口，松开止血带，经3～5min后重新将止血带结好。

（4）每1h放松一次止血带。如果出血停止。就不必再结扎。如仍然出血，可压迫伤口，过3～5min再结扎好。

（5）如肢体伤重已不能保存，应在伤口近心端紧靠伤口结扎止血带，不必放松，直到手术截肢。

（6）严禁用电线、铁丝、绳索代替止血带。

二、包扎

包扎可起到保护创面、固定敷料、防止污染和止血、止痛作用，有利于伤口早期愈合。一般使用绷带、三角巾、尼龙网套等包扎材料。

（一）绷带包扎法

1. 环形包扎法

伤口用无菌敷料覆盖绷带加压绕肢体环行缠绕（图5-9）。

2. 螺旋包扎法

先在伤口敷料上用绷带绕两圈，然后从肢体远端绕向近端，每绕一圈盖住前一圈的1/3～1/2成螺旋状。（图5-10）。

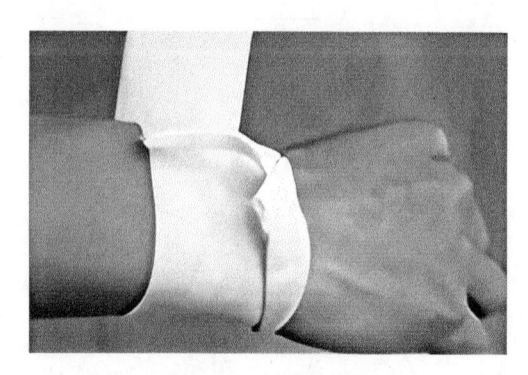

图5-9 环形包扎法

3. "8"字形法

手和关节处伤口用"8"字绷带包扎。包扎时先从非关节处缠绕两圈，然后经关节"8"字形缠绕（图5-11）。

图5-10 螺旋包扎法　　　　　图5-11 "8"字形法

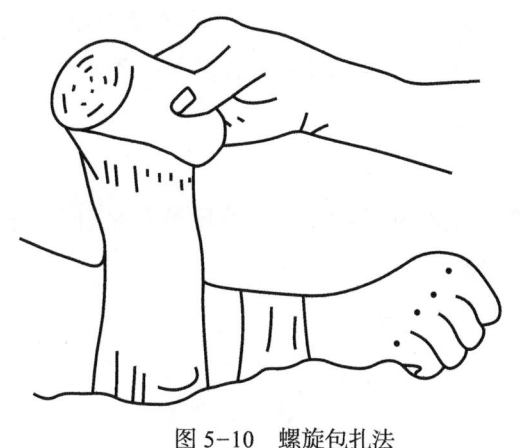

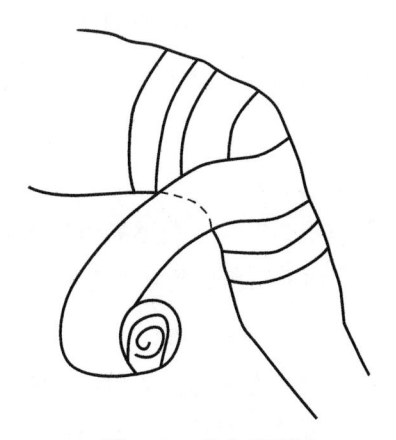

（二）三角巾包扎法：（适用于身体的任何部位）

1. 头部包扎法

将三角巾的底边折约两指宽，放于前额齐眉处，顶角由后盖在头上，三角巾的两底角经两耳上方拉向后部交叉并压住顶角再绕回前额打结，顶角拉紧掖入头后部的交叉处内（图5-12）。

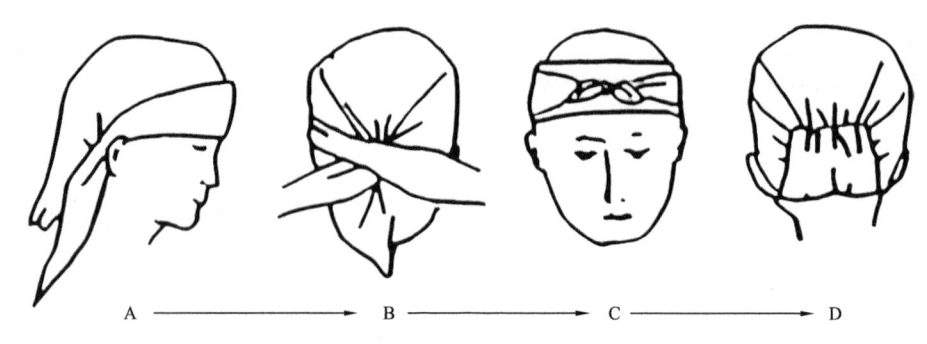

图5-12 头部包扎法

2. 面具式包扎法

先在三角巾顶角打结，结头下垂，提起左右两角，形成面具样。再将三角巾顶角结兜起下颌，罩于头面，底边拉向脑后，左右底角提起并拉紧交叉压住底边，再绕至前额打结。包好后，根据情况可在眼及口鼻处剪小洞（图5-13）。

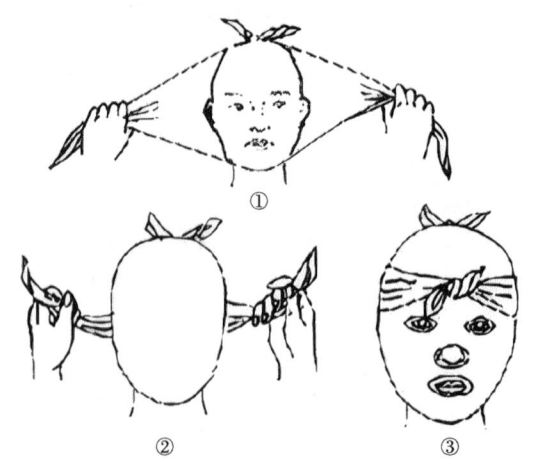

图5-13 面具式包扎法

3. 单肩包扎法

将三角巾折叠成燕尾式，燕尾夹角约90°（大片压小片，大片放背后，小片放在胸前）放于肩上，燕尾夹角对准颈部，燕尾底边两角包绕上臂上部并打结，再拉紧两燕尾角，分别经胸、背部，拉到对侧腋下打结。

4. 双肩包扎法

使两燕尾角等大，燕尾夹角约120°，夹角朝上对准颈后正中，燕尾披在双肩上，两燕尾角过肩由前后包肩到腋下与燕尾底边相遇打结。

5. 胸（背）部包扎法

把燕尾巾放在胸前，夹角约100°对准胸骨上凹，两燕尾角过肩于背后，再将燕尾底边角系带，围绕在背后相遇时打结。然后将一燕尾角系带并拉紧绕横带后上提，与另一燕尾角打结。

6. 腹部包扎法

把三角巾叠成燕尾式，夹角约 60°朝下对准外侧裤线，大片在前压向后面的小片，并盖于腹部，底边围绕大腿根打结。发现腹部有内脏脱出时，不要马上送回腹腔，以免引起腹腔感染，可将脱出的内脏先用急救包或大块敷料覆盖，然后用饭碗、茶缸等扣住，再用三角巾包扎。把三角巾顶角向下横放在腹部，底边齐腰，两底角围绕到腰后打结。顶角由两腿间拉向后面和另两端打结。

7. 单侧臀部包扎

将燕尾巾的夹角约 60°朝上，盖伤侧臀部的后片要大于并压着向前的小片，两角分别过腹腰部到对侧打结，两底边角包绕伤侧大腿根打结。

8. 四肢包扎法

上肢包扎：把三角巾一底角打结后套在伤手上，另一底角过伤肩背后拉到对侧肩的后上方，顶角朝上，由外向内依次包绕伤肢，然后再将前臂屈至胸前，两底角相遇打结。

小腿、脚包扎：将足趾朝向底边，把足放在近一底角侧，提起顶角与另一底角包扎绕小腿打结，再将足下底角折向足背，绕脚腕打结固定。

膝部带式包扎：根据伤情将三角巾折叠成适当宽度的带状，将中段斜放于伤部，两端分别压住上下两边，包绕肢体一周打结。

（三）尼龙网套包扎法

尼龙网套有良好的弹性，使用方便。头部及手指不容易包扎的部位可用尼龙网套（图 5-14）。

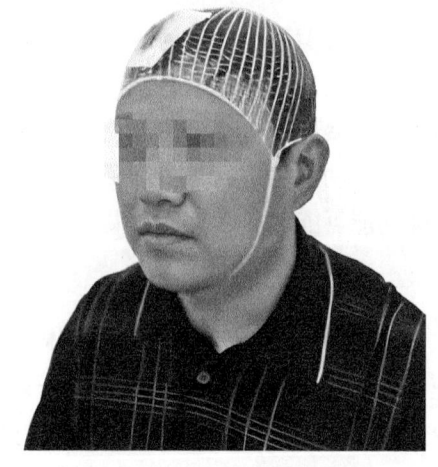

图 5-14　尼龙网套包扎法

三、骨折

（一）骨折的定义

骨的完整性或连续性中断时，即称骨折。

（二）引起骨折的原因

1. 直接暴力

骨折部位就在直接承受外力作用处，如冲撞、挤压，直接暴力造成的骨折常为粉碎性骨折，常有创口存在，周围软组织常有较严重的损伤。

2. 间接暴力

外力作用于肢体某部位。通过力的传导，骨折发生在离外力较远的部位，如杠杆或成角作用、扭转、上下压缩。

3. 肌肉猛力收缩

如跌跤时股四头肌猛烈收缩，引起髌骨骨折。

（三）骨折的症状

1. 全身症状

较严重骨折如股骨骨折，骨盆骨折、脊柱骨折等内出血可造成休克。大的骨折可出现体温升高。但开放性骨折者体温升高不超过38℃时，应考虑有感染的可能性。

2. 局部症状

（1）畸形：移位的骨折可有肢体缩短、成角、旋转畸形。

（2）异常活动：骨折局部不应有的活动，也称假关节活动。

（3）骨擦音：骨折局部常有明显的压痛。两骨折断端摩擦时可闻及声音。

（4）瘀斑和肿胀：骨折后断端和软组织出血，组织水肿，造成局部肿胀，因皮下出血可形成瘀斑。

（5）功能障碍：骨折后因疼痛和肿胀，以及断骨不能起正常的支架作用和杠杆作用，肢体功能可能部分或全部消失。

（四）急救方法

为了防治休克，预防感染，做好骨折的临时固定。凡怀疑有骨折者，均应按骨折处理，力求避免不必要的搬动，防止闭合性骨折因搬动或固定不妥，使骨折端穿出皮肤，变成开放性骨折，或致血管、神经遭受损伤。

1. 包扎和固定

1）创口包扎

绝大多数的创口出血，包扎绷带压迫后即可止血。这样既可预防出血，又可防止创口被更多的污染，检查时如骨折端已穿破皮肤，不可使之复位，以防止将污染带到伤口深部，用消毒敷料包扎伤口即可。

2）固定

固定是针对骨折的急救措施，可以防止骨折部位移动，能有效防止因骨折断端的移动而损伤周围血管、神经等组织，避免严重并发症并减轻伤员的痛苦。

2. 固定原则

实施骨折固定先要注意伤员的全身情况，如心脏停搏要先复苏；如有休克要先抗休克或同时处理休克；如有出血要先止血包扎，然后固定。

急救固定的目的不是让骨折复位，而是防止骨折断端移位，刺出伤口外露的骨折端不应该送回。固定时动作要轻巧，固定要牢靠，松紧要适度，皮肤与夹板间要垫适量的软物，以防局部受压引起缺血坏死。

3. 固定材料

夹板、颈托；夹板的替代物：竹棒、木棍、衣服、三角巾等。

4. 固定方法

1）锁骨骨折

用三条三角巾分别折成宽带，两条做成环套于双肩，另一条在背部将两环拉紧打结，腋下放置棉垫等松软物以防腋下组织受压，最后以小悬臂带将患肢挂起[图5-15（a）]。

2）肱骨干骨折

取两块合适夹板，分别置于伤肢外侧和内侧，用叠成带状的三角巾在骨折的上下两端将夹板固定，再用小悬臂带将前臂挂起，最后用三角巾把伤肢绑在躯干上加以固定[图5-15（b）]。

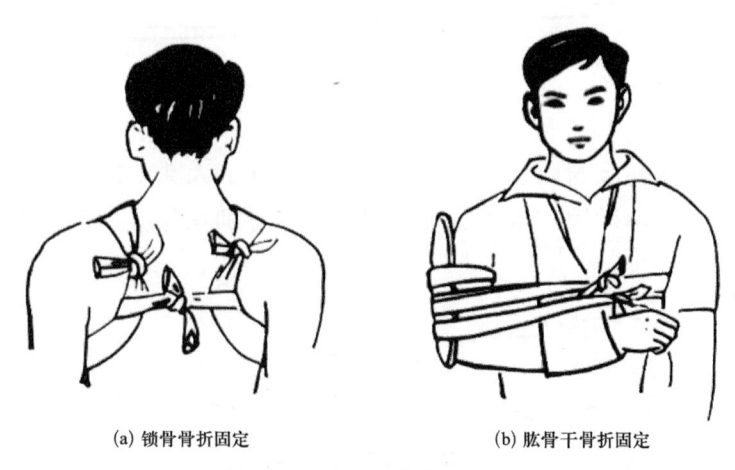

(a) 锁骨骨折固定　　　　(b) 肱骨干骨折固定

图 5-15　锁骨、肱骨骨折固定

3）前臂骨折

前臂处于中立位，拇指朝上，肘关节屈曲90°，在前臂的掌侧和背侧分别用两块有垫夹板固定（夹板的长度应超过肘和手腕），用三四条宽带缚夹板，最后用大悬臂带将前臂挂于胸前[图5-16（a）]。

4）手腕部骨折

患手握棉花团或绷带卷，将垫夹板置于前臂和手的掌侧用绷带缠绕固定，最后用大悬臂带将患肢挂于胸前[图5-16（b）]。

5）股骨骨折

用两块长夹板分别置于伤肢的内外侧，内侧夹板的长度从大腿根部至足跟，外侧夹板的长度从腋下至足跟，然后用5～8条宽带固定夹板，在外侧打结（图5-17）。

(a) 前臂骨折固定　　　　　　　　(b) 手腕部骨折固定

图 5-16　前臂、手腕骨折固定

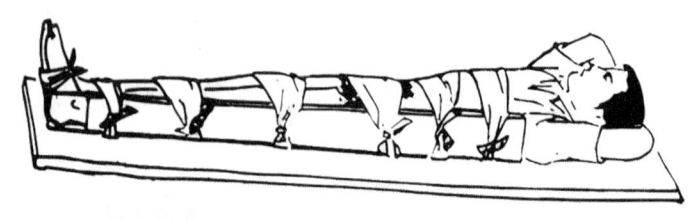

图 5-17　股骨骨折固定

6）小腿骨折

用两长夹板置于伤肢的内外侧，内侧夹板的长度从大腿中部至足跟，外侧夹板的长度从膝上至足跟，然后用四五条宽带固定夹板，分别在膝上、膝下和踝部外侧打结（图 5-18）。

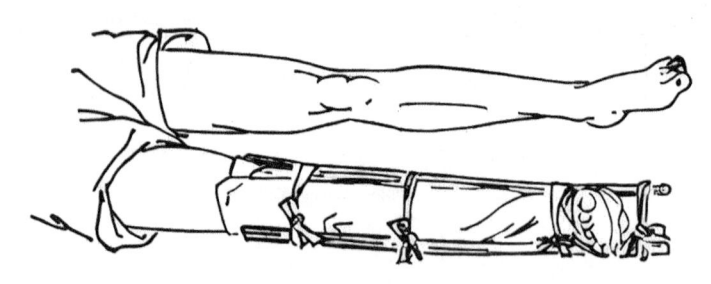

图 5-18　小腿骨折固定

7）颈椎骨折

对颈椎骨折患者应由三人共同处理。其中一人专门负责患者头部的牵拉固定，使患者的头处于伤后的位置，不可屈、伸、旋转，其余两人抬患者的肩、背、腰、衣服固定后用担架搬运（图 5-19）。

8）胸、腰椎骨折

对怀疑有胸、腰椎骨折的患者，必须由三至四人同时托住头、肩、臀和下肢，将患者的身体平托起来后放在硬板担架上，搬运者同时用力向一个方向滚动患者身体，使其成俯卧位后搬运。严禁抱头、抬脚式搬运，以免脊柱过度弯曲而加重对脊髓的损伤（图 5-20）。

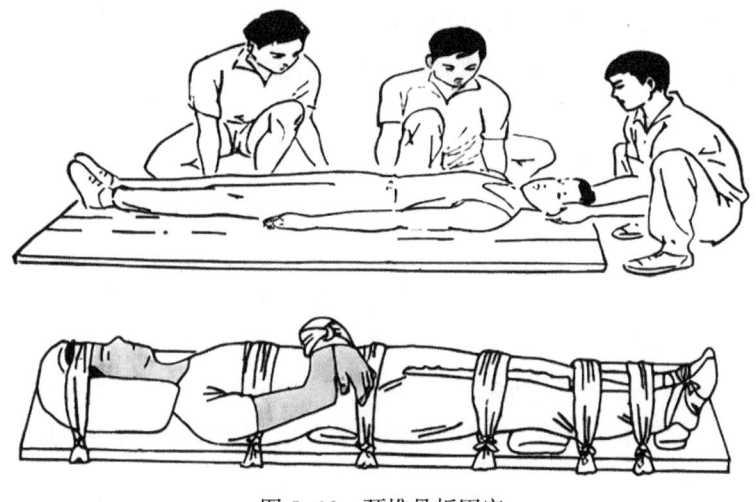

图 5-19　颈椎骨折固定

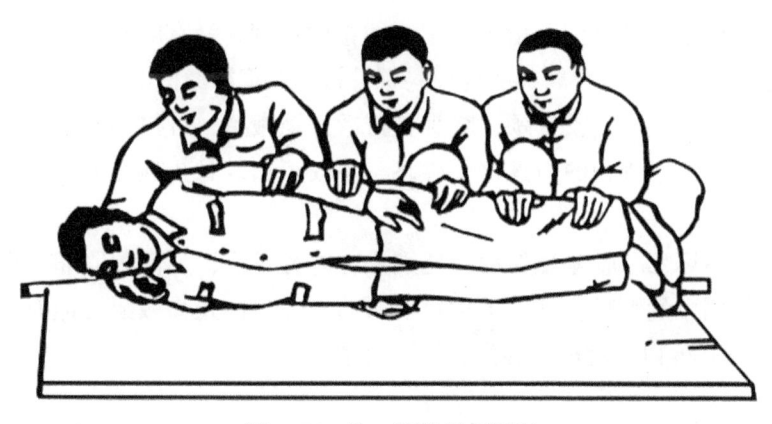

图 5-20　胸、腰椎骨折固定

（五）跌打损伤急救不当导致的危害及骨折处理注意事项

在海上石油平台设施上，跌打损伤造成的骨折脱位等情况十分常见。很多人由于缺乏相关的知识，加之救人心切，使用了一些错误的方法对伤者进行搬运、止血、包扎，或为减轻疼痛，习惯用手揉捏观察受伤部位并按摩伤部等。要知道，骨折后错误地进行搬运、止血、按摩等处理，可能会造成十分严重的后果。

（1）导致截瘫。颈椎部位的骨折，随意搬动可使脊髓受压，引发整个四肢功能丧失的高位截瘫。胸腰部脊柱骨折时，不恰当的搬运可以损伤腰脊髓神经，发生下肢瘫痪。

（2）加重出血。骨折后，随意搬运、乱动均会刺破局部血管导致出血，或使已经止血的骨折断端再出血。发生锁骨粉碎性骨折，错误揉捏可能伤及锁骨下动脉；发生肱骨外科颈骨折，揉按会伤及腋动脉；肱骨髁上骨折，揉捏可损伤肱动脉；大腿下端骨折，乱动可伤及动脉；肋骨骨折时，搬动可致骨折端刺破肺脏，发生气胸、血胸、纵隔及皮下气肿等。

（3）损伤神经。四肢长骨骨折，骨折裂端会像刀子一样锋利。在此状态下，揉捏按压除可造成出血外，还可能使骨折端刺伤或切断周围的神经，严重者可能造成神经麻痹，导致肢体局部功能丧失。

（4）加重休克。严重的骨折，如大腿、骨盆或多发性肋骨骨折合并内脏损伤时，由于失血和疼痛，病人可发生休克。如果再施以搬运颠簸会进一步加重休克，甚至造成伤者死亡。

（5）导致肢体感染。对于骨折开放性伤口，如果用不干净的敷料盲目包扎，会将细菌带入伤口中，导致肢体伤口感染，甚至导致骨髓炎等，酿成严重后果。

（6）引起二便障碍。对于骨盆骨折，特别是锐利的耻骨坐骨支骨折，如搬运不当，扭转肢体，骨折端很容易导致男性尿道断裂或挫伤、女性阴道挫伤，甚至直肠挫伤，引起排尿、排便困难。

（7）引起合并伤。脱位后随意按捏也是危险的，比如肩关节脱位，有些人企图自己复位，或要求非医生帮助复位，由于不了解脱位的机理，没有麻醉药物的帮助，复位不仅几乎不可能，而且容易合并局部肱骨外科颈骨折和血管神经损伤。

（8）造成骨坏死。发生股骨颈、腕骨骨折后翻动搬抬，可损伤仅存的关节囊血管和骨干滋养血管，导致股骨颈的血运严重破坏，不仅可造成骨折愈合困难，而且可能导致股骨头缺血性坏死。

（9）导致肢体坏死。肢体受伤后，特别是合并骨折后，局部肿胀非常严重。此时如果固定不当，使用大量敷料包扎，虽然可能暂时有一定的止血效果，但时间太久，会导致肢体麻木，超过2h以上就可能导致肢体缺血性坏死。

四、搬运

伤病员在现场进行初步急救处理后和在随后送到医院的过程中，必须经过搬运这一重要环节，规范科学的搬运术对伤员的抢救，治疗和预后都是至关重要的，是急救医疗不可分割的重要组成部分。

（一）注意事项

（1）休克人员应平卧，尽量减少搬动。
（2）怀疑有骨折不应让伤病员试着行走。
（3）骨折人员应先固定再搬运。
（4）脊椎骨折伤病员在搬运时，可在担架上垫上一块硬板。

（二）搬运方法

1. 扶行法

适用清醒伤员，没有骨折，伤势不重，能自己行走（图5-21）。

2. 背负法

适用于老幼、体轻、清醒的伤员（图5-22）。

图5-21　扶行法搬运

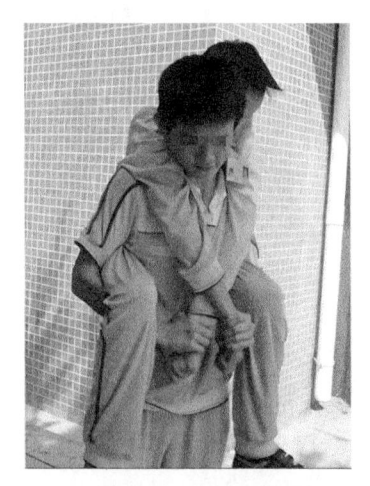

图5-22　背负法搬运

3. 轿杠式

适用清醒伤病员（图5-23）。

图5-23　轿杠式搬运

4. 爬行法

适用于狭窄空间或浓烟的环境下（图5-24）。

5. 抱持法

适于年幼伤病者，体轻者没有骨折，伤势不重，是短距离搬运的最佳方法（图5-25）。

6. 双人拉车式

适用于意识不清无骨折的伤员（图5-26）。

图5-24　爬行法搬运

图 5-25　抱持法搬运　　　　　　　　图 5-26　双人拉车式搬运

7. 三人或四人搬运

三人或四人平托式，适用于脊柱骨折的伤者。

1）三人异侧运送

两名救护者站在伤病者的一侧，分别在肩、腰、臀部、膝部，第三名救护者可站在对面伤病者的臀部位置，两臂伸向伤员臀下，握住对方救护员的手腕。三名救护员同时单膝跪地，分别抱住伤病者肩、后背、臀、膝部，然后同时站立抬起伤病者（图 5-27）。

图 5-27　三人异侧运送

2）四人异侧运送

三名救护者站在伤病者的一侧，分别在头、腰、膝部，第四名救护者位于伤病者的另一侧。四名救护员同时单膝跪地，分别抱住伤病者颈、肩、后背、臀、膝部，再同时站立抬起伤病者（图 5-28）。

8. 器械搬运

担架（包括软担架）、床单、椅子木板作为搬运器械的一种搬运方法。

在海上石油设施上，担架是重要的搬运器材之一，但海上石油平台上内部空间狭小，楼梯窄。所以在使用担架搬运时，要用绳索或安全带将伤员固定（图 5-29）。

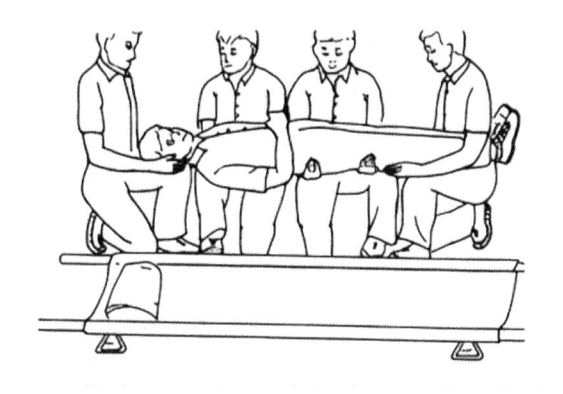

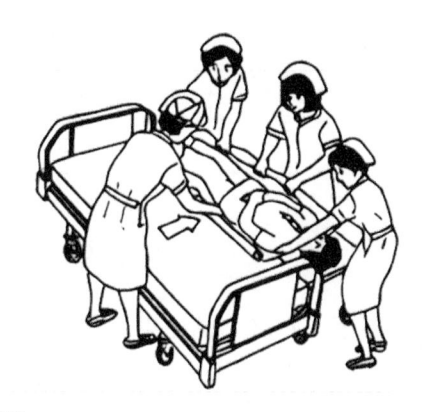

图 5-28　四人异侧运送

五、心肺复苏术（CPR）

人体维持生命需要充分的氧气。氧气进入肺部，经血液流动输送给体内各个细胞。大脑是控制人体所有功能的重要器官，如果缺氧三至四分钟，大脑就将开始衰亡。

（一）心肺复苏术概述

1. 定义

心肺复苏术指在心跳和呼吸骤停后，合并使用人工呼吸及胸外按压来进行急救的一种技术（简称为 CPR）。

2. 目的

最基本的目的是挽救生命，而心跳、呼吸的骤停可危及生命于瞬间。

图 5-29　器械搬运

引起呼吸、心跳骤停的原因有：

（1）意外事故：触电、溺水、窒息、创伤、中毒等。

（2）器质性心脏病：冠心病、心肌炎、风湿性心脏病等。

（3）药物中毒及药物过敏：洋地黄及安眠药物中毒，青霉素和链霉素过敏。

（4）电解质和酸碱平衡紊乱：高钾血症、低血钾症、严重酸中毒。

3. 大脑的基本知识

大脑是高度分化和耗氧最多的组织。脑组织的重量占自身体重的 2%，每人有 140 亿个脑细胞，其血液供应非常丰富，血流量占心排血量的 15%，脑细胞对缺氧的耐受性非常低，其耗氧量占全身耗氧量的 20%。脑细胞在常温下如果缺血缺氧，可在不同的时间内使人受到不同程度的损害（表 5-2）。

表 5-2 脑细胞对缺氧的耐受性

时间	症状	时间	症状
3s	头晕、恶心	10~20s	昏厥、抽搐
30~45s	昏迷、瞳孔散大	1min 以后	呼吸停止、大小便失禁
4~6min	脑细胞受到损伤	10min 后	脑细胞损伤严重发生坏死

一个人呼吸心跳如果停止，并不意味着人已死亡，被称作临床死亡。如果一个人呼吸、心跳停止 4~6min，造成大脑缺氧，则会使脑细胞死亡，这是不可逆转的，称为生物死亡。

时间就是生命，心搏骤停的严重后果是以秒计算的：

10s——意识丧失、突然倒地；

30s——"阿斯综合征"发作；

60s——自主呼吸逐渐停止；

3min——开始出现脑水肿；

6min——开始出现脑细胞死亡；

8min——"脑死亡"。

从上述可知：要在循环停止 4min 内实施正确的 CPR 效果最好；4~6min 进行 CPR，部分有效；6~10min 进行 CPR 者，少有复苏者；超过 10min 者，几乎无成功可能。由此可见，当遇到心跳呼吸停止的病人，在医生到达之前，"第一目击者"应视时间为生命，牢牢抓住宝贵的分分秒秒，立即进行现场心肺复苏。

复苏的目的在于使心肺脑复苏，脑复苏就是尽量减轻脑组织损伤，修复因缺氧造成的脑组织损伤，最后恢复脑功能。

（二）心肺复苏术的步骤

1. 心肺复苏术的步骤

1）现场复苏体位

使患者呈心肺脑复苏体位是现场抢救心脏骤停患者的第一步：可将意识丧失的伤病员轻轻翻转，由平卧摆放成一个特殊侧卧体位被称之为"复苏体位"。复苏体位应防止舌头后坠堵塞气道，有利于引流口腔返流上来的胃内容物，从而降低伤病员误吸的危险。在翻转伤病员之前，应去除眼镜，放松紧身衣物，并取出其口袋中的硬物。施救者单腿跪于伤病员一侧，将伤病员靠施救者侧的腿放直，同侧手手臂外展与其身体成直角、肘部也直角弯曲并掌心朝上。握住伤病员另一只手臂（施救者对侧）横跨过其胸部并向上，将其掌贴近其颊部（靠施救者侧）以控制和支撑其头部。施救者的另一只手抓住伤病员对侧大腿（膝关节弯曲，足平置于地面）。然后双手同时用力拉，将伤病员轻轻向施救者侧翻转成为侧卧。将病人头部轻轻后仰,以确保气道开通。并检查其手腿的位置是否妥当。

2)检查患者清醒程度

询问或轻轻摇动伤病者双臂。有反应——护理伤病者;无反应——求救并进行复苏术急救。注意:摇动要轻,不能摇动头部。

3)检查呼吸及判断血液循环

无呼吸有脉搏——人工呼吸;无呼吸无脉搏——心肺复苏术。

2. 胸外心脏按压术

1)判断意识

轻拍患者的双肩后靠近患者耳旁呼叫:"喂,你怎么了!"如果患者没反应就要准备急救(图5-30)。

图5-30 判断意识

2)摆体位

摆放为仰卧位放在地面或质地较硬的平面上,注:千万不可以放在沙发,草坪及软质的东西上,将病员双手上举,一腿屈膝一手托其后颈部,另一手托其腋下,使之头、颈、躯干整体翻成仰位(图5-31)。

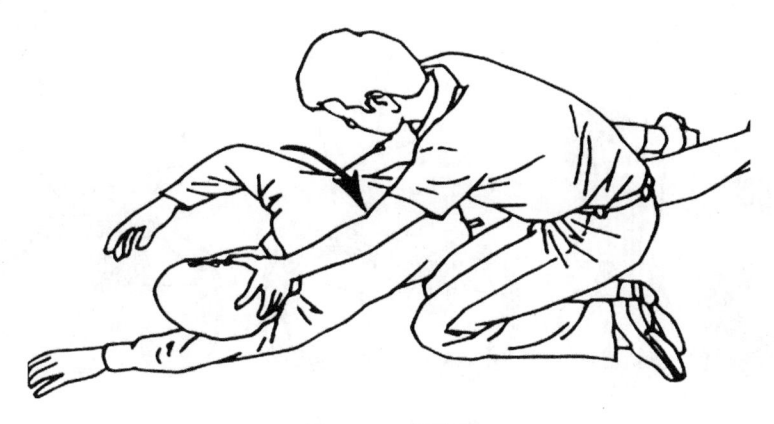

图5-31 摆体位

3）胸外心脏按压术

原则：准确、有效判断有无心跳，可在环状软骨与胸锁乳突肌间，用食指及中指触摸颈总动脉（图5-32），需要10s的时间。胸外心脏按压术是建立人工循环关键性措施，有效的胸外心脏按压可获得正常心排血量的10%～25%，最高可达50%。

（1）按压位置：两乳头连线中点或胸骨上2/3与下1/3的交界处（图5-33）。

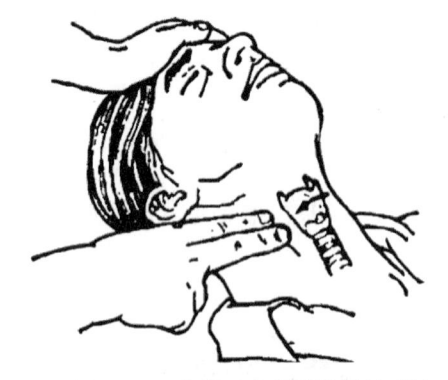

图5-32　食指及中指触摸颈总动脉

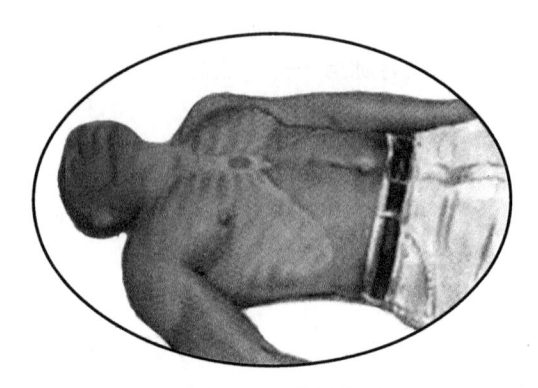

图5-33　按压位置

（2）救护人员姿势：抢救者的上半身前倾，两肩位于双手的正上方。两臂伸直，垂直向下用力，借助于自身上半身的体重和肩、臂部肌肉的力量进行挤压（图5-34）。

（3）按压深度：使胸骨下陷5～6cm，用力均匀，不可过猛。按压后要放松。按压与放松时间相等。放松时，手掌不要离开胸壁（图5-35）。

（4）按压速度：100～120次/min（下压与放松时间大致相等）。胸外按压与人工呼吸的比例为30∶2，2min完成五个循环。

图5-34　救护人员姿势

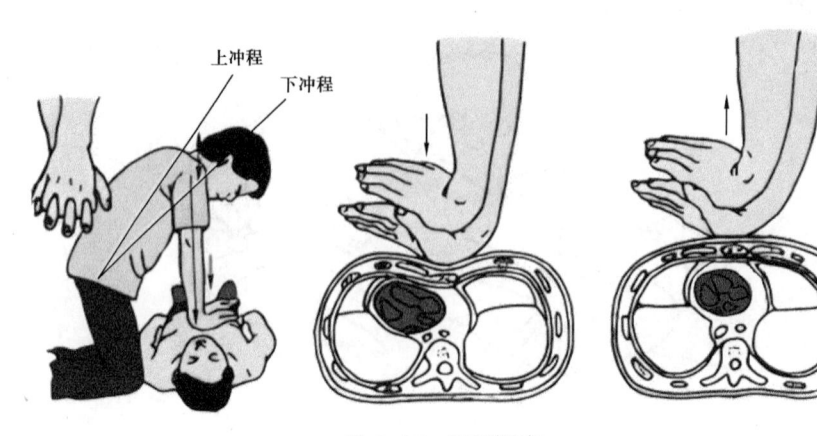

图5-35　按压深度

3. 人工呼吸（无呼吸有脉搏）

1）清除异物

淤泥、假牙、口香糖等异物（图5-36）。

2）打开气道

使伤病员下颌经耳垂连线与地面呈90°（图5-37）。

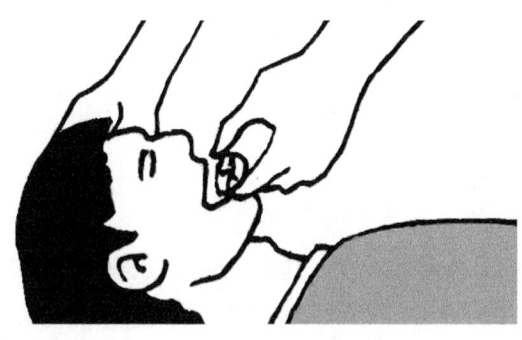

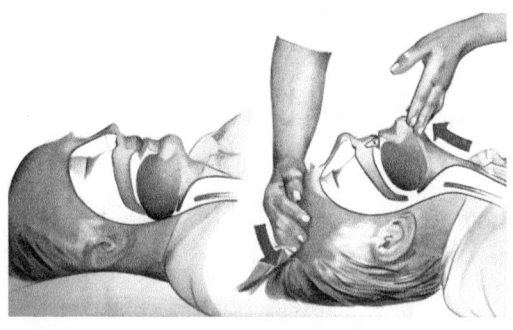

图5-36　清除异物　　　　　　　　图5-37　打开气道

3）人工呼吸（无呼吸）

人工呼吸的原则：迅速、有效。

人工呼吸是急救中最常用而又简便有效的急救方法，它是在呼吸停止的情况下利用人工方法使肺脏进行呼吸，让机体能继续得到氧气和呼出的二氧化碳，以维持重要器官的机能。呼吸的调节是由延脑内的呼吸中枢负责。血中少量二氧化碳有一定的兴奋呼吸中枢作用，从而引动呼吸。在正常静止状态呼吸时，每次呼出与吸入的空气约为500mL。

往往有些人会问：给病人吹进去的气体是施救者呼出来的二氧化碳，二氧化碳不是废气吗？怎么能用于抢救病人呢？原来人们吸入空气中的氧气含量为20.95%，二氧化碳为0.04%；呼出的气体中氧气的含量为16.4%，二氧化碳含量为4.1%。人工呼吸时如操作者先做深呼吸后再吹气，吹出气体的氧含量为18%，二氧化碳含量为2%。正是这16%~18%的氧气能维持患者的生命，为专业急救人员的到来赢得时间。

（1）判断有无呼吸可根据视、听、觉来判断，需要5s的时间（图5-38）。

——视（看）：用眼观察患者的胸部、腹部是否有起伏。

——听：用耳朵听患者的口鼻处是否有呼吸的声音。

——觉（感觉）：用脸去感觉口、鼻是否有气体呼出。

（2）人工呼吸的方法及注意事项：

口对口人工呼吸仍然是最有效的现场人工呼吸法。方法有口对口、口对鼻。

注意事项：气道畅通；捏闭鼻翼；正常吸气后、包严口、吹气；吹气量（成人）：500~600mL看到胸廓起伏；时间：大于1s；吹气完毕，松开鼻翼，侧头呼吸，并观察病人呼吸情况（图5-39）。

图 5-38　判断有无呼吸　　　　　　　　图 5-39　人工呼吸

4. 早期心室纤颤

1）基本知识

胸部叩击法是现场对心室纤颤最及时有效的"赤手空拳"的急救方法。当心跳达 300~500 次/min 时，心肌失去收缩的能力，出现纤维性颤动。这时呈蠕动状态的心脏没有收缩、舒张的功能，血液循环随之中断。在心脏陷入完全停跳之前，无论是心脏性猝死或其他原因猝死，大都会经过心室纤颤这一阶段。心室纤颤可以持续 1~2min，在这几分钟时间内，如能及时进行人工除颤，心跳可能因此而恢复，使生命得以挽救。胸部叩击实施越早越好，在室颤发生最初数秒之内效果最好，叩击 1~2 次，不要重复操作；反复捶击无效有害。

从机理上讲，每次心前区捶击的机械能量转化为电能后，可以产生 5J 的电能，这种电能对心肌刚刚发生的心律失常有一种消除作用，从而达到治疗目的。

2）心室纤颤的原因

心室纤颤时，心室失去齐一收缩能力，其各部分发生快而不协调的乱颤，心脏无排血功能，对循环的影响等于心室停顿，此时心音、脉搏均消失。常见原因有：

（1）严重心脏病，冠心病的急性心肌梗死、急性心肌类等。

（2）电击雷击。

（3）药物中毒或过敏：洋地黄、青霉素等。

（4）缺钾、血钾过高、手术意外。

3）救治办法

部位：两乳头连线中点或胸骨上 2/3 与下 1/3 的交界处。同胸外心脏按压部位。

定位：抢救者用左手的食指和中指（可为定位之手）沿伤病者一侧肋弓下（靠近抢救者）向上滑行到两侧肋弓的汇合点，中指定位于下切迹，食指与中指并拢，左手的掌根平放并紧靠右手食指旁，掌根的长轴与胸骨的长轴重合，手指翘起，不与伤病者胸部接触。

操作方法：抢救者用右手（定位之手）握一空心拳头，距左手背 15cm 左右高度，垂直较为有力地叩击手背，连续叩击 2 次。

5. 心肺复苏术（CPR）中人工呼吸与心脏按压的比例

当伤员呼吸与心跳都停止时，需要人工呼吸与胸外心脏按压共同进行，人工呼吸与胸外心脏按压可以一人做也可以两人做（表5-3），若单人施救应先进行胸外按压再进行人工呼吸（C-A-B）。

表5-3　人工呼吸与胸外心脏按压比例

比率	方法	
	1人法	2人法
胸外心脏按压	30次（100~120次/min）	15次（100~120次/min）
人工呼吸	2次	2次

6. 人工心肺复苏有效、终止的指标

1）CPR有效指标

（1）颈动脉搏动：当按压有效时，每按压一次可触摸到颈动脉一次搏动，若中止按压搏动亦消失，则应继续进行胸外按压，如果停止按压后脉搏仍然存在，说明病人心搏已恢复。

（2）面色（口唇）：复苏有效时，面色由紫绀转为红润，若变为灰白，则说明复苏无效。

（3）其他：复苏有效时，可出现自主呼吸，或瞳孔由大变小并有对光反射，甚至有眼球活动及四肢抽动。

2）终止CPR指标

（1）患者呼吸已有效恢复。

（2）无心搏和自主呼吸，CPR在常温下持续30min以上，专业人员到场确定患者已死亡。

（3）有专业人员接手承担复苏或其他人员接替抢救。

注意：未经训练的非专业施救者应在调度员指导下进行心肺复苏术（CPR），也可自行对心脏骤停的成年患者进行单纯胸外按压式心肺复苏。所有非专业施救者应至少为心脏骤停患者进行胸外按压，如果经过培训的非专业施救者有能力进行人工呼吸，则应按照胸外按压与人工呼吸30∶2的比率进行施救。施救者应持续实施心肺复苏，直到使用自动体外除颤器或专业施救者赶到。

（三）复苏器在心肺复苏抢救中的作用

海上石油设施上的人员在受到中毒等危害导致呼吸停止时，往往不能采取口对口人工呼吸，此时为有效地抢救伤员，可以使用复苏器对伤员进行人工呼吸。

复苏器的种类：氧气复苏器、简易复苏器。

1. 氧气复苏器的作用与使用

1）作用

可以进行自动人工呼吸，并在人工呼吸时向伤员提供氧气，对于各种需要人工呼吸的人员有较好效果。

2）使用

（1）将伤员安置好并清理呼吸道；将自动肺与导管面罩连接，打开气路，当有气体排出后，将面罩紧压在伤员面部。

（2）观察复苏器的工作状态：当自动肺自动交替充气与抽气，并且标杆上下跳动时表明复苏器工作良好。

（3）观察伤员：当伤员胸腹部出现起伏，表明人工呼吸有效，如果无效可用手指轻压伤员喉头中部环状软骨，闭塞食道并检查面罩是否压紧。

（4）调整呼吸频率。

（5）调整氧气输送量：一般伤员氧气含量应达 80%，石油产品中毒，危险品中毒，CO 中毒伤员含氧量应达 100%。

2. 简易复苏器作用与使用

1）作用

可以进行人工呼吸、适于不能进行口对口人工呼吸的伤员抢救。

2）使用

将伤员安置好，清理呼吸道；将面罩固定在伤员面部；按 18 次 /min 均匀压动气囊向伤员输送气体；当伤员腹部出现起伏表明人工呼吸有效。

第三节　海上典型伤害的急救措施

一、烧伤

（一）烧伤（烫伤）的定义

烧伤是由于热的固体、液体、气体、火焰、电力或化学物质、放射线等接触到人体组织而引起的损伤。（热的液体引起的烧伤，也称为烫伤）。

热力烧伤占各种烧伤的 85%～90%，化学烧伤及电烧伤的发病率近年有上升趋势。

（二）烧伤的判断

烧伤的严重程度与深度和面积有关。

1. 面积的计算

1）手掌法

用于零散的小片烧伤及小面积烧伤的计算（适用小面积烧伤的估计）。

以伤者本人手指并拢的手掌面积为全身1%来估计烧伤区域的面积（图5-40）。

2）九分法

将全身分为十一个九，即头部和颈部一个9%，两个上肢为18%（两个9%），躯干为27%（3个9%），两下肢包括臀部为46%（5个9%+1%）。

2. 深度的估计（一度四分法）

临床上习惯将Ⅰ度和浅Ⅱ度称为浅度烧伤；深Ⅱ度和Ⅲ度称为深度烧伤（表5-4）。

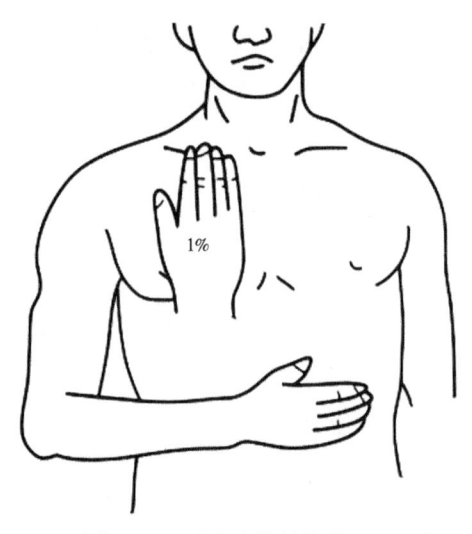

图5-40 手掌法估算烧伤面积

表5-4 深度估计对照表

深度分类		损伤深度	外观	疼痛感觉	创面愈合
第Ⅰ度（红斑）		角质层、生发层健在	发红、无水疱、干燥	疼痛、感觉过敏	3～6d痊愈，无疤
第Ⅱ度（水疱）	浅Ⅱ度	达皮浅层，部分生发层健在	水疱基底部色红润	疼痛、感觉过敏	10～14d痊愈，如无感染不留疤痕
	深Ⅱ度	达真皮深层，表皮附属器官残留存在	水疱，基底部色白润	痛觉迟钝	3～4周愈合，有疤痕
第Ⅲ度（焦痂性）		达皮肤全层，其至包括皮下各层直到肌肉骨骼	皮革样、苍白、炭化或焦黄干燥	感觉消失	3～5周焦痂自行分离形成肉芽

（三）烧伤的分类

1. 轻度烧伤

总面积在10%以下的Ⅰ，Ⅱ度烧伤。

2. 中度烧伤

总面积在11%～30%，或Ⅲ度在10%以下，且无并发症者。

3. 重度烧伤

总面积在31%以上，或烧伤面积不及31%，但有下列情况之一者：

（1）严重休克者。

（2）严重损伤或合并化学中毒。

（3）呼吸道烧伤。

（四）烧伤的现场急救措施

（1）伤员由火焰烧伤，要立即脱去着火的衣服，或就地打滚，切勿奔跑以免加重烧伤。

（2）切勿呼喊以免火吸入造成呼吸道烧伤。不要用手拍打火焰以免烧伤手部。可跳入就近的水源中灭火。

（3）汽油烧伤时，应以湿布覆盖。

（4）热液烫伤，要迅速将衣服脱下，并及时用冷水浸沐伤处，以减轻疼痛。

（5）化学烧伤，应用大量清水冲洗创面，磷烧伤要以湿布外盖。

（五）注意事项

在急救过程中应保护创面，减少污染，迅速转送医院。搬运病人动作要轻、要平稳，应注意观察伤员伤情变化，注意保暖。对呼吸、心跳已发生严重变化骤停者，应立即就地抢救，待病情稳定后再转送。

二、触电

触电在海上作业者中常有发生。在平台及船舶上，由于平台及船舶都是钢铁构造，如果电气设备绝缘性差，则极易造成触电。触电是电流通过人体引起损害，其主要危害是：低电压常引起心室纤颤、高电压则多引起心搏停止和呼吸停止。如不及时抢救，严重者可造成死亡。

（一）触电症状

1. 轻型

一般轻型触电病人，由于精神紧张常在一瞬间脸色苍白，表情呆滞、呼吸心跳好像突然停止，对周围失去反应，一些敏感的人常会发生休克晕倒于地。其实，这并非真正的休克，而是恐慌所致。

2. 中型

呼吸、心跳受到一定的影响，呼吸常加快变浅，心跳加速，有时出现前期收缩，患者常短时间内陷于昏迷，瞳孔不散大，对光反应存在，血压无变化。

3. 重型

呼吸中枢受到抑制，迅速出现呼吸加快，呼吸不规则，甚至呼吸停止。心脏受影响，表现为心跳不规则，严重时可致心跳停搏。

（二）影响电流对人体伤害的因素

（1）电压、电流越高，对人体危害越大。

（2）交流比直流危害大，低频电流比高频电流危险性大，因低频电流容易引起生理紊乱。

（3）电流通过人体时间越长，危险性越大。

（4）电流通过身体部位不同，危险也不同。如电流通过心脏区域比只通过四肢危险得多。

（5）触电环境及接触物之电阻，电阻越大危险越小。

（6）人体的一般状况，虽身体好坏不能显著影响触电后的危险程度，但能影响触电后的反应，如体弱者反应就比较重。

（三）急救的措施

1. 立即使伤员脱离电源

可关闭、切断或使伤员迅速离开电源，因为伤者与电源接触时间越长危险性越大。但在此过程中，抢救者必须时刻注意自己及他人的安全，首先不要使自己受到损伤。

2. 吸氧及人工呼吸

如电流损伤呼吸中枢，伤员出现呼吸困难者，如有条件，可给予吸入氧气，如伤员出现呼吸停止，应立即给予进行口对口人工呼吸，方法同前。

3. 胸外心脏按压

进行人工呼吸时，不要忽视对心跳的观察及处理，如伤员出现心跳停搏，应立即给予胸外心脏按压以维持血液循环。方法同前。

4. 其他

如还有伤口及其他外伤，应给包扎及相应的处理。

三、溺水

（一）溺水的定义

溺水是指落水者淹没于水中，致使气管内吸入大量的水妨碍呼吸，造成呼吸困难而窒息死亡。

（二）溺水的症状

溺水者常见的症状是因淹没在水中，喉头强烈痉挛，躁动，吸入大量水，随即喘息又吸入水，上述情况加重，由于呼吸困难而很快死亡。

出水后溺水者由窒息、缺氧，故颜面、口唇青紫，面部肿胀，双眼充血，口鼻腔充满泡沫或泥沙，四肢发绀，全身冰冷，不省人事，脉搏、心跳弱或停止，呼吸不整或呼吸停止，上腹胀满。

（三）急救措施

（1）营救上来后，立即检查溺水者之呼吸，方法同人工心肺复苏法。并且立即给予清理呼吸道的异物，松开衣裤。

（2）如呼吸已经停止，即按前方法进行口对口人工呼吸抢救。

（3）如病人心跳已经停止，立即进行胸外心脏按压以维持循环。

（4）如有条件，可给予吸入氧气。

（5）如天气较冷时，应注意保暖。

（6）不要花太多时间在给病人倒水上，抢救心跳呼吸是关键。溺水病人无论轻重，苏醒后，一律要送医院做进一步治疗。

四、冻伤

（一）冻伤的定义

是因寒冷作用于机体所引起的全身或局部组织损伤称为冻伤。

（二）冻伤的症状

皮肤外观呈青色或苍白，不透明、坚硬如木，自觉有刺痛，严重冻伤能导致休克。冻伤的分级如下：

（1）Ⅰ度皮肤充血红肿、自感麻木、灼痛或瘙痒。

（2）Ⅱ度可见大小水疱，疼痛剧烈，湿、热、触觉消失。

（3）Ⅲ度全层皮肤受冻坏死，皮肤呈黑褐色，感觉消失。

（4）Ⅳ度坏死深达肌肉和骨骼。

（三）冻伤的预防

（1）衣、鞋、袜要宽大，保持干燥。

（2）适当活动，经常按摩暴露部位，以保持正常血液循环，增强对寒冷的抵抗力。

（3）避免与金属物品长时间的接触。

（四）冻伤的现场急救

（1）搬动轻柔，防止加重损伤。

（2）迅速保暖。

（3）加温（复温）：用热水袋、热毛巾等放于伤员的胸腹腋窝、腹股沟等部位或将伤员浸在38～42℃的温水中予以复温，复温时间不超过20min。

（4）如有溺水，要同时进行溺水的急救。

（5）伤员醒后，给予温热饮料。

（6）局部冻伤，可把伤肢放入38～42℃温水中或热敷伤处。

（7）皮肤破溃，起水疱按烧伤治疗。
（8）应用抗生素，预防感染。

（五）注意事项

（1）要中心部位加温，不要单纯四肢加温，以防止大量冷血回流，损伤重要脏器的功能。
（2）加温时要防止烫伤。
（3）浸在温水加温时，要有专人看护，以防溺水。
（4）局部冻伤，不可用冰雪或冷水擦洗，不可立即烘烤，不可用力摩擦。
（5）转运伤员时应该注意保暖。神志不清者，平卧位头偏向一侧。

五、中暑

（一）中暑的定义

是由于高温环境引起的体温调节中枢功能障碍、汗腺功能衰竭或水、电解质丢失过量所致的疾病。

（二）中暑的原因

（1）烈日曝晒。
（2）高热环境中劳动，大量出汗，丧失盐分。
（3）气温超过34℃，通风差易中暑。

（三）中暑的症状

1. 轻状中暑

出现疲乏，恶心、呕吐、胸闷、炎热、皮肤干热，无汗或潮湿、肌肉痉挛、头晕、头痛、耳鸣、眼花、昏厥，甚至血压下降、昏迷等。

2. 重状中暑类型及其表现：

（1）热痉挛。

患者四肢有抽搐和痉挛现象，与气温过高，大量出汗进盐不足有关。

（2）日射病。

头晕、头痛、耳鸣、眼花、恶心、呕吐等症状，本病与烈日曝晒头部时间过长有关。

（3）热射病。

典型的病人有高热、皮肤干燥无汗、谵妄、躁动，严重者出现昏迷、抽搐、休克、心律失常、呼吸衰竭。主要由于气温过高、空气潮湿，体内的热量不能随汗散发所致。

（4）热衰竭型（又称循环衰竭型）。

先有头晕、恶心，后昏倒，面色苍白，呼吸浅表，皮肤发冷，脉搏细、血压下降、瞳孔放大、神志不清。

（四）中暑后的急救

（1）使患者避开阳光照射，在通风良好处静卧，稍抬高头和肩部。

（2）放松紧束的衣裤、腰带及鞋带。

（3）对轻型中暑的人员可服十滴水、人丹，涂抹风油精等药物。

（4）体温高者，用冷水擦身，使皮肤发红或冷敷。

（5）物理降温用30%～50%的酒精擦浴。药物降温时使肛门温度至38℃时，停止降温。

（五）中暑后的注意事项

（1）遮隔热源。

（2）通风降温。

（3）自然通风降温。

（4）机械通风降温。

（5）加强个人防护措施。

六、气管异物

（一）引起气管异物的原因

（1）吞咽较大块食物。

（2）有食物在嘴时还大口喝水。

（3）在工作、谈话、大笑时饮食。

（4）小儿玩物如小珠、花生等误入气管。

（二）气管异物的症状

开始时异物尚未完全堵塞气管，患者出现呛咳及憋气的症状，说话含糊，并且单手或双手紧抓自己颈部，这是最有特征的症状。

继而食物完全堵塞气管，患者突然不能咳嗽，不能说话，紫绀症状加重，并渐发展至昏迷，甚至死亡。

（三）急救方法

1. 气道部分梗阻

如病人能剧烈咳嗽、说话，说明正处于气道部分梗阻状态，这时急救者应迅速通知医疗中心救援，不要打扰病人，让其努力把异物从气道中咳出。

2. 气道完全梗阻

（1）如病人突然不能说话及咳嗽，可问他："你能说话吗？"病人只能摇头，说明气道完全梗阻。这时急救者应迅速采取如下方法进行抢救。

急救者站在患者背后,双手跨过病人腰部。一手握拳,将拇指置于患者上腹部,即肚脐与剑突之间,另一手按于拳头之上,进行快速向后、向上冲击造成气道压力突然增加,迫出异物。冲击要持续,有节律,一直到成功或病人昏迷为止(图5-41)。

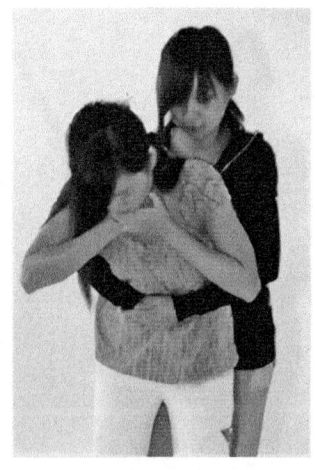

图5-41 气道完全梗阻施救方法

如患者发生气管异物周围无人时,可自己握拳于上腹部进行冲击。或将上腹部压向硬物表面如椅子的靠背或台边等,迫出气道异物(图5-42)。

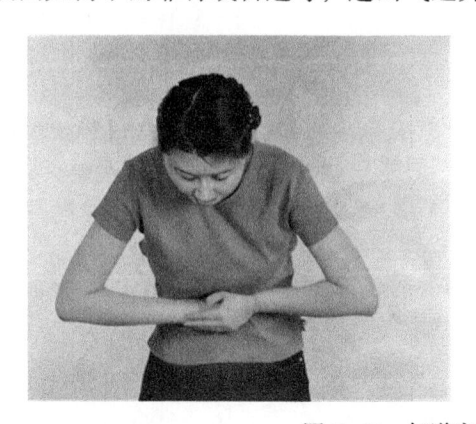

图5-42 气道完全梗阻自救方法

(2)病人已处于昏迷状态,抢救者应迅速将病人平卧于地板上,迅速开放患者呼吸道,检查患者的呼吸。患者无呼吸,迅速给予进行口对口人工呼吸2次,如果不能把气体吹入肺内,再开放呼吸道,并再试图口对口呼吸,如仍失败,则说明气道仍有异物,即按以下方法抢救。

急救者跪跨于患者大腿上,双手重叠,置于患者上腹部进行快速向背、向上冲击6~10次。以此使气道内产生一压力,迫使异物从气管内出来。冲击后,张开患者口部轻拉出舌头,检查患者咽部喉部,如发现异物即给取出。如还不见有异物,继续给予口对口人工呼吸 2 次,如不能把气体吹入肺内,说明异物仍存在,应继续进行上腹部快速冲击,直至异物喷出。

异物取出后,应迅速检查患者的呼吸及心跳,如果呼吸心跳消失,即迅速给予口对口人工呼吸及胸外心脏按压进行抢救。

七、休克

(一)休克的定义

休克是循环障碍造成组织缺氧,代谢障碍的全身综合征。

在急救工作中,经常会遇到一种紧张的场面:病人短时间内出现意识模糊、全身软弱无力,面色苍白、冷汗淋漓、脉搏微弱快速、血压急骤下降,这就是休克。

休克的原因很多,总地来说是身体遭到了严重打击或严重疾病的全身性征象。下面叙述几种与海上作业人员关系较为密切的休克原因。

(二)休克的原因

1. 急性失血

在海上作业工作中的外伤所致大出血,包括胸、腹腔损伤的内出血及其他外出血,消化道大出血,胃及十二指肠溃疡出血导致的呕血,黑便,呼吸道大出血,肺结核的咯血等。

2. 严重脱水、失盐

如各种原因引起的剧烈呕吐、腹泻、中暑后大量出汗等,使病人严重脱水、电解质紊乱造成血液浓缩,有效循环血量减少。

3. 心力衰竭

心脏病的病人,特别是冠心病出现心肌梗死时,心脏泵出的血液不足,继而造成微循环供血不足,组织缺血,细胞坏死。

4. 过敏性休克

由于过敏造成血管扩张,回心血量减少而出现休克,如青霉素过敏、链霉素过敏等。

5. 感染性休克

患严重感染时,由于细菌毒素作用而造成微循环衰竭。如肺炎、中毒性痢疾等。

(三)休克的症状

1. 早期

可能外围血管收缩、皮肤苍白、四肢冰凉,口唇微紫,烦躁不安,呼吸浅速,全身衰弱，脉压差缩小，尿量减少，此时血压正常或偏低，偶尔血压偏高。

2. 晚期

多数心率增快，心音弱，呼吸急速，节律不齐，尿量少或无尿，血压下降反应迟钝甚至昏迷。

（四）休克的急救措施

（1）让病人平躺，稍抬高下肢15°～30°，注意保暖。尽量不搬动病人，如必须搬动，动作要轻。

（2）迅速治疗引起休克的原因，如确切止血等。

（3）迅速取得医疗援助或送往医院。

（4）如有条件可给予补液治疗。

（5）如休克时间较长，酸性代谢产物在体内堆积可给予输入5%碳酸氢钠500mL，以纠正中毒。

（6）对血压回升不显著者，可使用血管活性药物，这项治疗要有医生指导进行。

八、常见急症

（一）心绞痛、心肌梗死

1. 概述

病人突然感到心前区胸骨剧烈疼痛，直到数分钟后缓解，这就是心绞痛，心肌梗死比心绞痛严重得多，面色苍白，冷汗淋漓，胸痛剧烈异常并伴有心律失常。

心绞痛、心肌梗死的发生主要是冠状动脉发生粥样硬化，致使动脉管腔变窄，血液供应受到影响。当心脏工作量增大，心肌要求有更充足的血液时，因供血不足，或血管突然发生痉挛，心肌得不到足够的血液供应发生缺血缺氧，就发生了心绞痛。

当较大的冠状动脉分支发生急性闭塞，使由此血管供应血液的一片心肌的营养完全断绝，严重持久的缺血造成局部心肌坏死，就称为心肌梗死。这是因为在冠状动脉分支原有动脉粥样硬化基础上，发生血栓形成，而造成了血管闭塞。

2. 症状

（1）心绞痛。

常见于40岁以上，男性较多，表现为胸骨后或前区发作性紧闷或缩窄性疼痛，多伴有压迫感或窒息感，常使病人立即停止任何活动。一般持续几秒至几分钟，很少超过10min。疼痛常发生于劳累、情绪激动、饱餐、受冷、吸烟时。痛可放射到上腹、颈、左肩、左上肢内侧等，休息或口含硝酸甘油很快缓解。

（2）心肌梗死。

突然出现胸骨后或心前区持续性疼痛，性质和心绞痛同样，但更为苍白且出冷汗，脉微弱、恶心、心音减弱或心律不齐。

3. 急救措施

（1）应让病人绝对卧床休息，甚至大小便均应在床上进行，如呼吸困难者可取半坐卧位。

（2）松解影响呼吸及运动的衣物。

（3）如患者已经接受过治疗，可在病人身上或房内寻找应急药物给予服下，或在船上药箱内找到硝酸甘油1～2片舌下含服。

（4）有条件应立即供给氧气。

（5）立即争取医疗援助，及早转送病人，转送过程中搬动尽量轻柔。不让病人过多用力。

（6）暂禁食一切食物。

（7）保持患者安静，免于激动。

（8）如出现心跳、呼吸骤停，首先应立即进行人工心肺复苏。

（二）脑血管意外（中风）

1. 病因

（1）脑出血。

最为常见的是因脑动脉硬化及高血压造成脑血管破裂出血而引起，起病较突然，危险性较大。

（2）脑栓塞。

因血管内的血凝块脱落，随血液运行至脑血管而堵塞脑内血管分支引起。

（3）脑血栓形成。

脑内血管逐渐形成血凝块而阻塞血管。发病相对缓慢，多在晚上睡眠时起病，醒后发现肢体瘫痪。

2. 症状

起病急，可突然出现跌倒，意识障碍，可伴头疼、呕吐、抽搐。昏迷较深的可出现呼吸困难，尿失禁。常有一侧肢体瘫痪，口角歪斜。如病情轻者，只出现头痛、嗜睡、肢体活动不便。

3. 急救措施

（1）将病人置于平卧位，头垫高或取半卧位（切忌头低位）。如有呕吐、呼吸道痰多，头可偏向一侧，以免造成窒息。

（2）如有呼吸困难，要保持呼吸道通畅，口内有分泌物或呕吐物应清除，并松解衣服，以利呼吸。

（3）如有抽搐者，应注意保持安静，避免病人伤害自己。

（4）如有条件，应立即供给高浓度氧气。

（5）迅速取得医疗援助，及时转送病人。转送病人途中，亦应保持头部垫高，以缓解头部充血。

（6）如出现呼吸、心搏骤停，应先行人工心肺复苏抢救。

（三）急性腹痛

急性腹痛是急腹症常见症状之一，原因较多，病情较复杂，对初具急救知识的人来说，诊断较为困难。且急腹症变化多、进展快，对疑为急腹症的病人，应及早取得医疗援助并转运病人，以免延误诊断及治疗，给病人造成不可弥补的损失。急性腹痛主要病因有三：炎症性、穿孔性及梗阻性。另外还有一些心肌梗死的病人，疼痛会发生在上腹部，但常伴有心律不齐或心音弱及心力衰竭的症状，要注意区别对待。

1. 诊断

（1）炎症性腹痛。

如急性阑尾炎、急性胆囊炎、胆道感染、急性胰腺炎等。疼痛特点是持续性、疼痛由轻到重、病变部位症状和体征最明显。局部可出现压痛，反跳痛，常伴有发热、畏寒等炎症的表现。阑尾炎以转移性左下腹疼痛为特点，胆道感染可伴黄疸。

（2）穿孔性腹痛。

包括胃及十二指肠溃疡穿孔，胆囊穿孔，外伤性肠穿孔等。疼痛特点为突然发生、腹痛非常剧烈，呈刀割样，持续性范围迅速扩大，出现明显的压痛，反跳痛及腹肌紧张。常有原发病如胃、十二指肠体部溃疡及胆囊病史。外伤者有外伤史。

（3）梗阻性腹痛。

如肠梗阻，肠扭转等。腹痛特点为疼痛呈阵发性有间歇期，亦可持续性疼痛阵发性加剧。为绞痛样，起病较急。常伴有：腹胀——因肠内容物不能通过肠道所致；呕吐——因肠道梗阻，食物倒流所致；便秘——因肠道梗阻，排泄物不能排出。

2. 急救措施

急性腹部疼痛较复杂，要进行病因的诊断及鉴别。诊断腹痛病因对一般急救员来说是很困难的，对疑为急腹症的都应按急腹症进行救治。

（1）取平卧位，如有呕吐应取头侧位，如有休克应取休克体位。

（2）不要进食任何食物，原因如下：

① 如为穿孔病人，食物可流入腹腔，而污染腹腔。

② 肠梗阻病人，进食可使腹胀加重。

③ 急腹症往往需要手术治疗，而手术前麻醉最好是空腹进行。

（3）决不能使用任何止痛药及注射止痛针，因这样减轻腹痛后，增加医生诊断的困难，而延误治疗。

（4）迅速将病人安全送往医院进一步治疗。

（5）对有休克者，应做必要处理后再转送。

（四）呕血

1. 概述

呕血是指上消化道（食道、胃、十二指肠）的出血经口呕出，所呕出的血液颜色为暗红色，有时伴以食物，常有拉黑便史，当大量呕血时，颜色亦可鲜红。

2. 呕血的原因

引起呕血最常见的原因是胃、十二指肠溃疡出血，肝硬化所致的食道静脉曲张破裂。因此，在简单问明情况及病史后，判断出血病人既往有吐酸水、上腹痛等症状，有胃溃疡病史；肝硬化引起的呕血，有肝脾肿大、肝脏病史等。

3. 呕血的急救措施

（1）立即卧床，头偏向一侧，不要乱加搬运，切忌不做任何处理就转送。

（2）禁止饮食。

（3）有条件在取得医疗援助后，可给予静脉输液，如葡萄糖盐水与右旋糖酐等。输血更佳。

（4）病情稳定后，根据需要送医院做进一步治疗。

九、中毒

（一）概述

1. 中毒

某种物质进入人体后，通过生物化学或生物物理作用，使器官组织产生功能紊乱或结构损害，引起机体病变称为中毒。

2. 毒物

能引起中毒的物质称为毒物，但毒物的概念是相对的，治疗药物在超过计量时可产生毒性作用，而某些毒物在小剂量时有一定治疗作用。

3. 中毒原因

误服、过量摄入、自杀、谋害、生产和生活中防护不当。

4. 急救原则

要记住清、解、排、维这四个字，任何中毒都可运用这个急救原则。"清"迅速清除毒物；"解"解毒药物的使用；"排"输液和透析排除毒物；"维"维护患者的生命脏器功能，防止衰竭。

(二)一氧化碳(CO)中毒(煤气中毒)

1. 一氧化碳中毒的原因

一氧化碳(煤气)是由含碳化合物燃烧不完全而产生的,它是一种无色、无臭、无味的气体,不溶于水,易溶于氨水。在海上消防、炼钢炼焦、采矿放炮、化肥生产制造等过程中都可产生大量的一氧化碳;在日常生活中,家用煤气、煤炉也可产生一氧化碳。一氧化碳能与血红细胞中的血红蛋白牢固结合,从而影响血红蛋白携带氧的能力,造成缺氧。

空气中如含一氧化碳0.02%,2~3h即可出现症状,含0.08%时,只要0.5h即可致人昏迷。

2. 一氧化碳中毒的症状

(1)轻度中毒。

头晕、头部胀痛、颈部搏动感、耳鸣、恶心、呕吐、乏力、心悸等,经吸入新鲜空气后,症状可迅速消失。

(2)中度中毒。

病人已神志不清,但经抢救后仍很快苏醒,常于数天内逐渐恢复。

(3)重度中毒。

昏迷时间较长。患者颜面呈樱桃红色,这是一氧化碳中毒的特点。有呕吐、血压升高、脉搏慢而有力、呼吸频数而浅表,渐可发展至呼吸停止。

3. 一氧化碳中毒的急救措施

(1)将患者迅速转移离开现场,呼吸新鲜空气。

(2)保持呼吸道的通畅,清除异物及分泌物。

(3)如呼吸已停止,应立即给予人工呼吸抢救。

(4)有条件可给吸氧。

(5)如有呕吐,可将患者头侧向一边,防止呕吐物吸入导致窒息。

(三)二氧化碳(CO_2)中毒

二氧化碳是无色,无臭的气体,可被液化,也可凝结为固体。在灭火器上常用液态二氧化碳,船上灭火时,液态二氧化碳大量挥发为气体。

二氧化碳本身无毒性,但可引起空气中氧气含量降低,并能在肺内阻碍氧进入血液,引起缺氧及至窒息。

1. 二氧化碳中毒的症状

(1)轻度。

在二氧化碳含量5%的空气中逗留过久,可出现头晕头痛、气急、窒息感及疲劳感。

（2）重度。

空气中二氧化碳含量达 8%～10% 时，即会躁动不安，意识丧失，阵痛性抽搐，甚至呼吸麻痹而死亡，经抢救幸存者可能会有中枢神经系统损害之后遗症。

2. 二氧化碳中毒的急救措施

（1）立即转移中毒者离开现场至通风处，让其呼吸新鲜空气。

（2）让患者平卧，注意保暖。

（3）如呼吸衰竭停止，立即进行人工呼吸。

（4）有条件时给予吸氧。

（5）保持呼吸道通畅。

（四）天然气中毒

天然气的主要成分是甲烷、乙烷、丙烷等低相对分子质量的烷烃，具有较强的麻醉作用，因其在血液中溶解度很小，故毒性弱。若燃烧不完全，则可发生一氧化碳中毒。空气中浓度高时，使氧含量减低，可使人发生缺氧甚至窒息死亡。

1. 天然气中毒症状

可有头晕、无力、恶心呕吐、四肢麻木及手套袜套样感觉障碍，接触高浓度时可立即晕倒，昏迷。眼接触时可有结膜炎表现，结膜充血、流泪、有分泌物。

2. 天然气中毒的现场急救措施

（1）立即使患者脱离毒气现场，移至空气新鲜处，解开衣扣，注意保暖。

（2）吸氧。呼吸已停止者给予人工呼吸，呼吸心跳均停止者，立即行 CPR。

（3）给予大剂量维生素 C 及 B 族维生素，并可用细胞色素 C，ATP 及辅酶 A 等。

（4）呼救，转送医院。

（五）硫化氢中毒

硫化氢（H_2S）是无色有臭蛋味的有毒气体。主要从呼吸道进入人体引起中毒，对黏膜也有刺激作用。

1. 硫化氢中毒的症状

硫化氢浓度越大，中毒越重。

（1）轻度中毒。

一般表现为眼结膜充血、灼热、畏光、流泪、刺痛，重者可出现角膜炎、角膜溃疡。此外，可伴有咽痒、咳嗽和胸闷等症状。

（2）中度中毒。

除上述刺激症状外，还可有头痛、头晕、全身无力、运动失调，恶心、呕吐、呼出臭蛋味，呼吸困难，紫绀等表现。

（3）重度中毒。

可迅速出现谵妄、骚动、抽搐，随之出现昏迷，呼吸心跳停止直至死亡。

2. 急救措施

（1）尽快将患者抬离中毒现场，移至空气新鲜通风良好处，解开衣扣、裤带。有条件时，吸入氧气。

（2）呼吸、心跳停止者，可实行口对口人工呼吸及胸外心脏按压。

（3）眼睛损害，可先用清水冲洗，或滴入2%小苏打水。

（六）细菌性食物中毒

细菌性食物中毒是由于细菌污染了食物而引起的一种以急性胃肠炎为主要表现的疾病。最常见是沙门氏菌造成的食物中毒，其他的葡萄球菌、嗜盐菌及肉毒杆菌都可引起食物中毒。

1. 中毒环境及食物

细菌性食物中毒多发生于炎热的夏秋季，由于食物不易保存、细菌生长繁殖旺盛，如果饮食卫生搞得不好，烹调技术处理不当，就会发生食物中毒。

沙门氏菌类常存在于动物肠腔内，动物的大肠小肠，胃等内脏含菌最多，所以肉类食物是中毒源主要食品。

葡萄球菌引起的食物中毒多是乳酪制品，糖果糕点等。

嗜盐菌引起的食物中毒，多是海产品，如各种鱼、虾、蟹等。

肉毒杆菌引起的食物中毒多是罐头食品，由于细菌分解食品时产生酸和气体，腐败的罐头食品常常膨胀、发出酸性气味。

2. 细菌性食物中毒的症状

食物中毒的主要症状是腹痛、呕吐和腹泻。一般多在食后1~2h到1d内出现，病人恶心、剧烈呕吐、腹泻、腹痛，腹痛常为阵发性绞痛样。吐、泻使身体失掉水分和无机盐类，严重者可因之脱水，造成休克。

嗜盐菌食物中毒的病人，大便还带血和黏液。

肉毒杆菌的食物中毒病情十分严重，除了一般的呕吐、腹泻等胃肠道症状外，毒素对神经系统损害比较明显，病人感到吞咽困难，说话发音受到影响，严重者甚至失语。由于神经损害，可出现复视。病情如继续发展，吞咽呼吸均可受抑制，病人可于1~2d死亡，一般病程持续1~2周。

3. 细菌性食物中毒的急救措施

（1）早期必要时可洗胃。

（2）中毒早期应禁食，但时间不宜太长，一般不超过1d，仍可饮水及服药。

（3）补充身体丧失的水分及无机盐类，对于能饮水者，鼓励其多饮水，水中应加少许食盐、糖。不能饮水，应给予静脉输入生理盐水及葡萄糖盐水。静脉输液可由经培训者或医务人员进行。

（4）使用磺胺或抗生素杀灭肠道的致病菌。如使用土霉素、新霉素、磺胺咪黄连素等，可按说明服用。

（5）对于中毒人数较多，船上无法护理，症状较严重及肉毒杆菌中毒者，应速送医院，给予继续治疗。

思 考 题

1. 海上急救原则是什么？
2. "生存链"是由哪四个环节组成？
3. 常用的止血方法有哪几种，每种方法适用于身体的什么部位？
4. 包扎有何作用，每种常用的包扎方法都是如何操作的？
5. 骨折的症状有哪些？
6. 常见的骨折固定方法有哪些，都适用于身体的什么部位？
7. 常见的伤病员搬运方法有哪些？
8. 胸外心脏按压的操作步骤是怎样的？
9. 人工呼吸的操作步骤是怎样的？
10. 心肺复苏术（CPR）中人工呼吸与心脏按压的比例是多少？
11. 人工心肺复苏有效、终止的指标是什么？
12. 烧伤有哪些分类，什么是重度烧伤？
13. 烧伤的现场急救措施有哪些？
14. 影响电流对人体伤害的因素有哪些？
15. 人员触电后应该如何施救？
16. 溺水者的急救措施有哪些？
17. 人员冻伤后的现场急救措施有哪些？
18. 人员中暑后的急救措施有哪些？
19. 人员气管异物应该如何自救和施救？
20. 发生休克有哪些原因？
21. 休克的急救措施有哪些？
22. 心绞痛、心肌梗死的症状和急救措施是什么？
23. 脑血管意外（中风）的症状和急救措施是什么？
24. 急性腹痛的症状和急救措施是什么？
25. 呕血的原因和急救措施是什么？
26. 一氧化碳、二氧化碳、天然气、硫化氢，以及细菌性食物的症状和急救措施是什么？

第六章　乘坐直升机安全与应急

第一节　概　述

一、直升机概述

随着海洋石油开发、生产的高速发展，从事海上石油作业的人员越来越多，加上海上石油作业设施离陆地较远，直升机也就成了海上石油作业最常用的交通工具。直升机在海上石油作业中有以下作用：

（1）由于直升机能在任何场地上起降，反应迅速，可利用它进行抢险救灾，抢救伤病员或撤离作业人员避台风。

（2）用直升机进行平台倒班比使用拖轮更加经济，因为平台倒班人数一般不多，使用拖轮需要更多的费用。

（3）直升机是一种非常成熟的交通工具，具有很高的安全性。

虽然直升机具有很高的安全性，但是受环境、气候、人员、飞机自身和管理等因素影响，会导致事故的发生。海上石油作业人员应熟知乘坐直升机过程中的基本要求、一般步骤，以及直升机遇险逃生技巧，并充分认识直升机飞行中所面临的危险，增强遇险后进行正确逃生的信心。

直升机以航空发动机驱动旋翼旋转作为升力和推进力来源，能在大气中垂直起落及悬停，并能够前飞、后飞及定点回转等，它是一种可控飞行的、重于空气的航空器。

由于海上通航作业的特殊性，从事海洋石油服务的直升机除了要具备一般直升机的性能外，为了保证安全，直升机还需要有自动灭火系统、紧急浮水装置、救生筏和较先进的防冰系统等应急设施。海上作业直升机需要长时间在海面低空飞行，海水的腐蚀作用会加快发动机、桨叶等关键部件的老化速度，所以从事海洋石油服务的直升机要具有较高的抗海水腐蚀性。目前，我国从事海洋石油服务的直升机主要有 S-76 系列直升机、S-92 大型直升机、欧洲直升机公司的 EC-155 直升机和 EC-225 直升机、法国航宇工业公司的超级美洲豹直升机和海豚直升机等。

直升机主要由机体和升力（含旋翼和尾桨）、动力、传动三大系统，以及机载飞行设备等组成。旋翼一般由涡轮轴发动机或活塞式发动机通过由传动轴及减速器组成的机械传动系统来驱动，也可由桨尖喷气产生的反作用力来驱动。旋翼转动能在空气中产生向上的升力，只要升力大于直升机重量就可垂直升空。驾驶员操纵旋翼上的自动倾斜器，当旋翼向左右前后倾斜时,就能相应产生向左右前后的水平分力,直升机即可向任一方向飞行。如果保持旋翼升力与直升机重量相等,就能悬停在空中。万一发动机在空中停车,直升机可利用旋翼自转下滑,强迫着陆。目前实际应用的是机械驱动式的单旋翼直升机及双旋翼直升机。其中又以单旋翼直升机数量最多。

直升机的最大速度可达300km/h以上,俯冲极限速度近400km/h,使用升限可达6000m(世界纪录为12450m),一般航程可达600～800km,携带机内、外副油箱转场航程可达2000km以上。根据不同的需要,直升机有不同的起飞重量。当前世界上投入使用的重型直升机最大的是俄罗斯的米-26(最大起飞重量达到56t,有效载荷20t)。

直升机的突出特点是可以做低空(离地面数米)、低速(从悬停开始)和机头方向不变的机动飞行,特别是可在小面积场地垂直起降。由于这些特点,使其具有广阔的用途及发展前景。在民用方面,直升机应用于短途运输、医疗救护、救灾救生、紧急营救、吊装设备、地质勘探、护林灭火与空中摄影等,其中海上石油天然气生产设施与基地间的人员及物资运输是直升机民用的一个重要方面。

目前为海上石油作业提供飞行服务的有多家直升机公司。这些公司使用的飞机型号各不相同,乘员人数、机载重量也不一样,但这些直升机都必须配备包括浮筒、紧急定位发射器、救生筏、救生衣、救生包、安全带、手提式灭火器等在内的救生设备。乘员在乘坐直升机前,必须对直升机的性能、结构,以及所配置的救生设备有一个全面的了解,才能在意外事件发生后保证自身的安全。

二、直升机上的安全设备和器材

(一)救生筏

从事海上飞行的直升机一般都配有两个救生筏(图6-1),它的功能、结构及使用方法与平台船舶上所配备的救生筏一样。它放置在飞机内紧靠门窗的位置。在逃生时,最靠近救生筏的乘客一定要将救生筏带出去。

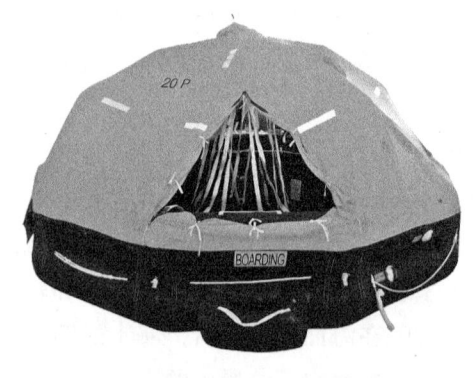

图6-1 打开的救生筏

(二)救生衣

直升机上的救生衣均为充气式救生衣(图6-2)。按每人一件(包括机组人员及乘员)配置。平时不用时可折叠收藏。它有两个独立的储气室,如果其中的一个气室出了问题,余下的一个气室仍能正常工作。每一个储气室均配有一个内装二氧化碳(氮气)的小瓶,只要拉动开关则可自动充气。每个气室还带有装着单向阀的吹气管,以备出现气瓶故障或气瓶充气不足时进行人工充气。救生衣的前后片是对称的,并贴有反射带。救生衣一般为橙黄色,还配有一个哨子。

上飞机前，工作人员给每位乘客发一件救生衣，离开飞机以后返还给工作人员。记住：绝对不能在机舱内给救生衣充气。因为：

（1）充气后救生衣体积增大，不利于人员从机舱内逃出。

（2）充气后救生衣产生了浮力，在直升机落水后，人可能会在机舱内浮起来而很难再潜入水中从窗口中钻出来。

（3）穿着充满气的救生衣从机舱内钻出时，很容易将救生衣划破，使救生衣失去浮力。

（三）飞行保温救生服

在水温低于10℃的海域飞行时，直升机上必须配备有供机上所有人员使用的飞行保温救生服（图6-3）。这种救生服的特点是轻便好穿，穿上后，两条袖子可先挽起。飞行救生服的设计要求如下：

（1）可穿在外套的上面。

（2）保证水密。

（3）具有绝缘、隔热作用。

（4）限制浮力。

（5）外部浮力配具。

（6）带有属具灯和警哨。

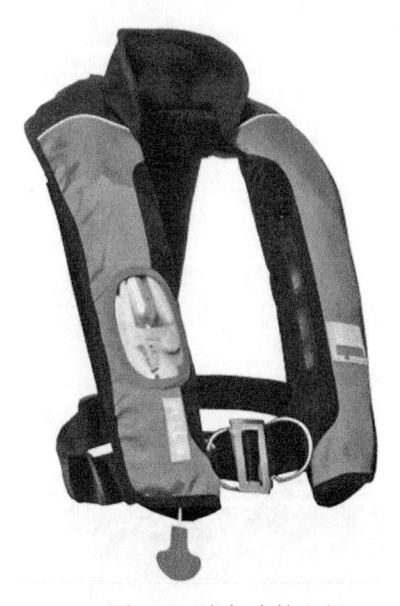

图6-2 充气式救生衣　　　　图6-3 飞行保温救生服

登机前应检查：救生服是否有撕裂现象，手套、吊钩、拉链是否完好，尺寸是否合适等。记住：决不能在机舱内戴上手套。

（四）救生包

直升机上的救生包（图6-4）包含以下物品：饮水淡化剂、药剂、驱鲨剂、应急电台、信号枪、小刀、彩色信号弹、烟雾筒和食品等。救生包主要用于紧急情况发生后。

（五）安全带

每个座位都配有安全带（图6-5）。安全带要从始至终系好。记住：收紧安全带后，要把多余的带子别好，这样在逃生时就很容易把安全带打开。

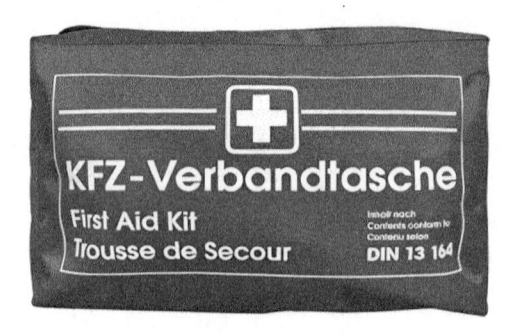

图6-4 救生包 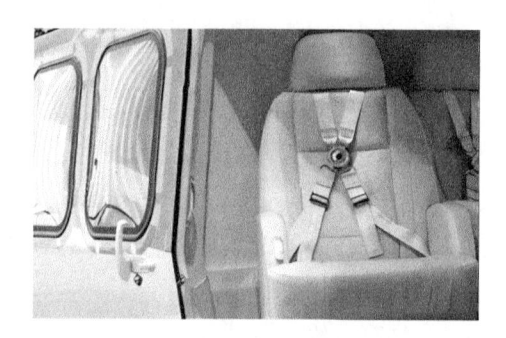　　　　　图6-5 安全带

（六）机舱灭火器

机舱内配有两个小型的手提式灭火器（图6-6），可以用来扑灭机舱内的小型火灾。它们一个装在主驾驶员座椅侧面，一个放在第一排座椅下面。

（七）发动机灭火器

在直升机发动机旁边，有两个大型的灭火器，由飞行员控制，可以扑灭发动机的火灾。

（八）防噪声耳机

每个座位上都配有防噪声耳机（图6-7）。戴好防噪声耳机，可以避免直升机噪声对耳朵造成的伤害。

图6-6 机舱灭火器 　　　　　图6-7 防噪声耳机

（九）应急门

直升机上所有的门窗都是应急门窗（图6-8）。登机以后，一定要看明白应急门窗的抛放方法，保证在逃生的时候会使用。抛放开关一般由一个开关和一个保险组成，在开关下面有英文和图示说明。

（十）浮筒

海上作业的直升机都配置有四个浮筒（图6-9），分为两个主浮筒和两个前浮筒。当直升机需要迫降到水面时，通过飞行员操作，打开浮筒，直升机就可以迫降到水面。当迫降到水面后，乘客应投放救生筏，迅速离开直升机转移到救生筏上等待救援。这是因为：

（1）浮筒是由橡皮制作的，它可能因为破裂泄漏导致直升机翻覆。

（2）由于直升机的重心在飞机上部，直升机可能会因风浪影响而翻覆。

图6-8 应急门

图6-9 打开的浮筒

第二节 乘坐直升机安全知识

一、飞行前主要事项

乘坐直升机流程如下。

（一）登机通知

登机前一天乘客会接到登机通知，要按时到达机场。登机前应注意休息，保证在乘机过程中有良好的精神状态。

（二）登机登记表

登机人员需要填写一份登记表，要严格按要求填写，字迹清楚。

（三）登机前安全教育

每个乘客在登机前都必须进行乘机安全学习。每一次学习都是乘客安全乘机的可靠保证。另外，飞行前飞行员或相关工作人员还会以简短的语言、生动的多媒体画面及实际操作等形式给乘客介绍机上的安全设备及应急行动步骤。这对乘客遇险逃生有着重要的实际意义。

（四）登机前安全检查

登机前安全检查主要是检查登机人员是否将违禁物品带上直升机。这些违禁物品主要按以下有关规定进行划分：

（1）根据中国民航规章的规定，严禁携带下列物品：

枪支、弹药、军械、警械、管制刀具、爆炸物品、易燃易爆物品、剧毒物品、放射物品、腐蚀物品、危险溶液。

（2）根据"国际石油工业勘探和生产论坛"《航空器管理指南》一书中的说明，禁止乘客携带的危险品或限制品如下：

黏结剂、烟雾剂、任何酒精类、任何罐装饮料类、香烟打火机、药品（处方药除外，但在办理登机手续时交出以便安全运输、记录和到达后再发还；乘客返回陆上应经过相似的程序）、爆炸物或烟火、火器或弹药、可燃气体或液体、催泪气体或 CS 气体、磁性材料、任何种类火柴、润滑油和油脂、油棒和溶剂、抑制剂、除草剂、农药和杀虫剂、放射性材料、收音机/磁带/光盘播放器（除非电池已去掉）、武器（包括刀具和长于 3in 的刀片，作为行业工具，如厨师和司机的刀具，必须在办理登机手续处申报）、湿电池、鲜鱼。

（3）除了上述传统的违禁物品以外，由于现代科技发展越来越快，每天都有更多的新产品、新材料出现，而这些新产品、新材料在日常的工作、生活中虽然没有任何危险性，但上了直升机可能会有影响，比如手提电话就不能在飞机上使用。因此"如果你从未带过某物品上直升机，或你认为某物品不太安全，请向工作人员或飞行员申报"。

（五）人员及物品称重

所有登机人员及物品都必须进行严格称重。直升机绝不允许超载飞行。

二、登离直升机安全区域的划分和登机要领

（一）安全区域的划分

直升机有两个螺旋桨，在登机的时候，一般都在转动。其中，动力螺旋桨最低距离地面仅 180cm，尾轴螺旋桨最低距离地面仅 140cm，它们对登机人员的安全构成了极大的威胁。实际中，绝大部分的事故来自尾轴螺旋桨。因此，把直升机前部及尾部螺旋桨区域定为危险区域，尾部其他区域定为警告区域，直升机的两侧为安全区域（图6-10）。

（二）登机要领

（1）集体行动。
（2）注意安全区域的划分。
（3）低头弯腰上飞机。
（4）保证你所有的穿戴不会被风吹走。
（5）选择正确的登机径直路线（直升机舷路线）：
① 陆地登机路线图。
② 平台登机路线图。
（6）不要携带任何物品到客舱（物品由工作人员放到货舱）。

（三）遇到下列情况不准靠近直升机

（1）飞机正在加油。
（2）飞行员不在场。
（3）飞机正在滑动。

图 6-10 安全区域

三、乘客不安全因素分析

总结以往的直升机飞行事故案例，影响乘客飞行安全的主要因素如下。

（一）精神状态不佳

许多乘客特别是年轻的乘客，在登机前往往会通宵娱乐，缺少休息，精神状态极差，不是太兴奋，就是太压抑，行为失控。这样就可能做出一些有损飞行及自身安全的行为。

（二）飞行气流

直升机飞行时会受到大气流的影响，遇热气流时上升、冷气流时下降，甚至会猛烈振动，直接影响乘客的精神状态，使乘客的行为失控。

（三）噪声

直升机上的噪声很大，可能会影响到乘客的控制能力。

（四）风

平台上的风一般都在4~5级，如果是半潜式平台还会出现摇摆，这些都会直接影响乘客上下直升机的安全。

（五）防滑网

直升机平台一般都有防滑网，登离直升机时注意不要滑倒或摔倒，保证上下直升机的安全。

四、正常飞行与不正常飞行

（一）正常飞行工作程序

（1）始终扣上安全带及穿着救生衣。

（2）飞行期间禁止吸烟。

（3）不得随便更换座位或在机舱内走动。

（4）禁止触摸任何控制装置。

（5）自始至终不得打开舱门。

（6）注意航行路线中的天气条件。

（7）发现异常情况应立即报告飞行员。

（8）禁止使用任何电子设备。

（9）所有甲板引导人员和机组人员必须明确先下乘员再下行李和货物，先上乘员再放行李和货物的操作步骤。

（10）检查个人对下一步行动的准备情况。

（二）不正常飞行工作程序

当直升机处于不正常状态下飞行时，飞行员有义务通过广播或手势通知乘客，以便乘客做出适当的反应。当直升机准备迫降时，应按以下程序进行：

（1）取下眼镜、重靴、松动的假牙和任何锋利的物品。这些物品在直升机迫降时可能让你受伤。

（2）注意应急门的位置及操作方法。

（3）做好准备迫降的保护姿势（图6-11）。

图6-11 保护姿势

① 乘坐姿势与飞机飞行方向相同时：
——采用弯腰双手抱膝，尽量将身体抱成一团，减少身体面积，可避免直升机迫降时可能产生的打击物打击。
——也可采用一手抓牢反向肩膀，将头搭在手上，护住面部，另一只手撑住反向膝盖，身体向前倾的保护姿势。
② 乘坐姿势与飞机飞行方向相反时，应采用双手扣住平展，放在头后枕部，身体挺直，后背部紧贴椅背的姿势。

（4）在没有得到命令和水完全浸满机舱前，不要试图打开应急出口。

（5）逃生的先决条件：
① 飞行员的命令。
② 机舱乘务员的命令。
③ 预警红绿灯发亮。
④ 蜂鸣器信号响。
⑤ 水完全浸满机舱。

（6）如机上没有乘务员，则可由飞行员指定一位乘客戴上耳机进行联系。应尽可能选择熟悉直升机的操作和平台上有威望的乘客担任此角色。这位被指定的乘客将担负以下责任：
① 传播所有来自飞行员的命令。
② 检查乘客是否都按照标志系紧安全带，是否做到禁止吸烟。
③ 注意飞行中的安全和秩序。
④ 飞行迫降到水面时，投放救生筏。
⑤ 接到飞行员的指令后迅速撤出全部人员。
⑥ 撤出前尽可能多地收集安全和救生设备。

第三节　直升机应急处理

一、紧急迫降

在直升机下冲开始后，机组人员通常指示乘客采取相应行动。至于如何行动则取决于迫降地点是陆地还是水面。

（一）陆地迫降

陆地迫降主要的危险是火灾，所以，行动步骤应是尽快安全地从平时的出口疏散机上所有人员。如有必要则打开全部其他紧急出口帮助疏散。乘客则应采取下列行动：

（1）从平时的出口离开直升机。

（2）离开机体前检查水平旋翼状态和出事地点情况。

（3）保持在直升机的上风和高处位置。

（4）把其他伙伴集合在一起。

（5）处理伤员。

（6）如有必要和条件允许则拯救另外的遇险者。

（7）在直升机上找回求生工具。

（8）找好避难处所并制订等待救援的下一步计划。

所有上面的行动均由机组人员进行统一指挥。如机组人员不能履行他们的职责时，则由乘客自行行动。

（二）水面迫降

1. 两栖直升机迫降

如果所乘坐的直升机具有两栖航行能力，在飞机迫降后如有可能可留在飞机里待救。

2. 一般直升机迫降

如果直升机没有两栖航行能力，那么在迫降到水面前，先由飞行员给救生浮筒充气，并在螺旋桨完全停止后，才能在机组人员的组织下投放救生筏且迅速登筏。登筏过程中机内人员要注意保持直升机的平衡。如无必要，不要跳入水中。迫降期间，乘客应采取下列行动：

（1）收紧安全带，坐在原位置上。

（2）做好直升机倾覆前的准备。

（3）观察机组人员投放救生筏的行动。

（4）如有必要移动到救生筏上。

（5）进入救生筏后互相帮助和检查配备品。

此外，还应注意以下两点：

（1）自我保护：放出海锚，把几个救生筏连接在一起，服用晕船药丸，处理伤员，关闭顶篷门，检查救生筏是否破洞，检查应急物品，擦干净筏内底部，给筏底气室充气。

（2）指示所在位置：打开指示信标开关，检查救生筏和救生衣上的灯，测试火把，准备好日光信号镜、烟火信号和火箭。

二、水下逃生

在海域上空飞行时，如果直升机出现故障后迫降不成功，就会发生坠海事件，机舱内可能很快进水，由于直升机的重心在飞机顶部，当水进到一定的程度时，直升机就会翻覆。但由于重心的原因，直升机只会翻转180°，这个过程很短，大约只有十多秒，此时尽快撤出是非常必要的。乘客只要保持冷静,按以下步骤行动,就可以很容易地从翻覆的机舱内逃生。以下是直升机水下逃生过程中应遵循的要领:

(1)注意应急出口的位置。其实这是乘客登上直升机后就应该立即去做的事情,同时要了解和掌握应急门窗的应急打开方法,以便在发生紧急情况时顺利从直升机内逃离。

(2)当水淹到嘴巴之前,深吸一口气,然后把头埋入水中。因为只有做好充分的准备,才能在水下坚持更长的时间。如果没有准备好,就被淹入水中,轻则造成呛水,重则会对生命构成威胁。

(3)如果坐在应急出口旁边,则一手抓住应急出口的门框边。这样做的目的是为了提前确定逃生位置,以便在直升机翻覆后能及时确定方位和迅速逃离直升机。

(4)坐着不动,直到任何猛烈的旋转停下为止。当直升机坠入水中后,由于直升机顶部螺旋桨重心的作用,直升机会在极短的时间内翻覆,但螺旋桨由于惯性的作用,仍可能继续短时间旋转,此时,整个直升机机体和螺旋桨均处于运动状态,乘客从机舱内撤离是相当危险的。因此,必须在所有的旋转运动完全停止后才能离开机舱。

(5)用另一只抓住安全带开关的手,以最大的角度轻轻地打开安全带。尽管乘客确定了应急出口,也坚持到飞机停止旋转,但由于没有找到安全带开关的位置或没有按照规范操作无法打开安全带开关,乘客也就无法顺利逃离直升机,甚至会危及生命。

(6)把自己划动到应急出口跟前(不要试图游泳)。在所有的程序都有条不紊、安全地完成后,现在唯一要做的是从座位划水到应急出口,但不能游泳,因为直升机舱内空间有限,任何过大的游泳动作都容易使乘客受伤。

(7)打开应急出口并逃离到机舱外面。此时,应迅速打开应急出口,尽快逃离机舱。

(8)在离开机舱前,不论发生何种情况都不允许给救生衣充气。这一点乘客必须牢记,首先救生衣充气后,乘客会随着进水量的增加浮于机舱水面,有可能头部会碰上机舱顶部,同时乘客再想重新潜入水中从应急出口逃离机舱比较困难。其次是穿着充气的救生衣,身体体积增大,增加了从应急出口逃出的难度。因此,乘客只有在逃离机舱后才能给救生衣充气。

思 考 题

1. 直升机上应该配备什么安全设备和器材?
2. 为什么绝对不能在机舱内给救生衣充气?
3. 保温救生服有哪些特点?
4. 乘坐直升机的流程?
5. 登机前安全检查主要是检查登机人员是否将违禁物品带上直升机,违禁物品分为几类?都有些什么违禁物品?

6. 直升机的危险区是哪部分？
7. 什么情况下不允许靠近直升机？
8. 当直升机准备迫降时，应进行什么样的保护措施？
9. 直升机颠覆后水下逃生的要领是什么？

附录　急救箱与常用急救药品

一、船上急救箱的装备

船上急救箱所包含的内容目前仍无统一规定，通常市面上所出售的急救箱所配备的用品和药物基本是外伤用品，如胶布纱布、绷带、棉垫、三角巾、止血带、剪刀、镊子、碘酒、红药水、紫药水、酒精、止血粉及其他敷料等。而船上条件特殊，所配备的器械和药物可根据船舶大小、船员与乘客人数、航线与航区等适当增加。一般来说，一般应配备下列内容：

（一）器械

听诊器、血压计、体温计、压舌板、开口器、吸管、注射器及针头、大小止血钳、剪刀、镊子、手术刀及刀片、弯盘、缝针及缝线、胶皮止血带、手电筒、小夹板、针灸针等。

（二）敷料

绷带、三角巾、棉花、无菌棉球、无菌棉签、无菌纱布、胶布别针等。

（三）药品

碘酒、酒精、红汞、肾上腺素、可拉明、毒毛旋花子甙K、阿拉明（间羟胺）、西地业、利血平、硝酸甘油片、咯贝林、杜冷丁、安定、阿托品、5%碳酸氢钠、25%葡萄糖水、氯化钙注射液、普鲁卡因、氨水、十滴水、人丹、清凉油、晕海宁等。

二、急救箱的使用及注意事项

（1）急救箱应放在固定的地方，专人负责管理，箱内药品要经常检查，及时补充或更新。

（2）急救箱内物品的名称应书写清楚，排列整齐，位置固定，方便使用。

（3）消毒敷料应保持清洁、干燥。

（4）无菌敷料大小，应超过创口周围25cm。

（5）使用消毒敷料包时，不可使手与包内消毒敷料或内部接触。

（6）使用器械前，要进行必要的消毒。

（7）使用药物时，要认清不要误用。

三、常用急救药械的用法

（一）外用药

1. 红药水（红汞）

用于皮肤伤口或皮肤和黏膜的消毒。不能与碘酒同用。

2. 紫药水（龙胆紫）

用于黏膜和皮肤的溃疡和烧伤。

3. 碘酒

用于一般的皮肤感染及消毒。但不与红汞合用，一般所用浓度为2%。

4. 酒精

70%酒精可用于皮肤及器械消毒。

5. 双氧水

用于清洗伤口，溃疡。有预防破伤风及除臭收敛作用。

6. 鱼石脂

具有防腐作用，可用于疖肿疮脓。

7. 冻疮膏

用于治疗冻疮。

8. 生理盐水

用于创口的清洗。

（二）抗休克药

1. 肾上腺素注射液

用于各种原因引起的心搏骤停。可用0.25～1mg作皮下静脉心内注射。高血压和动脉硬化患者慎用。它还可用于青霉素引起的过敏性休克，只能由医生使用或在医师指导下使用。

2. 阿拉明（间羟胺）

用于心源性，过敏性感染性或外伤等引起的休克。用20～100mg加于5%葡萄糖水250～500mL内静脉滴注。注射时可根据血压调整滴入速度。

3. 多巴胺

用于各种类型的休克，有收缩皮肤周围血管而扩张心、脑、肾血管的作用。以20～60mg加入5%葡萄糖水250～500mL中静脉滴注。

（三）抗心绞痛药

1. 硝酸甘油片

可扩张冠状动脉，主要用于心绞痛，也可用于胆绞痛，肾绞痛，舌下含服 1～2 片，十分奏效，可缓解疼痛约 30min 左右。

2. 消心痛

作用同硝酸甘油，但起效慢，而持续时间较长。

（四）镇痛药

1. 盐酸吗啡

用于缓解剧痛，心源性哮喘，肺水肿等。常用量为每次 10mg，皮下注射，对痛因不明者，不可随便使用。因有成瘾性，应由医生妥为保管。

2. 杜冷丁

缓解剧痛，效果次于吗啡，但成瘾性不如吗啡强。常用量为 50～100mg，肌肉注射，因有成瘾性，应妥善保管。

（五）镇静和抗惊厥药

1. 苯巴比妥（鲁木那）

本药小剂量可镇静，中等剂量催眠，大剂量引起惊厥，镇静口服每次 0.03g，一日三次。催眠时，睡前服 0.03～0.09g，必要时 4～6h 后重复使用。

2. 安定

用于精神紧张，焦虑不安，失眠或肌肉紧张等。口服每次 2.5～5mg，一日三次，肌肉注射每次 10mg。

（六）止喘药

1. 氨茶碱

用于治疗支气管哮喘，心力衰竭引起的气急或胆绞痛等，口服每次 0.1g，每日三次。或用 0.25g 加入 50% 葡萄糖 20mL 中静脉注射。

2. 喘定

用途与氨茶碱相似。口服每次 0.1～0.2g，每日三次，或用 0.5g 肌肉注射，每日三次。

（七）降压药

1. 利血平

治疗高血压。口服每日 0.25～0.5mg，分 1～3 次服。胃溃疡病者慎用。

2. 降压灵

治疗高血压。口服每次 4~8mg，每日三次。

3. 路丁

用于高血压病的辅助治疗，常和利血平或降压灵合用。口服每次一片，每日一次。

（八）止血药

1. 安咯血

用于一般外伤造成的毛细管破裂而引起的各种出血和其他出血。口服每次 5mg，肌肉注射或静脉注射。

2. 止血敏

用于各种出血，每次 250~500mg 肌肉注射或静脉注射。

3. 云南白药

用于各种跌打损伤的出血。出血者用开水调服；淤血肿痛未出血者，用酒调服每次 0.2~0.3g，每 4h 服一次，亦可同时进行外敷。

（九）解热镇痛药

1. 阿司匹林

用于感冒、发热、头痛、关节痛等，口服每次 0.3~0.6g，每日一次。

2. 复方阿司匹林（A.P.C）

作用、用途同上。每次 1~2 片，每天三次。

（十）解痉制酸药

1. 硫酸阿托品

用于治疗胃、肠、胆、肾绞痛，有机磷中毒，心动过缓，早期感染性休克。口服每次 0.3~0.6mg，每日三次，或皮下静脉注射每次 0.5mg；对休克病人每 15min 一次，直到面色潮红，心率 100/min，血压平稳为止。对有机磷中毒，每次 5~10mg 静脉注射，每 5~20min 一次。

2. 山莨菪碱（654-2）

用于治疗胃、肠、胆绞痛，中毒性休克，眩晕等。口服每次 10mg，每日 1~2 次。

3. 丙谷胺

用于治疗各种胃及十二指肠溃疡，及胃酸过多等。口服每次 400mg，每日四次，饭前 15min 服用。

（十一）中枢兴奋药

1. 尼可刹米（可拉明）

用于呼吸衰竭及安眠药中毒等。每次0.375～0.75g皮下肌肉或静脉注射均可。也可将3.75g加入5%葡萄糖液500～1000mL中静脉滴注。

2. 苯甲酸钠咖啡因（安钠咖）

用于中枢性呼吸循环衰竭。每次0.25～0.5g，肌肉或皮下注射。1～2h可重复一次。

3. 山梗菜碱（洛贝林）

为呼吸中枢兴奋剂，适用于治疗呼吸衰竭，每次6mg，肌肉或静脉注射。

4. 回苏灵

较可拉明作用强，亦用于呼吸衰竭及安眠药中毒。每次8mg静脉注射或加入5%葡萄糖500mL中，静脉滴注。

（十二）强心药

1. 毒毛旋花子甙K

对各种病因引起的充血性心力衰竭有较好疗效。特别适用于心率缓慢的心力衰竭。常用量每次0.25mg加入25%葡萄糖20～40mL中，缓慢静脉注射，用药5～10min起作用，30～60min后发挥最大作用。

2. 西地兰

作用较毒毛旋花子甙K慢，也用于治疗急性心力衰竭及并发肺水肿，0.4～0.8mg加入25%葡萄糖20～40mL中，静脉注射，注意一定要缓慢推注。可根据病情4～6h重复使用0.2～0.4mg。

（十三）抗菌药物

1. 四环素、土霉素

主要用于治疗细菌感染性疾病，如肺炎、扁桃体炎、败血症和泌尿道感染等。两种药物的临床使用相差不大，其中土霉素对肠道感染和阿米巴痢较四环素佳，口服每次0.25～0.5g，每日四次。

2. 氯霉素

主要用于伤寒，菌痢、尿道感染和腹膜炎等。口服每次0.25g，每日四次，静脉滴注每次0.5g，每12h一次。

3. 庆大霉素

适用于各种细菌感染，每日8万～16万单位分两次肌肉注射或静脉滴注。

4. 痢特灵

用于细菌性痢疾及肠炎，每次口服 0.1g，每日四次。

5. 青霉素

是广谱抗菌药物，主要用于革兰氏阳性菌及阴性球菌感染，用量可随病情轻重而定，有过敏可能性，用前要用皮肤敏感试验。

6. 链霉素

主要用于革兰氏阳性菌及结核菌的感染，一般用量为 0.5g 肌肉注射，每日四次。主要副作用是对第八对脑神经（听神经）损害，可造成耳聋，亦有过敏可能，用前要皮试。

（十四）常用输液

1. 低分子右旋糖酐

可供出血、脱水，外伤休克时急救补液之用。是较理想的一种代替血浆液体。可给予静脉输注 500～1000mL。

2. 生理盐水

用于补充液体及电解质之用。用量应根据脱水情况而定。一般每天可给予 1000～2000mL。

3. 5% 碳酸氢钠，11.2% 乳酸钠

碱性液体，可用于治疗代谢性酸中毒及高钾血症。静脉滴注，用量视病情而定。

4. 葡萄糖注射液

补充体液及热量，用于失水、休克和酸中毒等。一般每天用量为 2500mL，静脉滴注。

5. 甘露醇

治疗颅脑外伤，脑水肿或急性肾功能衰竭。每次用 20% 甘露醇 250mL 静脉注射，可根据病情重复使用。

6. 山梨醇

用途与甘露醇相似，但作用较弱。每次 250mL 静脉注射。可根据病情重复使用。

参 考 文 献

[1] 杨光胜.浅析海洋石油生产作业平台安全风险与管控措施[J].安全健康和环保,2017(1).
[2] 杨光胜,任录,邱凤轶.滩海人工岛油气开发安全风险管控方式、流程探讨及风险管控要点研究[J].科学技术创新,2017(29):12-13.
[3] 杨光胜,储胜利,黄飞.美国海洋石油安全监管特点分析与启示[J].石油规划设计,2017,28(1):6-9.
[4] 孙德坤.海洋石油安全管理[M].北京:石油工业出版社,2014.
[5] 徐周华.熟悉与基本安全——海上个人求生[M].武汉:武汉理工大学出版社,2008.
[6] 李若鹏.海上求生技能[M].青岛:中国海洋大学出版社,2016.
[7] XF 124—2013 正压式消防空气呼吸器.
[8] 陈依群."海上急救"教学的几点体会[J].交通职业教学,1998(3).
[9] 应可满,魏培德,陈立富.海上伤员救治[M].上海:上海第二军医大学出版社,2016.
[10] GB 12014—2019 防护服装 防静电服.